浮石胶粉混凝土在水工建筑上的试验研究与探讨

王海龙　杨　虹　著

·北京·

内容提要

本书以天然浮石轻骨料作为主线，针对北方地区的水工胶粉轻骨料混凝土，首先研究胶粉对水泥胶砂的影响，为胶粉对轻骨料混凝土的研究提供一定的研究依据，然后研究了胶粉对轻骨料混凝土、再生混凝土、混合骨料混凝土力学性能及抗冻性能的影响以及矿渣-胶粉轻骨料混凝土的力学性能和抗冻性能。本书在先前的研究基础上，为改善胶粉混凝土的力学性能，对橡胶粉进行表面改性，研究了表面改性胶粉对水泥胶砂力学性能的影响、改性胶粉对轻骨料混凝土力学性能的影响、改性胶粉对再生粗骨料混凝土力学性能及抗冻性能的影响。通过上述各项研究，本书可为该类材料的应用提供重要的依据。

本书可供建筑、水利、交通等领域从事混凝土理论研究的科研工作者和工程技术人员阅读和使用，亦可供有关科研和工程设计人员参考。

图书在版编目（CIP）数据

浮石胶粉混凝土在水工建筑上的试验研究与探讨 / 王海龙，杨虹著. -- 北京 : 中国水利水电出版社，2021.12
ISBN 978-7-5226-0108-3

Ⅰ. ①浮… Ⅱ. ①王… ②杨… Ⅲ. ①轻集料混凝土—研究 Ⅳ. ①TU528.2

中国版本图书馆CIP数据核字(2021)第209430号

策划编辑：陈红华　　责任编辑：周春元　　封面设计：梁　燕

书　名	浮石胶粉混凝土在水工建筑上的试验研究与探讨 FUSHI JIAOFEN HUNNINGTU ZAI SHUIGONG JIANZHU SHANG DE SHIYAN YANJIU YU TANTAO
作　者	王海龙　杨　虹　著
出版发行	中国水利水电出版社 （北京市海淀区玉渊潭南路1号D座　100038） 网址：www.waterpub.com.cn E-mail：mchannel@263.net（万水） sales@waterpub.com.cn 电话：（010）68367658（营销中心）、82562819（万水）
经　售	全国各地新华书店和相关出版物销售网点
排　版	北京万水电子信息有限公司
印　刷	三河市华晨印务有限公司
规　格	170mm×240mm　16开本　15.5印张　286千字
版　次	2021年12月第1版　2021年12月第1次印刷
定　价	86.00元

凡购买我社图书，如有缺页、倒页、脱页的，本社营销中心负责调换

前　言

本书在前期天然浮石混凝土研究的基础上，基于内蒙古地区特殊地理气候环境，针对普通混凝土在特殊环境中的应用缺陷，利用不同改性方法及骨料替代法研制轻质、高强、抗冻性能较好、环境适应性较强的胶粉浮石混凝土，符合绿色环保建材的发展理念。内蒙古农业大学王海龙组建的课题组以内蒙古地区丰富的天然浮石和废旧轮胎资源为研究对象对胶粉浮石混凝土展开深入的试验研究和探讨。

本书针对胶粉浮石混凝土进行成分分析，检测其表观形态和物理力学性能，为胶粉浮石混凝土的应用和开发提供大量试验参考依据；本书通过胶粉改善浮石混凝土韧性，提高混凝土弹性性能，解决了其在特殊气候环境下的脆性问题；通过粒化高炉矿渣等掺合料、再生骨料等粗骨料及对胶粉的改性增加胶粉浮石混凝土密实度，改善胶粉浮石混凝土的强度和抗冻性能，解决了胶粉的掺入使混凝土的强度降低的问题；从微观及宏观角度分析胶粉浮石混凝土力学性能发育特点，并分析混凝土孔隙发育特征及孔隙度变化趋势，得出各种掺合料和不同骨料对胶粉浮石混凝土宏观力学性能的影响，为后期胶粉浮石混凝土在内蒙古地区水利工程中的实践和应用提供一定的试验参考。

本书主要研究成果如下：

（1）胶粉可以改善浮石混凝土强度不稳定性，使得强度发育波动性减弱；从稳定性及强度两方面分析，胶粉浮石混凝土中胶粉的最佳目数为20目，最佳掺量为6%。

（2）将胶粉掺入再生混凝土和混合骨料混凝土中强度有所降低，当橡胶粉掺量固定时，随着目数的增加，再生混凝土以80目为拐点，强度28d内先降低再回升；外掺80目胶粉时，混合骨料混凝土抗压强度降低幅度较大。

（3）粒化高炉矿渣粉在非碱性条件下活性低于水泥活性，掺入矿渣粉越多导致真实“水灰比”越大，混凝土强度发育速率越低，强度越小。综合力学性能、抗冻性能和抗盐蚀-冻融循环耐久性能，得出矿渣-胶粉浮石混凝土矿渣掺量小于10%时其性能更优。

（4）通过表面改性剂对胶粉表面产生清洁作用和引入极性化学官能团两种方式对胶粉进行改性。二者相比较，适当去除表面杂质对亲水湿润性的提升大于极性化学键的引入，采用5%浓度的NaOH溶液处理的胶粉不仅对亲水性提升明显，对混凝土和砂浆工作性能也有较大改善，较表面活性剂改性以及二次改性，NaOH溶液改性工艺简单，利于推广。

（5）废旧轮胎胶粉是一种不规则体，改性后胶粉表面较未改性胶粉表面更圆润、连续。胶粉掺入水泥砂浆后使试件强度略有降低，但是改性后的胶粉水泥胶砂试件的强度明显高于未改性胶砂试件，且强度随着胶粉掺量增加而减小。

（6）相对于未改性胶粉浮石混凝土，改性胶粉浮石混凝土抗压强度明显提高，孔隙度明显降低，束缚流体饱和度提高，自由流体饱和度降低。

（7）改性胶粉的目数对混凝土的冻融循环的影响小于其掺量对混凝土的冻融循环的影响。通过试验得出胶粉的最优改性剂为司班 40，最优目数为 80 目，最优掺量为外掺 3%。

（8）混凝土抗压强度与孔隙度密切相关，孔隙度越小抗压强度越高。通过气孔结构分析试验得出：影响不同粗骨料替代率及不同目数改性胶粉混凝土强度的特征参数和孔径范围是不同的。

胶粉浮石混凝土目前主要集中应用在承载力要求较低的构筑物中，其进一步推广仍有很长的路要走，希望得到社会同仁更多的指导和帮助！

本书共 5 章：第 1 章为绪论，主要介绍轻骨料混凝土、胶粉混凝土以及再生混凝土的研究现状；第 2 章为试验概况，主要介绍本书研究内容所需要的试验材料、试验仪器以及试验方法；第 3 章为橡胶轻骨料混凝土力学及抗冻性能的试验研究；第 4 章为改性橡胶浮石混凝土力学及抗冻性能的试验研究；第 5 章为结论与展望，介绍了本书研究内容得出的主要结论，以及对未来的研究设想。

感谢额日德木、刘瑾菡、王培、王磊、张克、谢杭彬、白岩、孙松、王红珊、王子、刘思盟、杨虹、马快乐、张佳豪等研究生对本书的贡献。同时，本书参考了学术论文、规范等，并尽量将其列入参考文献中，但难免有疏漏之处，在此向相关编者表示由衷的感谢。本书得到了国家自然科学基金（51669026，52069024）的资助，在此表示由衷的感谢。

由于作者学术水平有限，书中难免存在不足之处，恳请读者不吝赐教和指正。

王海龙于呼和浩特

作　者

2021 年 4 月

目　录

第1章　绪论

1.1　研究背景

21世纪，人类进入了知识经济和循环经济的时代，世界各国正在把“发展循环经济”和“建立循环型社会”作为实现可持续发展的重要途径[1]。2017年全国两会在关于环保领域的提案中提到如下几个政策[2]：第一：建议加大废旧轮胎处理再利用的政策支持；第二：将废旧轮胎制造成再生橡胶和橡胶粉，但是再生橡胶的生产能耗高，附加值低，在生产过程中会产生大量的硫化物等有害物质，造成二次环境污染，且在生产过程中也容易造成燃烧、爆炸的危险，这一系列的原因导致再生橡胶行业的发展较为缓慢；第三：废旧轮胎的“热裂解”再利用，但是新型的废旧轮胎“热裂解”技术面临科技成熟度不高、技术瓶颈没有攻破、生产规模小等问题。因此，目前橡胶粉的生产利用仍然是回收利用废旧轮胎最有效的方式。

轻骨料混凝土是指采用轻骨料、轻砂（或普通砂）、水泥和水配制而成的表观密度不大于1950 kg/m^{3}的混凝土[3]。本书研究的浮石是轻骨料的一种，有较多的细孔，形如蛀窠，体轻，质硬而脆，隔热保温性能好[4]，其对孔隙度的增加可提高混凝土的抗冻耐久性[5]。同时废旧轮胎胶粉增强了混凝土的弹性、韧性及塑性等性能，近年来得到了许多专家学者的关注。此外废旧轮胎胶粉在混凝土中的“引气”作用，提高了混凝土的抗冻耐久性[6]。外掺废旧轮胎胶粉可以充分使浮石混凝土内部细微孔洞得到填充，有效改善水泥砂浆与浮石的界面形貌，从而约束由混凝土内部应力产生的微裂缝。橡胶浮石混凝土使废旧轮胎胶粉和天然浮石二者的优点得到加成，提高了混凝土的耐久性能。

再生粗骨料混凝土是指以再生粗骨料部分或全部取代天然粗骨料的混凝土[7]。截至2016年，我国城市建筑垃圾年产生量已超过15亿吨。利用建筑垃圾生产再生骨料，不仅可解决我国建筑垃圾利用率低的问题，还能减少建筑原料开采进而对环境有利，一举多得[8]。再生混凝土技术最早可追溯到二战以后，战后国家废弃建筑物难以处理，再生混凝土应运而生，在美国、日本、欧洲等发达国家和地区已有广泛研究[9]，但相关研究中发现再生混凝土骨料强度通常有较大的离散性[10-11]。

20 世纪 90 年代初 Shuaib Ahmad 提出橡胶混凝土（crumb rubber concrete）概念，将废旧轮胎橡胶粉作为柔性材料加入混凝土中，发现可以一定程度上改善混凝土脆性的负面特征[12-13]，但是橡胶粉加入混凝土当中会造成混凝土强度的降低，因此，Iman Mohammadi 等[14]在研究中使用 NaOH 处理橡胶粉，结果表明经 NaOH 处理后的橡胶粉可以使混凝土的抗折抗压性能明显提高，虽然没有改善橡胶粉表面的粗糙问题，但强碱可侵蚀橡胶粉表面的杂质[15]。马娟[16]在研究中选用了五种不同类型的表面改性剂对橡胶粉进行改性，包括马来酸酐接枝、1%NaOH 溶液、十二烷基苯磺酸钠、硬脂酸、司班，并研究改性方式的不同对水泥混凝土的力学性能的影响，确定采用表面改性剂对橡胶粉的改性效果更优。

大部分的研究学者都是单独针对再生粗骨料混凝土进行研究，或者是对改性橡胶混凝土进行研究，而将两者结合起来进行的研究还比较缺乏。内蒙古地区浮石资源丰富的特点，促使浮石轻骨料混凝土的研究得到了迅速发展[17]，本书中将浮石粗骨料与再生粗骨料结合代替天然粗骨料制成再生粗骨料混凝土，充分发挥混凝土利用效率，体现一定的绿色混凝土概念[18]。

本书在此背景下，通过试验探讨废旧橡胶粉和改性胶粉对浮石、再生骨料以及混合骨料混凝土的影响效应，对力学性能以及抗冻性能进行评价分析，探析矿渣等掺合料对胶粉混凝土力学及耐久性能的影响。本书的研究，为胶粉浮石混凝土在实际工程中的应用提供试验基础。

1.2 轻骨料混凝土国内外研究现状

1.2.1 轻骨料混凝土国外研究现状

早在 19 世纪，一些西方国家就已经开始利用已有的天然轻质材料作为骨料代替普通骨料来改善混凝土的性能。在 20 世纪 80 年代，苏联轻骨料的产量以及应用达到了最广，其最高年产量曾达 5000 多万立方米。在世界范围内，在北美地区以美国为代表、北欧地区以挪威为代表、亚洲地区以日本为代表，轻骨料混凝土的研究与应用较为先进，与此同时，这些国家和地区在高性能轻骨料混凝土上的研究与应用也走在世界的前列[19]。

美国早在 1913 年研制成功膨胀页岩后，便开始将配制成的轻骨料混凝土用于船舶制造、桥梁工程、房屋建筑中。美国于 1952 年就已经建成全长为 6500m 的 Chesapeake 海湾桥，近些年来，高强轻骨料混凝土也有了进一步发展，并用于钢与混凝土组合结构的桥面当中。20 世纪 60 年代中期，美国修建的休斯敦贝壳广场大厦就已经采用了轻骨料混凝土取代普通混凝土，并取得了显著的技术经济效益[20]。

到了 20 世纪 90 年代初期，挪威、日本等国家就进行了一系列对高性能轻骨料混凝土的配方、生产工艺、高性能轻骨料等方面的研究并取得了一定的成果。挪威已成功应用 LC60 级轻骨料混凝土建造了世界上跨度最大的悬臂桥。

1.2.2 轻骨料混凝土国内研究现状

我国对轻骨料混凝土的研究始于 20 世纪 50 年代，试制混凝土轻骨料-陶粒获得初步成功，到 70 年代，已经形成包括粉煤灰陶粒、黏土陶粒、页岩陶粒、膨胀矿渣珠、大颗粒膨胀珍珠岩等多种轻骨料，直到 20 世纪 90 年代中后期，在国内外轻骨料混凝土技术迅速发展的推动下，我国高强度陶粒、高强度陶粒混凝土问世，这标志着我国轻骨料混凝土的发展到达了一个全新的阶段，目前我国高强轻骨料的生产已形成一定的规模。但与普通混凝土相比，轻骨料混凝土容易受裂缝的影响、集料易于漂浮在拌和物表面并产生离析结构、黏性大等问题，给施工造成一定难度，对于轻骨料混凝土大规模推广应用有一定影响。

1.3 胶粉混凝土国内外研究现状

1.3.1 胶粉混凝土国外研究现状

英国、美国、日本等发达国家在 20 世纪初开始对普通混凝土中掺入废旧轮胎橡胶粉进行试验研究[21]。Siddique 等研究橡胶水泥混凝土抗冻性时发现掺入橡胶后的混凝土明显好于普通不掺引气剂的混凝土，其表面剥落行为与掺加引气剂的混凝土相似[22]。国外学者采用水浸泡、四氯化碳水溶液处理、氢氧化钠溶液处理等多种方法对胶粉进行改性处理，结果证明对胶粉进行改性在一定程度上可提高混凝土的力学性能[23-24]。此外韩国采用废轮胎胶粉、砂石、水泥混合制成铁路枕木，其具有质量轻、抗冲击和耐腐蚀等优点，并且能够减少火车行驶过程中产生的噪声和振动，这项技术在美国获得了专利并在多个国家的铁路平交道口中得到应用[25]。

1.3.2 胶粉混凝土国内研究现状

目前，我国橡胶轻骨料混凝土的研究主要集中在物理力学性能上，吕晶等[26]利用橡胶颗粒等体积替换轻骨料混凝土中河砂的方法研究橡胶颗粒对轻骨料混凝土力学性能的影响，研究表明随着橡胶颗粒取代率的提高，混凝土抗压强度、劈裂抗拉强度、抗折强度和表观密度均不断降低。李国文等[27]利用正交试验对混凝土的配合比进行优化，重点分析了抗压强度、抗折强度、弹性模量和收缩性能的影响，试验表明橡胶粉对轻骨料混凝土抗压、抗折强度以及弹性模量有显著影响，合理掺量范围内可以改善混凝土的韧性。静行等[28]通过运用羧基丁苯聚合物对橡胶粉改性，优化了轻骨料混凝土的力学性能，试验表明改性后的橡胶轻骨料混凝土较未改性的抗压强度和抗弯强度均有所提高。汤道义等[29]通过单因素试验得出橡胶粉掺量在10%左右混凝土抗压强度下降较快，大于这个掺量下降较慢。王海龙等[30]以橡胶粉目数和掺量为变量研究在保证力学性能小幅变化的前提下，橡胶粉轻骨料混凝土的最佳掺量和目数，试验表明橡胶粉粒径为20目，掺量为6%时混凝土的性能最佳。宋洋等[31]通过渗透高度法和电镜扫描试验相结合的方法分析了橡胶粉对混凝土渗透性能的影响，试验表明橡胶粉的掺加有利于轻骨料混凝土抗渗性能的提高，并且首次提出了橡胶粉轻骨料混凝土渗透回归方程。

1.4 再生混凝土国内外研究现状

1.4.1 再生混凝土国外研究现状

第二次世界大战结束后，受战争的影响，世界上许多国家面临着重建的问题，但大量的废弃混凝土的处理成为一个巨大的难题。因此，美国、日本、澳大利亚和欧洲一些国家对废弃混凝土的再生利用进行了研究，不仅仅取得许多丰硕的成果，并且已经将再生混凝土广泛应用于许多实际工程当中[32]。

日本于1977年和1991年颁布了《再生骨料和再生混凝土使用规范》以及《资源重新利用促进法》，促进了日本国内再生混凝土应用的规范化和法制化，使日本走在了再生混凝土应用与发展的世界前列。到2003年，日本全国的废弃混凝土再生利用率已然高达98%，几乎实现了建筑垃圾的完全再利用，同时再生混凝土的应用为日本带来了巨大的经济效益和环境效益。1980年，美国国会通过了《综合环境反应赔偿和责任法》，该法规又被称为超级基金法，为再生混凝土在美国的发展提供了制度保障。美国主要将再生混凝土应用于道路建设，超过20个州允许在道路建设中使用再生骨料，各州也制定了相应的技术规程用以规范再生混凝土的使用。

1.4.2 再生混凝土国内研究现状

随着我国城镇化建设的加快，建筑物改建以及拆除的过程中会产生大量的建筑垃圾，因此造成大量土地资源浪费，并加重环境压力。在 1997 年建设部开始重点推广“建筑废渣综合应用”，于 2001 年施行《城市房屋拆迁管理条例》，2002 年发布“关于推进城市污水、垃圾处理产业化发展的意见”，逐渐构成了我国有关建筑拆除、垃圾处理和产业发展的法规体系，但距离建筑垃圾的再利用和资源化发展还有很远的道路。近年来，由于政策的引领，部分学者开始对再生混凝土进行研究，部分成果逐步开始应用，部分地方性的再生混凝土应用技术规程出台。2008 年 5 月，北京建筑工程学院一座以废旧混凝土为原料的再生混凝土实验楼落成，此举不仅降低了成本，节省了天然资源，缓解了骨料供求矛盾，更减轻了废弃混凝土对环境的污染[33]。

1.5 研究的目的和意义

1.5.1 研究的目的

本书研究积极响应国家节能减排政策，努力探索并拓宽废弃物综合循环利用、发展低碳绿色环保新型建材。将废旧轮胎橡胶粉掺入混凝土中制备成橡胶粉混凝土，既可以充分利用工业废弃物橡胶粉，又使得混凝土的性能得到改善。其次，再生混凝土属于绿色环保的建筑材料[34]，它的应用在一定程度上实现减少山砂、山石的开采量，并且可以消纳废弃的混凝土[35]。本书通过对胶粉浮石混凝土、胶粉再生骨料混凝土、改性胶粉浮石混凝土、再生混凝土以及矿渣-胶粉轻骨料混凝土力学性能及抗冻性能的研究，为实际水利工程提供一定的试验基础。

1.5.2 研究的意义

本书研究意义总结为以下三点：

（1）充分利用废旧轮胎、废弃混凝土、粒化高炉矿渣粉废弃资源以及天然浮石，从源头解决处理资源配置不平衡和废弃资源综合再利用问题，拓宽废旧轮胎和废弃混凝土的应用使用范围，实现其多次循环利用，减少这类废弃资源对环境的污染和空间的占用。

（2）综合利用天然浮石的地区资源优势，实现自然资源的高效利用，保护环境，改善当地的经济资源环境，迎合我国社会发展规划中对“绿色可持续”的要求，且具有良好的社会效益、经济效益和环保效益。

（3）开发强度较高、耐久性强，同时具有保温、降噪、隔热的水工混凝土，并丰富新型材料混凝土种类，降低机制碎石开采造成能源消耗、环境破坏的问题，有利于生态环境保护。

1.6 研究的主要内容

本书对橡胶粉、改性橡胶粉分别掺入水泥胶砂、再生混凝土、混合骨料混凝土、轻骨料混凝土以及矿渣-胶粉轻骨料混凝土的力学性能、抗冻耐久性能以及微观界面进行试验研究。

（1）研究了不同粒径、不同掺量胶粉对水泥胶砂抗压强度、抗折强度的影响，对 3d、7d、14d、21d、28d 抗压强度、抗折强度进行对比。

（2）通过对再生混凝土的试验研究，针对不同粒径、不同掺量和不同龄期得到了再生混凝土早期28d的强度发育规律，寻找再生混凝土早期抗压强度发育规律。

（3）研究不同粒径（粒径 20 目、60 目、80 目、100 目、120 目）和不同掺量的混合骨料混凝土的早期力学性能和微观结构特点。

（4）选用司班 40 对废旧轮胎橡胶粉进行表面改性，并通过水泥胶砂力学性能试验和微观分析，研究不同粒径和掺量的改性、未改性橡胶粉对不同龄期水泥胶砂的抗折强度和抗压强度的影响，寻找废旧轮胎橡胶粉与水泥基材料融合能力差、强度降低等问题的原因。

（5）通过对废旧橡胶颗粒进行司班 40 改性，研究改性橡胶对天然浮石轻骨料混凝土力学特征的影响，并应用核磁共振检测技术，以改性橡胶轻骨料混凝土孔隙度、横向弛豫时间 T_2 谱等参数为依据，结合力学性能测试、BT-1800 动态图像颗粒试验、亲水性试验和环境扫描电镜试验等技术手段对核磁共振结果进行对比和论证。

（6）分别以 NaOH 溶液和表面活性剂对胶粉进行改性，利用扫描电子显微镜（SEM）、傅里叶红外光谱仪（FTIR）与液-固界面视频接触角分析仪对改性胶粉表面进行表征分析，在二次改性体系下研究两种胶粉改性途径对水泥胶砂工作性能的影响。

（7）对矿渣-胶粉轻骨料混凝土的力学性能、抗冻性能和抗盐冻性能进行研究，借助气泡间距分析仪、环境扫描电子显微镜、核磁共振仪、能谱分析仪等微观方式，分析混凝土宏观力学性能和耐久性能与微观变化之间的联系。

第 2 章　试验概况

2.1　试验原材料及其性质

水泥：试验所采用水泥为冀东 P·O42.5 普通硅酸盐水泥，表 2.1 给出其性能指标。

表 2.1　P·O42.5 普通硅酸盐水泥性能指标

检测项目	比表面积/ m^2/kg	初凝时间 /h	终凝时间 /h	安定性	SiO_2/%	烧失量 /%	MgO /%	抗压强度 /MPa		抗折强度 /MPa	
								3d	28d	3d	28d
实测	315	2:15	2:55	合格	2.23	1.02	2.21	26.6	54.8	5.2	8.3

粗骨料：内蒙古锡林浩特天然浮石，主要物理性能指标见表 2.2，XRD 图和表观及 SEM 照片如图 2.1 和图 2.2 所示。

表 2.2　浮石的主要物理性能

物理性能	堆积密度	表观密度	吸水率/h	筒压强度	压碎指标
浮石	690kg/m^3	1593kg/m^3	16.44%	2.978MPa	39.6%

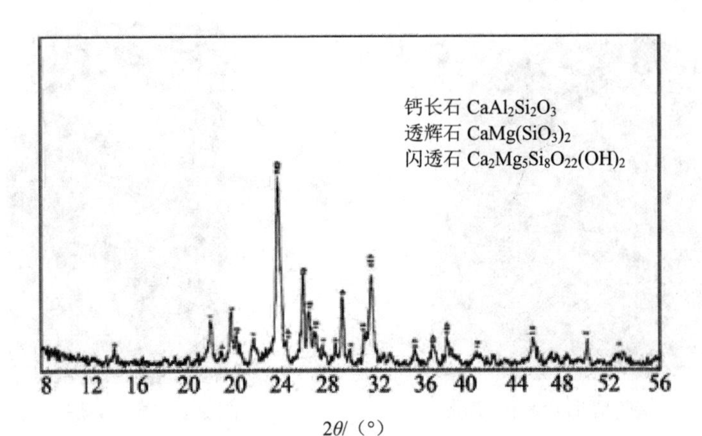

图 2.1　浮石的 XRD 图

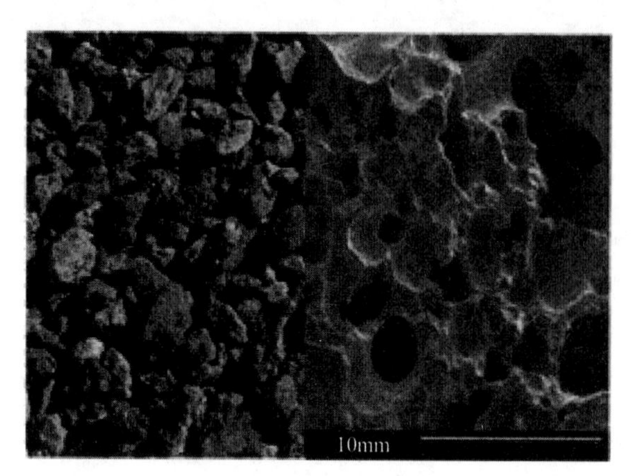

图 2.2　浮石及其 SEM 照片

细骨料：细骨料采用河砂、中砂，主要的物理指标为细度模数 2.61，含泥量 2%，堆积密度 1365kg/m^3，表观密度 2573kg/m^3，颗粒级配良好。

废旧轮胎橡胶粉：选用粒径为 20 目、60 目、80 目、100 目、120 目的废弃轮胎橡胶粉，废旧轮胎橡胶粉取自废旧轮胎，经过机械分割，磨细筛分成为符合试验要求目数的橡胶粉。试验废旧轮胎橡胶粉如图 2.3 所示。

标准砂：采用中国 ISO 标准砂，是各级预配合以（1350±5）g 量的塑料袋混合包。由厦门艾思欧标准砂有限公司生产。

减水剂：萘系高效减水剂，呈黄褐色粉末，减水率为 20%左右，溶于水使用，呈棕褐色黏稠液。该减水剂属于阴离子表面活性剂，对于水泥粒子有很强的分散作用。

高炉矿渣；试验采用 S105 级粒化高炉矿渣粉，如图 2.4 所示。

图 2.3　试验废旧轮胎橡胶粉

图 2.4　粒化高炉矿渣粉

2.2 试验方法

2.2.1 胶粉混凝土抗压强度性能试验

本书中的立方体抗压强度试验选用 100mm×100mm×100mm 的混凝土试件，根据《普通混凝土力学性能试验方法标准》（GB/T 50081—2016）对其进行立方体抗压强度试验，测试时每组都选取 3 个平行试件，测试其龄期的抗压强度，如果测试结果的最大值和最小值的差值和平均值的误差在 15%以内，则取其平均值作为试验结果，若误差超出 15%，则该组的抗压强度重新测试。试验采用微机控制全自动压力试验机，加载速度为 0.5MPa/s，当试件被破坏后停止试验，记录试验数据。抗压强度的计算公式如下：

$$f_{cu}=\frac{P}{A} \tag{2-1}$$

式中：f_{cu} 为混凝土试件的抗压强度（MPa）；P 为混凝土试件的破坏荷载（N）；A 为混凝土试件的承压面面积（mm^2）。

按照规范，因本书试验的混凝土试件尺寸为 100mm×100mm×100mm，所以计算得出的抗压强度结果应乘以折减系数 0.95。

2.2.2 胶粉混凝土劈裂抗拉强度性能试验

试验以《普通混凝土力学性能试验方法标准》为依据，采用 WAW 型微机控制点液伺服万能试验机对养护龄期为 28d 的混凝土试件进行劈裂抗拉试验。

混凝土试件劈裂抗拉强度的计算公式如下：

$$f_{ts}=\frac{2F}{\pi A}=0.637\frac{F}{A} \tag{2-2}$$

式中：f_{ts} 为混凝土试件的劈裂抗拉强度（MPa）；F 为混凝土试件的破坏荷载（N）；A 为混凝土试件的破坏面积（mm^2）。

混凝土试件为非标准试件取 0.85 的折算系数。

2.2.3 胶粉混凝土的抗冻性能试验

本试验通过分析质量损失率、相对动弹性模量的变化，分析混凝土冻融循环劣化规律。试验结合试验条件和工程实际情况，选用快冻法进行冻融循环试验，测试试件的动弹性模量损失和质量损失。

（1）冻融循环后试件的质量损失率。试件冻融循环前的质量为 G_0，单位为 kg，用精度为 0.1g 的电子秤测定。冻融循环 N 次后的试件质量记为 G_n，单位为 kg。因此质量损失率 ΔW_n 按照下式计算：

$$\Delta W_n = \frac{G_0 - G_n}{G_0} \times 100\% \tag{2-3}$$

当 ΔW_n 达达到 5%时停止试验。

（2）N 次冻融循环后试件的相对动弹性模量。用混凝土动弹性模量测定仪测定试件的动弹性模量，第 N 次冻融循环后的相对动弹性模量记为 E_n（%），冻融循环前的试件横向基频初始值记为 f_0（Hz），第 N 次冻融循环后的试件横向基频记为 f_n（Hz）。因此混凝土相对动弹性模量可以按照下式计算：

$$E_n = \frac{f_n^2}{f_0^2} \times 100\% \tag{2-4}$$

当相对动弹性模量 E_n 下降到 60%时停止试验。

2.2.4 胶粉混凝土的核磁共振

对于多孔质材料，利用核磁共振技术中的弛豫测量可以获取胶粉轻骨料混凝土如孔隙度、孔径分布、束缚水等多种重要的物理指标信息。核磁共振中弛豫现象产生纵向弛豫 T_1 和横向弛豫 T_2，这主要是质子相互磁作用产生的。质子系统会随着外磁场 B_0 方向产生运动并将能量传输到周围，T_1、T_2 弛豫均是由此产生的。由于散相会对 T_2 弛豫造成影响，因此通常纵向弛豫会慢于横向弛豫（即一般 $T_2<T_1$）。依据相关学者研究，将多孔质孔隙流体的弛豫机制归为三类：

- 自由弛豫（对 T_1、T_2 均产生影响）。
- 表面弛豫（对 T_1、T_2 均有影响）。
- 扩散弛豫（对 T_2 有影响）。

$$\frac{1}{T} = \frac{1}{T_{1\text{自由}}} + \frac{1}{T_{1\text{表面}}} \tag{2-5}$$

$$\frac{1}{T_2} = \frac{1}{T_{2\text{自由}}} + \frac{1}{T_{2\text{表面}}} + \frac{1}{T_{2\text{扩散}}} \tag{2-6}$$

这些弛豫机制与孔隙及内部流体物质的物理性质（孔隙尺寸、表面弛豫强度等）有关。

利用核磁共振技术对多孔介质的胶粉轻骨料混凝土展开研究，其物理工作测试原理较为复杂，但我们可以利用核磁共振的横向弛豫时间 T_2 衰减原理来对混凝土孔隙物理特性展开研究，胶粉轻骨料混凝土多孔介质存在一个孔隙尺寸分布，且不同尺寸孔隙对应不同的特征弛豫时间 T_2，采用 CPMG（脉冲序列）机理的自旋回波串（横向弛豫测量）不代表单一 T_2 值的衰减，而表示整个 T_2 值分布，利用公式描述：

$$M(t)=\sum M_i(0)\mathrm{e}^{\frac{t}{T_{2i}}} \tag{2-7}$$

式中：$M(t)$为 t 时测量的磁化矢量；$M_i(0)$为第 i 个弛豫分量的磁化矢量初始值；T_{2i} 为第 i 个弛豫分量衰减时间。

胶粉轻骨料混凝土 100%饱水时，其合成的自旋回波串表现为与孔隙尺寸相关的多指数衰减。

2.2.5 胶粉混凝土气泡结构试验

基于浮石特殊孔隙结构，本书从气泡间距、孔隙度等微观角度解释宏观力学性能、表征微观形态进行试验研究。结合作用机理和微观表征的试验形态，运用 Rapid Air 混凝土气孔结构分析仪对胶粉混凝土的气泡间距系数、孔隙度、平均孔径与抗压强度数据进行测定。对比分析试验结果，判断三个因素对混凝土孔结构影响的主次顺序、分析各因素的作用规律和机理，从而在微观角度解释宏观力学性能。

2.2.6 胶粉混凝土的 SEM 试验

试验利用立方体抗压强度试验压碎破坏后的小块，拣取浮石混凝土水泥砂浆与浮石的交界部分作为观察样品。通过背散射电子、特征 X 射线、二次电子等不同能量的光子电信号对混凝土表面进行观测形成分辨率高的电镜图像，能准确反映材料的微观形态。

2.2.7 胶粉混凝土的 CT 扫描试验

CT 试验采用河北省石家庄市白求恩国际和平医院的 SIEMENS SOMATOMSENSETION 64 的 CT 扫描仪，共扫描 100 层，每层间距为 1mm。解决了由于浮石胶粉混凝土的非透明性导致的直观难以观察混凝土内部结构的问题。通过对冻融之前的试件和冻融 200 次的试件进行扫描观测，得出 CT 图像能直观地看出天然浮石孔隙的变化趋势及混凝土内部气孔和孔隙的分布情况。

2.2.8 胶粉的改性

试验首先将胶粉在氢氧化钠中浸泡，之后利用非离子表面活性剂司班 40、阴离子表面活性剂十二烷基苯磺酸钠和阳离子表面活性剂二氯异氰尿酸钠对其进行二次改性。

2.3 试验仪器

本书试验部分仪器如下：

（1）混凝土力学性能试验中使用到的有：微机控制全自动压力试验机（图2.5）。

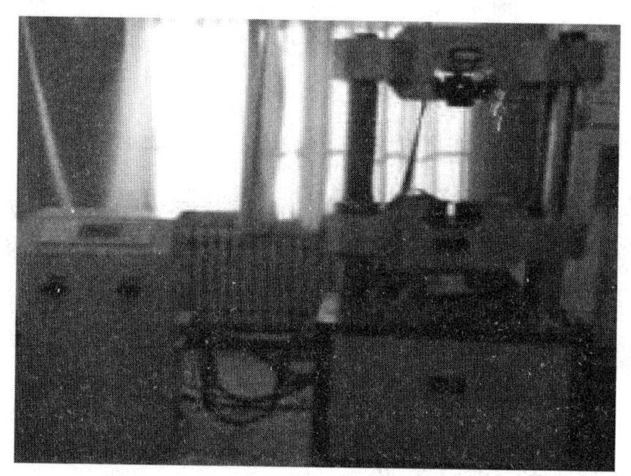

图 2.5 微机控制全自动压力试验机

（2）混凝土快速冻融循环试验中使用到的有：混凝土快速冻融试验机（图2.6）、动弹性模量测定仪（图 2.7）。

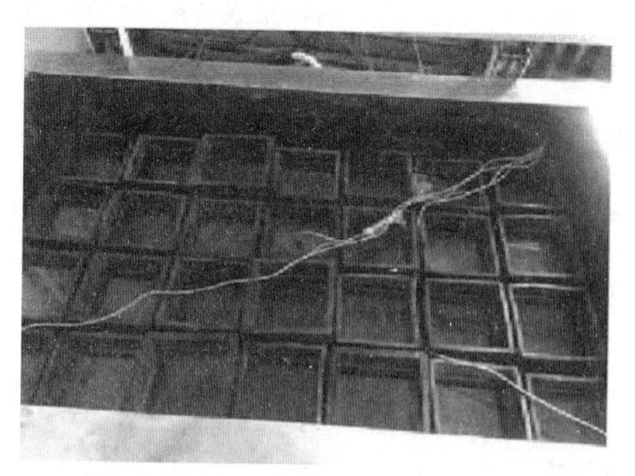

图 2.6 混凝土快速冻融试验机（冻融箱）

（3）混凝土气泡参数试验中使用到的有：切片机（图 2.8）、混凝土气孔结构分析仪（图 2.9）。

图 2.7　动弹性模量测定仪

图 2.8　切片机

图 2.9　混凝土气孔结构分析仪

（4）微观试验中使用到的仪器有：环境扫描电镜 SEM（图 2.10）、真空饱和装置（图 2.11）、核磁共振试验仪（图 2.12）。

图 2.10　环境扫描电镜

图 2.11　真空饱和装置

图 2.12　核磁共振试验仪

第3章　橡胶轻骨料混凝土力学及抗冻性能的试验研究

3.1　废旧轮胎橡胶粉对水泥胶砂力学性能的影响

轻骨料混凝土中由于粗骨料的力学性能较低，水泥在混凝土中起到比较重要的作用[36-39]。为了更加系统地研究胶粉对轻骨料混凝土的影响，本书首先研究了胶粉对水泥胶砂的影响，为胶粉对轻骨料混凝土的研究提供一定的研究依据。

3.1.1　试验概况

试验按照《水泥胶砂强度检验方法（ISO 法）》（GB/T 17671—1999）规范进行，制备 40mm×40mm×160mm 的标准水泥胶砂试件，放入养护箱养护，并测得 3d、7d、14d、21d、28d 的抗压强度和抗折强度。

1. 试验材料

冀东 P·O42.5 水泥，标准砂，粒径分别为 20 目、80 目、120 目的橡胶粉。

2. 试验设计

本试验首先制备一组未掺橡胶粉的水泥胶砂试件作为基准组（X0 组），基准组的配合比为水泥:标准砂:水=450:1350:225；橡胶粉水泥胶砂采用胶粉内掺，按标准砂的质量百分比用橡胶粉进行替代，分为 20 目、80 目、120 目三大组，每组又分为 5 个小组，每小组 15 块，制备 15 组 40mm×40mm×160mm 的标准水泥胶砂试件。20 目橡胶粉水泥胶砂命名的顺序：XA-20-02（掺量 2%）、XB-20-04（掺量 4%）、XC-20-06（掺量 6%）、XD-20-08（掺量 8%）、XE-20-10（掺量 10%）。80 目橡胶粉水泥胶砂命名的顺序：XA-80-2%组、XB-80-4%组、XC-80-6%组、XD-80-8%组、XE-80-10%组。120 目橡胶粉水泥胶砂命名的顺序：XA-120-2%组、XB-120-4%组、XC-120-6%组、XD-120-8%组、XE-120-10%组。

3.1.2　试验结果与讨论

1. 橡胶粉掺量的影响

图 3.1～图 3.3 是 20 目、80 目、120 目橡胶粉掺量与强度损伤率的关系，从图中看到，相对于基准组，橡胶粒径相同时，随着橡胶粉掺量的增大，水泥砂浆

的抗压下降率逐渐升高。相对基准组，当橡胶粉粒径为 20 目时，在 28d 龄期，XA-20-2%组、XB-20-4%组、XC-20-6%组、XD-20-8%组、XE-20-10%组下降率分别为 36.1%、49.8%、57.6%、62.5%、68.6%；当橡胶粉粒径为 80 目时，在 28d 龄期，XA-80-2%组、XB-80-4%组、XC-80-6%组、XD-80-8%组、XE-80-10%组下降率分别为 52.3%、53.4%、58.4%、67.3%、87.3%；当橡胶粉粒径为 120 目时，XA-120-2%组、XB-120-4%组、XC-120-6%组、XD-120-8%组、XE-120-10%组下降率分别为 47.7%、52.5%、67.2%、74.9%、75.4%，损失逐步提高。

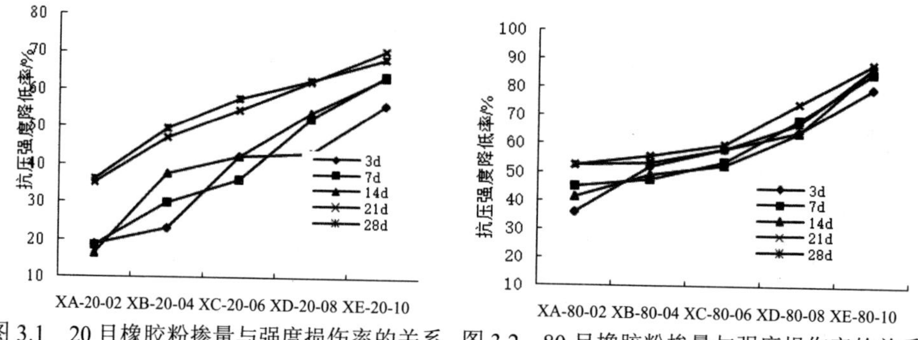

图 3.1　20 目橡胶粉掺量与强度损伤率的关系　图 3.2　80 目橡胶粉掺量与强度损伤率的关系

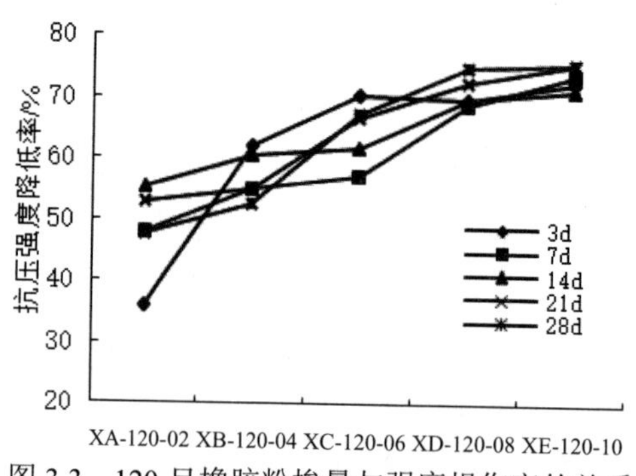

图 3.3　120 目橡胶粉掺量与强度损伤率的关系

原因归结于以下：一是橡胶粉为憎水性材料，与水泥和标准砂的黏结性降低，造成水泥胶砂强度减小；二是因为橡胶粉是由破碎机粉磨制成的，表面凹凸不平，形状不规则，表面比较容易吸附水分，也造成强度降低；三是橡胶粉是弹性材料，在水泥胶砂振实的过程中与胶凝材料受力变形，则使得材料不够密实，产生薄弱区较多，也导致水泥胶砂的强度降低；四是橡胶粉的粒径比标准砂的小，橡胶粉代替砂的掺量越大，水泥胶砂中的细集料中粗颗粒的含量相对偏少，使得材料的级配不合理、细骨料作用减弱，从而减弱了其骨架支撑作用，造成抗压强度低。

相对基准组的抗压强度下降率可以看到，20 目、80 目、120 目不同掺量下的水泥胶砂抗压强度在早期时 3d、7d、14d 的下降率不太稳定，波动性比较大，而 21d、28d 后期的下降率较为平缓。因为橡胶粉代替砂掺入水泥胶砂中，橡胶粉是惰性材料，与胶凝材料不发生化学反应，只是分布在水泥胶砂的内部，但是分布得不太均匀，形成橡胶粉与橡胶粉之间的界面，此界面几乎没有任何黏结力，使得内部稳定性较差，造成发育过程中出现一定的波动；后期的强度较为稳定，主要是因为水泥水化已经完全，部分的橡胶粉可以被水泥水化物包裹起来，形成的橡胶粉与水泥水化物之间的界面相对比较稳定。

2. 龄期的影响

图 3.4～图 3.9 是 20 目、80 目、120 目橡胶粉水泥胶砂抗压强度、抗折强度，从图中可以看到，随着养护龄期的增加，水泥胶砂的抗压强度、抗折强度发育都呈现增加的趋势，掺入 20 目橡胶粉，各个龄期的抗压强度及抗折强度下降的幅度最小；在掺入 80 目及 120 目的橡胶粉中，随着掺量的增加，2%掺量的各个龄期下降幅度较小，且 6%～10%掺量的抗压及抗折强度比较接近；尤其是 120 目的橡胶粉中，2%～10%掺量的抗压、抗折强度相差不大。并且从图中可以看到：抗压强度随着龄期增长，早期强度增加得较少，后期发育增长幅度较大；抗折强度早期增长幅度较大，后期发育比较平缓。

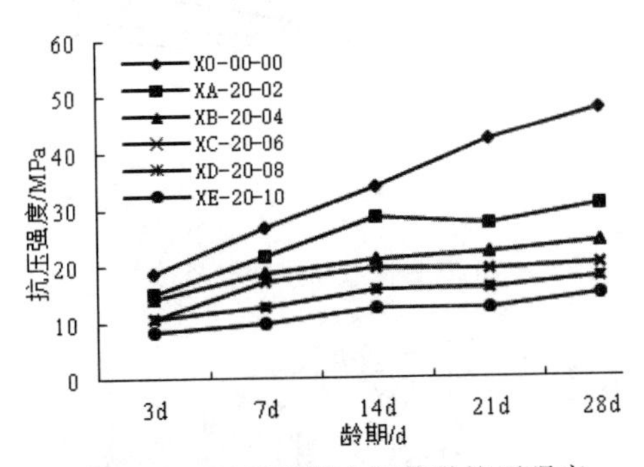

图 3.4 20 目橡胶粉水泥胶砂抗压强度

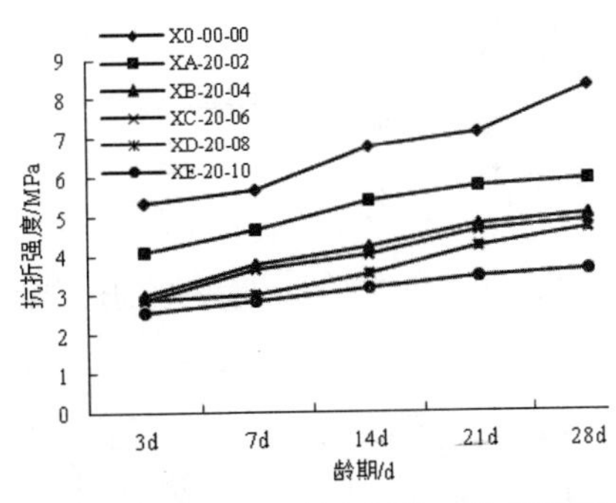

图 3.5 20 目橡胶粉水泥胶砂抗折强度

3. 橡胶粉粒径的影响

由图 3.10 和图 3.11（橡胶粉粒径对水泥胶砂抗压强度、抗折强度的影响）可以看出，针对水泥胶砂，在橡胶粉掺量相同的条件下，橡胶粉粒径越小，其抗压强度及抗折强度都有所下降。与 XA-20-02 组的水泥胶砂相比，XA-80 和 XA-120 强度下降的幅度较大，但是 XA-120 相对 XA-80 的强度变化不大。橡胶粉粒径越小，应该更能填充水泥胶砂之间的孔隙，但是由于橡胶粉本身的物理性能——表面粗糙且没有黏结力，当掺入的橡胶粉粒径越小时，其比表面积越大，使得橡胶粉与水化物、橡胶粉与砂颗粒及橡胶粉之间的接触面增多，形成的薄弱面增多，内部稳定性起到负面作用，因此在抗压及抗折过程中，比较容易形成大的裂纹，造成强度降低；再者，由于粒径小，比表面积大，在拌合过程中带进去的空气跟水分相对增加，含气量增加，也造成强度降低。

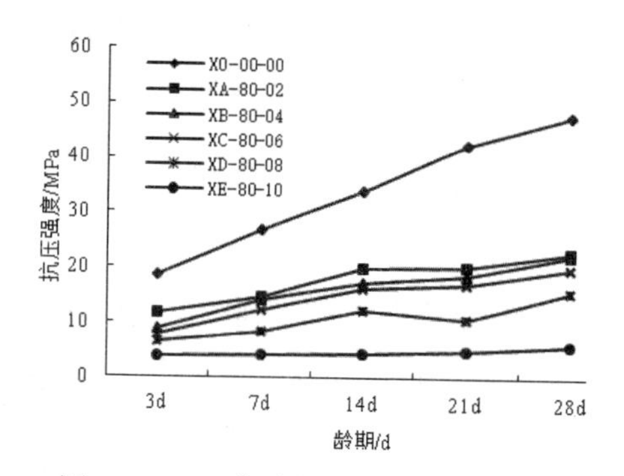

图 3.6　80 目橡胶粉水泥胶砂抗压强度

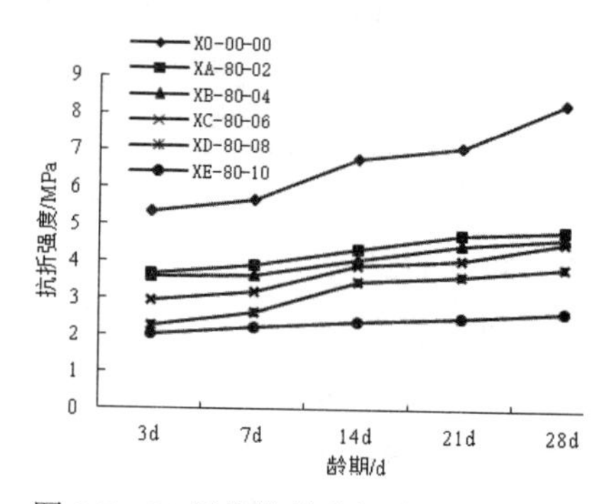

图 3.7　80 目橡胶粉水泥胶砂抗折强度

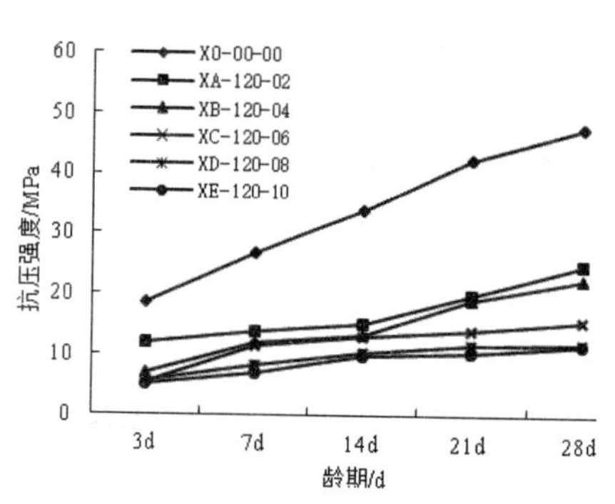

图 3.8　120 目橡胶粉水泥胶砂抗压强度

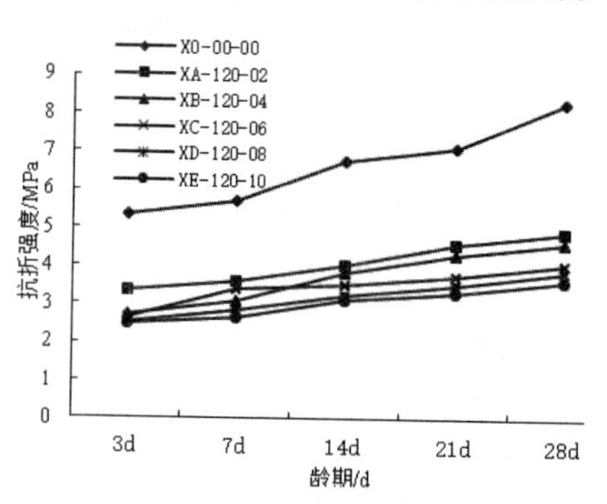

图 3.9　120 目橡胶粉水泥胶砂抗折强度

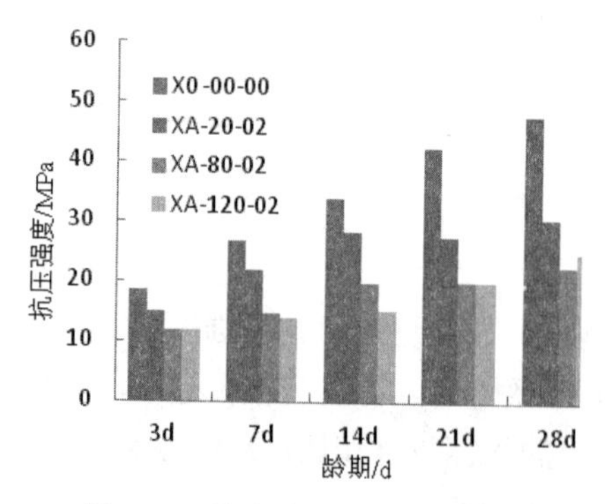

图 3.10　橡胶粉粒径对水泥胶砂抗压强度的影响

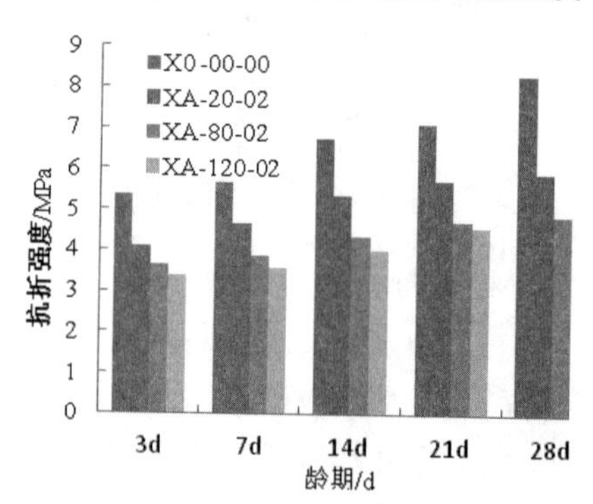

图 3.11　橡胶粉粒径对水泥胶砂抗折强度的影响

3.1.3 橡胶粉对水泥胶砂的影响

（1）当橡胶粒径相同时，随着橡胶粉掺量的增大，水泥砂浆的抗压下降率逐渐升高。相对未掺橡胶粉的水泥胶砂，掺入橡胶粉的水泥胶砂，在早期时下降率不太稳定，波动性比较大，而后期的下降率较为平缓。

（2）随着养护龄期的增加，水泥胶砂的抗压强度、抗折强度发育都呈现增加的趋势，抗压强度随着龄期增长，早期强度增加得较少，后期发育增长幅度较大；抗折强度早期增长幅度较大，后期发育比较平缓。

（3）在橡胶粉掺量相同的条件下，橡胶粉粒径越小，其抗压强度及抗折强度越低。

3.2 胶粉浮石混凝土的物理力学性能

本试验探讨了橡胶微粒（颗粒）对天然浮石混凝土正负效应的影响，并结合微观特征对力学性能进行分析。

3.2.1 试验概况

1. 试验材料

试验用水泥：冀东 P·O42.5 级普通硅酸盐水泥。粗骨料：内蒙古锡林浩特天然浮石。细骨料：河砂且为中砂，细度模数为 2.5，含泥量为 1.2%，堆积密度为 1565kg/m^3，表观密度为 2650kg/m^3，颗粒级配Ⅱ区。减水剂：RSD-8 型高效减水剂，掺量为 3%，减水效率为 20%，轻骨料混凝土拌合物自身含气量在 7%左右。橡胶微粒：20 目、80 目、120 目废旧轮胎橡胶微粒。

2. 试验设计

本试验按照橡胶掺量不同及橡胶粒径不同分为 8 组，减水剂掺量按胶凝材料用量的 3%掺入。轻骨料混凝土基准组（LC45）配合比为水泥:水:轻骨料:砂=500:140:634:690，以胶凝材料质量为基准，外掺 20 目橡胶微粒 0%、3%、6%、9%、12%、15%，外掺量 80 目、120 目橡胶微粒 6%，分别命名为：X0 组、XA-20-3%组、XB-20-6%组、XC-20-9%组、XD-20-12%组、XE-20-15%组、XB-80-6%组、XB-120-6%组。从和易性、抗压强度、棱柱体强度、弹性模量总体分析，得到的试验结果见表 3.1，根据结果选出最优组，并用扫描电镜分析其微观结构。

3.2.2 试验结果与数据

表 3.1 试验结果

组别	抗压强度/MPa							棱柱体强度/MPa	弹性模量/GPa
	3d	7d	14d	21d	28d	90d	180d		
X0	37.22	38.56	42.05	47.74	49.92	52.36	54.27	40.93	33.47
XA-20-3%	32.30	36.59	37.72	41.42	45.07	46.12	47.98	36.73	30.35
XB-20-6%	26.60	29.26	34.70	38.95	43.70	44.26	45.05	35.40	29.57
XC-20-9%	20.90	26.45	29.55	31.54	33.06	34.29	35.60	26.45	25.53
XD-20-12%	20.24	22.33	25.51	28.5	30.88	31.70	32.98	24.39	24.14
XE-20-15%	18.24	20.19	22.80	26.03	28.21	29.20	30.98	22.00	23.16
XB-80-6%	22.23	27.36	29.93	32.59	35.30	36.90	37.80	27.53	26.41
XB-120-6%	22.33	25.65	27.95	32.21	34.95	35.60	36.99	27.27	25.91

3.2.3 橡胶掺量对浮石混凝土和易性的影响

橡胶掺量对浮石混凝土坍落度的影响如图 3.12 所示。从图可以看出，相对基准组，橡胶掺入后，各组的浮石混凝土的坍落度都呈现下降趋势，主要是因为掺入橡胶微粒会增大拌合混凝土的屈服值，根据宾汉姆体模型理论，屈服值是使材料发生变形所需要的最小应力，坍落度变小，表明新拌混凝土的屈服值变大[40]，影响屈服值大小的主要因素是用水量。另外，本试验所有组采用的用水量是一样的，由于破碎粉磨的胶粉颗粒表面凸凹不平，比表面积较大，造成胶粉微粒的吸水率较大且吸水速率较快，所以在拌合过程中，外掺的橡胶微粒吸收了部分水分，降低了坍落度。

掺入橡胶的浮石混凝土的坍落度呈现先增大后减小的趋势，XA、XB、XC、XD、XE 组的坍落度分别为 110mm、130mm、140mm、105mm、60mm，XA、XB、XC 下降的幅度较小，XD、XE 组的下降幅度较大，由于橡胶微粒是憎水性材料，可以起到引气的作用[41]，适量的橡胶微粒掺入（相对于 XA 组），可以使得坍落度有所提高，所以 XB、XC 组有所上升；过量的橡胶微粒掺入，胶粉使得混凝土在拌合过程中吸收过量的水分，导致混凝土在拌合过程中非常黏稠，施工也会较困难。所以 XB 组及 XC 组的和易性相对较好。

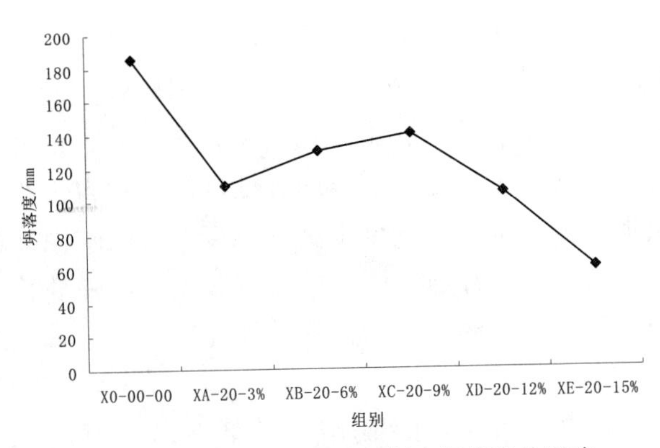

图 3.12　橡胶掺量对浮石混凝土坍落度的影响

3.2.4　橡胶粒径对浮石混凝土和易性的影响

橡胶粒径对浮石混凝土坍落度的影响如图 3.13 所示。从图可以看出，在掺量相同的情况下，XB-20-6%、XB-80-6%、XB-120-6%组的坍落度分别为 130mm、100mm、95mm。橡胶微粒越细，对浮石混凝土的和易性影响越大，坍落度越小。一是因为橡胶微粒具有弹性，所以橡胶微粒在拌合振实过程中与胶凝材料会受力变形，使其不够密实，粒径越小，则比表面积越大，产生的薄弱区越多[42]，起到负面作用；二是因为粒径越细，比表面积增大，橡胶微粒的需水量将增大，也将造成坍落度减小。

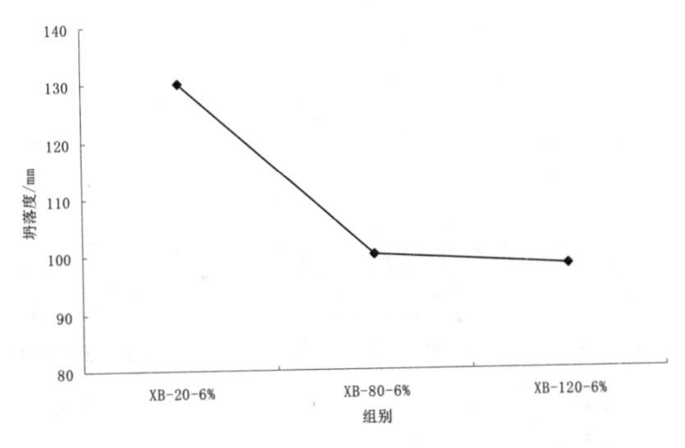

图 3.13　橡胶粒径对浮石混凝土坍落度的影响

3.2.5　橡胶掺量对浮石混凝土抗压强度的影响

图 3.14 为橡胶掺量对浮石混凝土抗压强度的影响。从图可以看出，随着龄期的增长，混凝土强度呈现逐渐升高的趋势。X0 组的强度发育过程中有一定的波动，

一方面是由于天然浮石属于喷火岩系，即使是同一地区浮石，成分差异也比较大，使得混凝土稳定性较差[43]；另一方面，由于浮石质量较轻，造成的上浮比较严重，易出现分层离析现象，也使得混凝土的强度发育波动较大。另外橡胶微粒为弹性性能材料，有效地改善了硬化后浆体的弹性性能，使得浆体与浮石粗骨料协调变形的能力增加，相互耦合后程度提高，强度发育波动性减弱。再者橡胶微粒密度小，可以有效地填充浮石孔隙，并且橡胶微粒的弹性较大，易于变形，也可以有效地填充浮石孔隙结构，从而有效地缓解了浮石本身的差异性及上浮问题。

图 3.15 为胶粉混凝土相对基准组的强度降低率。从图可以看出，所有掺入橡胶微粒的浮石混凝土强度都有所下降，这是因为：橡胶微粒作为外掺物加入混凝土中，因为橡胶微粒为憎水性材料，使得水泥浆体与骨料的黏结力减小，造成混凝土强度全部降低；橡胶微粒是以废旧轮胎为原料通过机械粉碎制成的，为非极性物质，其表面粗糙，形状不规则，在混凝土拌合过程中，表面比较容易附着水及空气，使得混凝土的含气量增大，也造成了轻骨料混凝土强度降低；橡胶微粒掺入混凝土内部后，相对变形较大，当受到应力时，橡胶微粒的变形与其他胶凝材料的变形不统一，造成橡胶微粒与胶凝材料之间存在应力，造成裂缝产生，使得浮石混凝土强度降低。

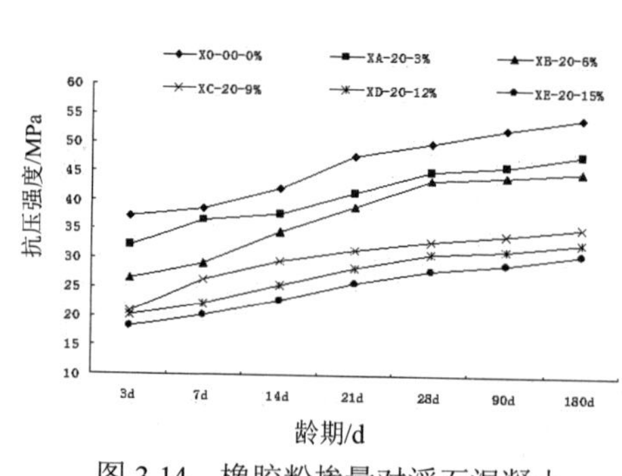

图 3.14　橡胶粉掺量对浮石混凝土抗压强度的影响

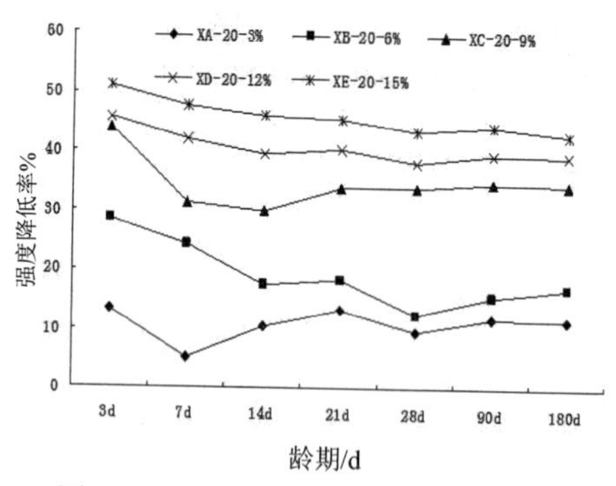

图 3.15　各组橡胶混凝土相对基准组的强度降低率

在相同龄期下，随着橡胶微粒掺量的增加，其抗压强度都呈现下降趋势，XA 组的下降率最小，在 28d 的龄期时，XA、XB、XC、XD、XE 相对基准组分别降低了 9%、15%、34%、39%、43%，XA 组、XB 组下降的程度较低，XC、XD、XE 组下降较大，原因归结于：橡胶微粒属惰性有机材料，与胶凝材料不能发生化学反应，只是在混凝土中起到填充作用。当掺入适量的橡胶微粒时，浮石混凝土孔隙被填充，橡胶微粒比较均匀地分布在混凝土内部，可以被水泥水化物包裹住，形成以橡胶微粒为核心外裹水泥水化物的基本颗粒，从而形成了橡胶颗粒与水泥水化物之间的界面，此界面相对比较稳定。当掺入的橡胶微粒过多时，混凝土内部还会形成橡胶微粒之间的界面，这个界面的黏结性及稳定性相对比较差，此界面起到负面作用，所以XC、XD、XE组下降较大。

从图3.15可以看出，虽然XA组的强度减小最少，但是强度稳定性相对XB组较差，下降率稳定性较差，可能是由于3%的外掺量不能保证橡胶微粒均匀地分布在混凝土内部，因此在混凝土受压的时候，局部的应变不同，使得混凝土内部可能出现应力集中的现象，强度下降率不太稳定。

所以，从浮石混凝土稳定性、强度降低率来分析，XB组相对较为最佳。

3.2.6 橡胶粒径对浮石混凝土抗压强度的影响

图3.16为橡胶粒径对浮石混凝土抗压强度的影响。从图可以看出，针对浮石混凝土，在橡胶微粒掺量相同的条件下，橡胶微粒粒径越小，其抗压强度有所下降。与XA-20组的胶粉浮石混凝土相比，XA-80和XA-120强度下降的幅度较大，但是XA-120相对XA-80的强度几乎变化不大。橡胶微粒粒径越小，更能充分填充浮石混凝土的孔隙，但是橡胶微粒的表面粗糙，掺入的粒径越小，其比表面积越大，使得橡胶微粒之间的接触面及橡胶颗粒与其他颗粒之间的接触面增多，形成的界面增加，周围的薄弱区越多，橡胶颗粒之间没有黏结力，只是通过相互挤压镶嵌固定成团，其内部稳定性差，在受到集中压力的时候，接触面之间的裂缝逐渐发展成大的裂纹，逐渐增多，对强度不利；由于粒径小，比表面积大，在拌合过程中带进去的空气跟水分相对增加，含气量增加，也造成强度降低。

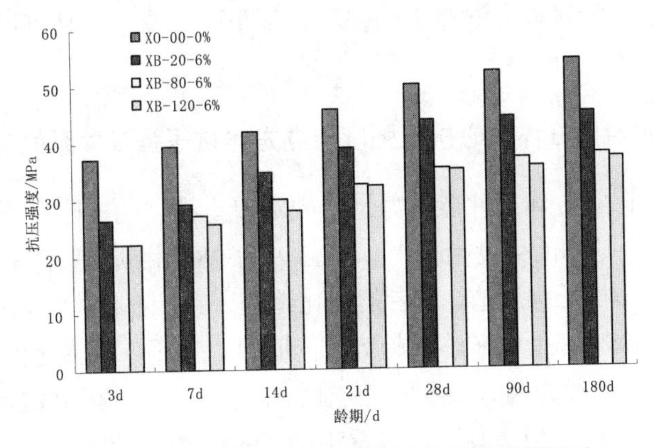

图3.16 橡胶粒径对浮石混凝土抗压强度的影响

3.2.7 橡胶对浮石混凝土破坏特征的影响

橡胶微粒浮石混凝土在早期破坏时有掉渣现象，这是因为试件的强度还没有完全发育以及胶凝材料与骨料接触不严密，试件破坏时首先从四个棱角处产生裂纹，继而四个面剥落，最后整体呈 45°剪切破坏。从破坏面（图 3.17）上可以看到胶粉颗粒未融入水泥浆中，这一现象印证了橡胶微粒不利于混凝土强度提高的结论，在破坏面上可以清楚地看到骨料全部被剪切破坏掉。

图 3.17 橡胶浮石混凝土的破坏面

当试件发育到 28d 后，试件破坏时有清脆的响声，说明已经具有一定的抵抗破坏的能力，整体仍呈 45°剪切破坏，此时已无掉渣现象，说明胶凝材料与骨料已形成整体，从破坏面上可以零星观察到橡胶微粒颗粒，骨料分布较均匀且被剪切破坏。横向比较，随着加入的橡胶微粒掺量的增大，破坏形态也发生变化，掺量越大，试件破坏的时间越长，说明试件由脆性破坏逐渐转变为塑性破坏。这说明橡胶微粒虽然不能对提高混凝土的强度起到正面影响，但是可以增强混凝土的塑性。

3.2.8 橡胶对棱柱体轴心抗压强度与立方体抗压强度关系的影响

由于棱柱体比立方体试件能更好地反映混凝土柱体的实际抗压能力，因此，f_c 是结构混凝土最基本的强度指标[44]，表 3.2 为 28d 龄期橡胶浮石混凝土的轴心抗压强度与立方体抗压强度值，两者的变化趋势一致，随着橡胶微粒掺量的增加，橡胶微粒粒径的减小都呈现减小的趋势。同时可以发现，两者之间有一定的线性关系。当橡胶微粒粒径相同时，掺量≤9%时，$f_c/f_{cu}(\alpha)$为 0.80～0.82，掺量>9%时，α 稍微降低，小于 0.8；当橡胶微粒掺量相同（6%）时，粒径为 80 目、120 目时，

α 大约为 0.78。

表 3.2 橡胶浮石混凝土的轴心抗压强度和立方体抗压强度

项	分组							
	X0	XA-20-3%	XB-20-6%	XC-20-9%	XD-20-12%	XE-20-15%	XB-80-6%	XB-120-6%
f_{cu}/MPa	49.92	45.07	43.70	33.06	30.875	28.21	35.30	34.95
f_c/MPa	40.93	36.73	35.40	26.45	24.39	22.00	27.53	27.27
f_c/f_{cu}	0.820	0.815	0.810	0.800	0.790	0.780	0.780	0.780

橡胶浮石混凝土 α 值都比普通混凝土（0.76）高，一是因为浮石本身的物理性质所决定的，浮石的孔隙度大，材质疏脆并且强度较低，所以在轴向荷载作用下，浮石混凝土横向较易变形，变形量比普通混凝土大[44]；二是因为掺入的橡胶微粒在混凝土中类似一个个微小弹簧，使混凝土的变形能力增加[45]，从而说明浮石混凝土的横向约束比普通混凝土的弱，具体表现为若轴心抗压强度的数值与立方体抗压强度的数值相差不多，则浮石混凝土的 f_c/f_{cu} 值较普通混凝土略大。

3.2.9 橡胶对浮石混凝土变形性能的影响

弹性模量反映弹性范围内变形与受力的正比关系，即纵向应力与纵向应变的比例常数。本试验通过检测各组的弹性模量，反映了掺入不同量的橡胶微粒及不同粒径的橡胶微粒对浮石混凝土的变形性能的影响。从表 3.1 试验结果中可以看到，当掺入不同掺量的橡胶微粒（粒径相同）时，浮石混凝土的强度降低了，浮石混凝土的弹性模量也降低了 D_e，可以从两方面进行分析，一方面是因为浮石混凝土强度引起的折减率 D_s 及橡胶微粒引起的折减率 D_r，即 $D_e=D_s+D_r$

另一方面可以根据三相复合材料弹性模量的对数混合规则[46]

$$\lg E_P = V_P \lg E_P + V_a \lg E_a + V_r \lg E_r \tag{3-1}$$

或

$$E_c = E_P^{V_P} E_a^{V_a} \ E_r^{V_r} \tag{3-2}$$

式中：E_c 为浮石混凝土弹性模量；E_p 和 V_p 分别为浆体弹性模量和体积分数；E_a 和 V_a 分别为集料弹性模量和体积分数；E_r 和 V_r 分别为橡胶集料弹性模量和体积分数，且 $E_a > E_r$[47]。

未掺橡胶微粒时的浮石混凝土的弹性模量为 $E_c = E_P^{V_P} E_a^{V_a}$，当外掺不同量的橡胶微粒后，浮石混凝土的孔隙比较大，橡胶微粒主要用于填充内部孔隙及浆体之间的填充，对浆体和集料的体积影响不大，可以忽略体积大小的变化，则掺入橡胶微粒后，由于降低了浆体和骨料的强度，骨料与水泥石界面黏结性变差，降低了混凝土的刚性，增大了柔性[48-49]。使得 E_p' 和 E_a' 的弹性模量有所降低，即 $E_c' = E_p^{V_p} E_a^{V_a}$，故 $E_c = E_c'$。

当掺量相同（XB-20-6%、XB-80-6%、XB-120-6%）时，随着粒径减小，弹性模量也降低。浆体、集料及橡胶微粒的体积相同，但是橡胶集料的弹性模量随着粒径减小而降低，所以 $E_{r1} > E_{r2} > E_{r3}$，则 $E_{c1} > E_{c2} > E_{c3}$。

总之，随着橡胶微粒掺量的增加或橡胶粒径的减小，浮石混凝土的弹性模量也减小。

3.2.10　微观结构

橡胶微粒的微观结构可以直接反映其物理特性，所以微观结构有助于分析橡胶微粒对浮石混凝土的作用机理。

图 3.18～图 3.20 为 20 目橡胶微粒的扫描电镜图片，从图 3.18（20 目橡胶微粒的 SEM 照片，300 倍）中可以看到部分橡胶微粒之间有类似微小弹簧进行连接，这也是橡胶微粒有弹性的原因；从图 3.19（20 目橡胶微粒的 SEM 照片，1000 倍）中可以直观地看到橡胶微粒表面凸凹不平，比较粗糙，结合图 3.17 看到形状不规则；从图 3.20（20 目橡胶微粒的 SEM 照片，3000 倍）中可以观察到橡胶微粒中存在大量的微小孔隙，所以会起到一定的“引气”作用[50]，使得混凝土含气量较大。这与前面的橡胶浮石混凝土物理力学性能是相符的。

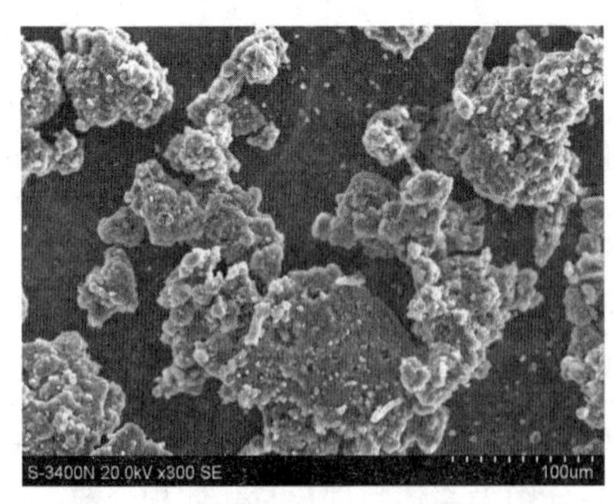

图 3.18　20 目橡胶微粒的 SEM 照片（300×）

图 3.19　20 目橡胶微粒的 SEM 照片（1000×）

图 3.21 为 XB-20-6%组橡胶浮石混凝土，从图中可以看到橡胶微粒与胶凝材料的黏结性较差，并没有完全黏结，从而形成了薄弱区域，造成橡胶浮石混凝土强度降低。

图 3.20　20 目橡胶微粒的 SEM 照片（3000×）

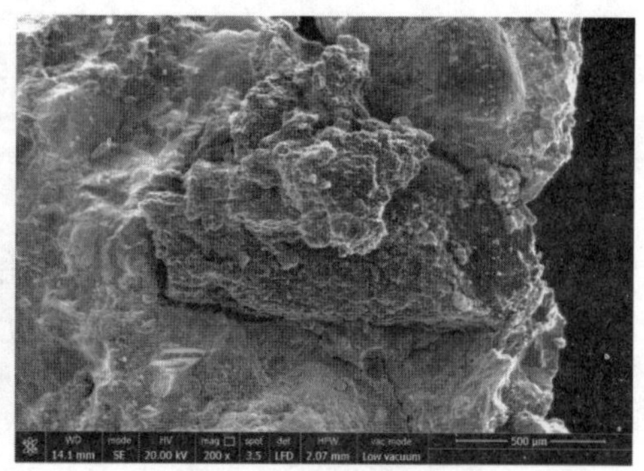

图 3.21　XB-20-6%混凝土 SEM 照片（200×）

3.2.11　试验结论

（1）相同粒径的橡胶微粒的掺入，随着掺量的增加，相对基准组，坍落度都有所降低；由于橡胶微粒的引气作用，相对 XA（20 目，3%掺量）组，坍落度呈现先增大后减小，XB（20 目，6%掺量）组、XC（20 目，9%掺量）组的和易性相对较好。相同掺量的情况下，粒径减小，增大了比表面积，造成坍落度减小。

（2）橡胶微粒可以改善浮石混凝土不稳定性，使得强度发育波动性减弱；橡胶微粒的憎水性及弹性性能使得随着橡胶微粒的增加，抗压强度呈现下降趋势。从稳定性及强度两方面分析，XB 组为最佳。橡胶微粒越小，强度损失越大。

（3）橡胶微粒的掺入可以增强浮石混凝土的塑性特征。

（4）随着橡胶微粒掺量的增加，橡胶微粒粒径的减小，橡胶浮石混凝土的 f_c/f_{cu} 都呈现减小的趋势，且较普通混凝土略大。

（5）橡胶微粒的掺入造成浆体和集料的弹性模量较低，最终导致浮石混凝土的弹性模量降低。

（6）通过环境扫描电镜可以直接观察到橡胶微粒具有的特性：弹性性能、形状不规则、表面比较粗糙，具有大量的微小孔隙，并且黏结性较差。

3.3　橡胶天然浮石混凝土力学性质及盐碱环境抗冻性试验研究

本书的研究旨在通过正交试验，判断各因素对橡胶天然浮石混凝土力学性能及盐碱环境下抗冻耐久性的影响主次顺序、分析各因素的影响规律和机理，找到橡胶天然浮石混凝土的最佳掺量和粒径范围，从而提高橡胶天然浮石混凝土的适用范围，增加废旧轮胎的回收使用率。

3.3.1 试验概况

1. 试验材料

水泥：采用冀东 P·O42.5 级水泥。粗骨料：内蒙古天然浮石，堆积密度为 710kg/m^3，表观密度为 1593 kg/m^3，初始 1h 吸水率为 13.78%（质量分数）。砂：普通河砂，细度模数为 2.5，表观密度为 2575 kg/m^3，含水率为 2%（质量分数），颗粒级配良好，细度模数为 2.5，II 区，中砂。废旧轮胎橡胶颗粒：粒径为 20、60、120。减水剂：FDN-C 萘系减水剂，主要成分为 β-萘磺酸盐甲醛缩合物，掺量为胶凝材料的 0.7%，减水率为 20%，对钢筋无锈蚀。水：自来水。

2. 试验设计

橡胶颗粒以水泥质量的百分比外掺，选取橡胶颗粒粒径、橡胶颗粒掺量、水胶比三个影响因素，每个因素选择三个水平，因素水平见表 3.3。

表 3.3 正交设计因素、水平表

因素	水平		
	A 橡胶颗粒粒径/目	*B* 橡胶颗粒掺量/%	*C* 水胶比
1	20	3	0.40
2	60	6	0.42
3	120	9	0.45

依据《普通混凝土配合比设计规程》（JGJ 55—2011）和《轻骨料混凝土技术规程》（JGJ 51—2002）进行橡胶天然浮石混凝土的配合比设计，按三个水胶比设计三组基准组配合比，正交组试验按正交设计表 L9（33）进行配合比设计，基准组配合比见表 3.4。

表 3.4 基准组试验配合比

组别	水泥/（kg/m^3）	砂/（kg/m^3）	浮石/（kg/m^3）	水/（kg/m^3）	减水剂/（kg/m^3）
J-1	450	750	570	180	3.15
J-2	430	770	580	180	3.00
J-3	400	780	590	180	2.80

首先利用 WE-1000B 型电液式万能试验机对试样进行力学性能试验，得出 28d 抗压强度、劈裂抗拉强度和拉压比；参考普通混凝土和轻骨料混凝土的抗冻次数设计冻融循环试验，综合权衡采用 300 次作为冻融循环次数。冻融循环方法为快冻法，试验在混凝土冻融循环达到 25 次、50 次、75 次、100 次、125 次、150 次、

175 次、200 次、225 次、250 次、275 次、300 次时，测试试件的质量和动弹性模量。计算质量损失率和相对动弹性模量，试验采用试件尺寸为 100mm×100mm×400mm，每组 3 块。试验分为水溶液、盐碱溶液两种工况，盐碱溶液浓度见表 3.5。

表 3.5　模拟盐碱溶液中盐用量及溶液浓度

类别	盐类型及用量（g/L 水）			溶液浓度	备注
	NaCl	Na_2CO_3	$NaHCO_3$		
基准溶液	1.03	0.08	0.84	0.2%	基准溶液
模拟溶液	25.75	2	21	4.6%	25 倍基准溶液盐用量

3.3.2　橡胶天然浮石混凝土基本力学性能试验结果与分析

橡胶天然浮石混凝土强度正交试验结果见表 3.6。

表 3.6　橡胶天然浮石混凝土强度正交试验结果

正交组合				28d 抗压强度/MPa	28d 劈裂抗拉强度/MPa	拉压比	抗压强度损失百分率/%	劈拉强度损失百分率/%	拉压比提高百分率/%
正交组别	A	B	C						
J-1	0	0	0.40	49.76	3.52	0.071	0	0	0
J-2	0	0	0.42	39.70	3.10	0.078	0	0	0
J-3	0	0	0.45	34.72	3.60	0.104	0	0	0
A1B1C1	20	3%	0.40	42.39	3.99	0.097	14.81	11.73	38.05
A1B2C2	20	6%	0.42	38.65	3.26	0.098	2.62	−5.16	26.12
A1B3C3	20	9%	0.45	30.43	3.07	0.106	12.34	−18.08	3.09
A2B1C2	60	3%	0.42	36.88	3.18	0.089	7.08	−2.52	14.08
A2B2C3	60	6%	0.45	31.24	3.51	0.116	10.02	−35.00	12.05
A2B3C1	60	9%	0.40	35.79	3.24	0.089	28.07	28.32	26.31
A3B1C3	120	3%	0.45	31.02	2.90	0.106	10.66	−11.54	2.80
A3B2C1	120	6%	0.40	41.69	3.87	0.094	16.20	14.38	32.81
A3B3C2	120	9%	0.42	29.90	3.03	0.099	24.68	2.26	28.04

1. 正交极差分析

根据正交试验数据进行极差分析，得出图 3.22 抗压强度损失率、图 3.23 劈裂强度损失率和图 3.24 拉压比增加率的极差图形。从图 3.22～图 3.24 得出：影响橡胶天然浮石混凝土抗压强度的主次顺序是橡胶颗粒掺量>橡胶颗粒粒径>水胶比；影响橡胶天然浮石混凝土劈拉强度和拉压比的主次顺序是水胶比>橡胶颗粒掺量>橡胶颗粒粒径；通过力学性质得出最佳粒径和掺量为 20 目、6%。

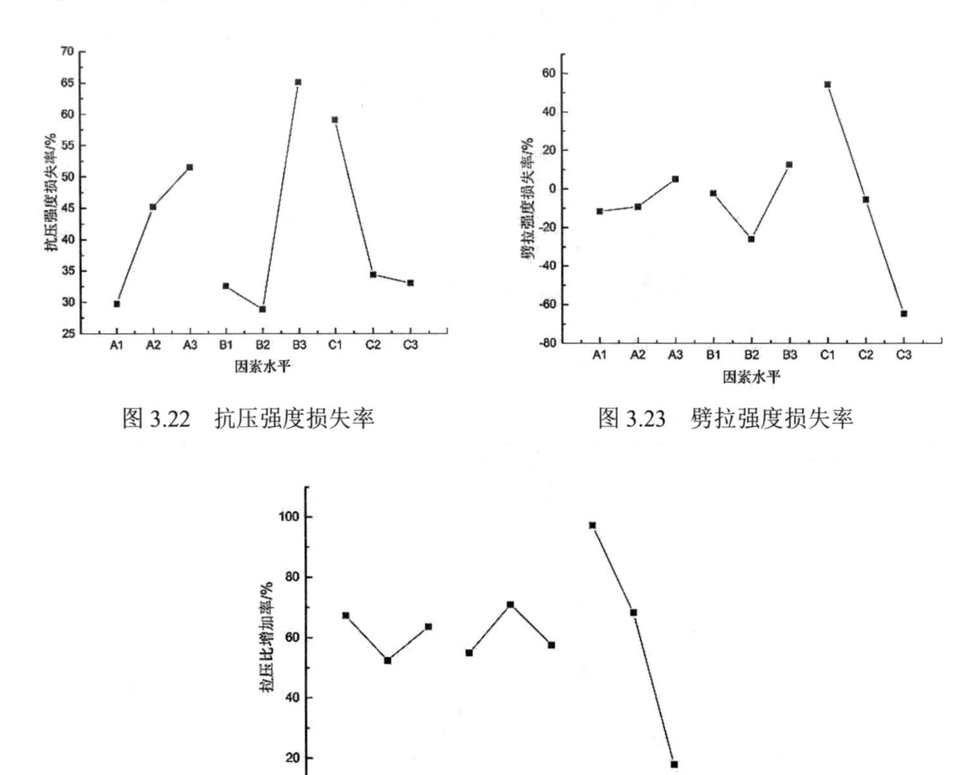

图 3.22　抗压强度损失率

图 3.23　劈拉强度损失率

图 3.24　拉压比增加率

2. 显著影响

方差分析是统计学中的一种假设检验方法。其基本原理为：将数据的总方差分解成几个部分，每部分表示一种影响因素，各部分方差与随机误差的方差进行比较，依据 F 分布进行统计判断，检验均值间的差异在统计意义上的显著性，从而确定各因素对试验结果是否显著。利用方差分析原理对正交试验数据进行分析，结果见表 3.7。可以得出，橡胶颗粒粒径对抗压强度、劈拉强度、拉压比的影响微乎其微；橡胶颗粒掺量对抗压强度有一定影响；水胶比对劈拉强度、拉压比有显著影响，对抗压强度有一定影响。

表3.7 正交试验方差分析结果

指标	方差来源	偏差平方和	自由度	方差	F值	临界值 F_a	显著水平
抗压强度损失百分率/%	A	83.5188	2	41.7594	2.571	$F_{0.01}(2,2)=99$	-
	B	265.1863	2	132.5932	8.164	$F_{0.05}(2,2)=19$	*
	C	143.4513	2	71.7256	4.416	$F_{0.1}(2,2)=9$	*
	误差	32.4832	2	16.2416		$F_{0.25}(2,2)=3$	
劈拉强度损失百分率/%	A	53.9687	2	26.9843		$F_{0.01}(2,6)=10.9$	-
	B	248.3544	2	124.1772		$F_{0.05}(2,6)=5.14$	-
	C	2362.174	2	1181.087	14.755	$F_{0.1}(2,6)=3.463$	***
	误差	480.2928	6	80.0488			
拉压比增加百分率/%	A	39.8139	2	19.9069		$F_{0.05}(2,6)=5.14$	-
	B	49.6925	2	24.8462		$F_{0.01}(2,6)=10.9$	-
	C	1071.603	2	535.8013	13.451	$F_{0.1}(2,6)=3.463$	***
	误差	238.9963	6	39.8327			

注 ***为特别显著；**为显著；*为表示有一定影响；-表示无影响。

3. 正交回归方程

利用正交多项式回归方法和最小二乘法中介绍的，结合正交试验方差分析结果，橡胶天然浮石混凝土的抗压强度、劈拉强度和拉压比与橡胶颗粒粒径、橡胶颗粒掺量和水胶比存在着线性关系。因此假设线性回归模型为：

$$y=\beta_0+\beta_1\chi_1+\beta_2\chi_2+\beta_3\chi_3+\varepsilon \tag{3-3}$$

式中：y 为抗压强度、劈拉强度、拉压比；β_i 为回归系数（i=0，1，2，3）；χ_1 为橡胶颗粒粒径；χ_2 为橡胶颗粒掺量；χ_3 为水胶比；ε 为试验误差。

将试验数据代入回归模型（3-3），得到关于 β 的最小二乘估计，回归方程结果见表3.8。可以看出，橡胶天然浮石混凝土强度主要影响因素是水胶比和橡胶颗粒掺量，这与极差和方差分析结果吻合。

表3.8 回归分析结果

回归方程	R、N
$y_{抗压强度损失率}=0.07\chi_1+180.778\chi_2-161.211\chi_3+66.810$	0.816、9
$y_{劈拉强度损失率}=0.057\chi_1+82.389\chi_2-782.939\chi_3+320.948$	0.922、9
$y_{拉压比增加率}=-0.006\chi_1+13.944\chi_2-530.623\chi_3+244.577$	0.904、9

注 χ_1 为橡胶颗粒粒径；χ_2 为橡胶颗粒掺量；χ_3 为水胶比。

通过 SPSS 回归分析，回归方程的方差分析结果见表 3.9。由表 3.9 可知，回归方程中劈拉强度损失率、拉压比增加率显著而抗压强度损失率不显著。由于正交试验的试验组为 9 组，只选用了 3 个水平作为因素变量，总的试验组别出现离散数值的概率比较大。但是从回归方程的参数可以看出，基于正交试验的方差、极差分析的结果与之是一致的，从而说明回归方程具有意义。

表 3.9 强度回归方程方差分析

项目	方差来源	平方和	自由度	均方差	*F* 值	临界值	显著性
抗压强度损失率%	回归	348.931	3	116.31	3.31	0.115	○
劈拉强度损失率/%	回归	2415.877	3	805.292	9.439	0.017	*
拉压比增加率/%	回归	1071.558	3	357.186	7.471	0.027	*

注 ○为不显著；*为显著。

4. 气孔结构参数分析

为了更为准确地分析橡胶天然浮石混凝土力学性能与微观孔结构之间的关系，对气孔结构参数进行正交试验方差分析，结果见表 3.10。可以看出，从气泡间距系数、孔隙度和平均孔径方面考虑的最优配合比为 A1B2（20 目、6%掺量），结果与从力学性能角度考虑的最优配合比是一样的。原因为，橡胶颗粒在天然浮石混凝土中起到了引气剂的作用，从图 3.25、图 3.26 可以看出，橡胶颗粒的掺入使得硬化混凝土气泡平均孔径变小，气泡间距系数减小，细化了天然浮石混凝土内部孔结构；但是，橡胶颗粒掺量过多则会导致孔隙度增加，降低混凝土的强度。分析图 3.25 可以看出，橡胶颗粒粒径过细，也会导致孔隙度的上升。原因是，试验采用等质量外掺橡胶颗粒，当掺量相同时，粒径越小，比表面积越大，造成混凝土孔隙度增大。从气孔结构参数分析：橡胶天然浮石混凝土最佳配合比是 20 目，6%掺量，与宏观力学的结果一致。

表 3.10 气孔结构参数正交试验方差分析结果

指标	因素	*K*1	*K*2	*K*3	*R*	主次顺序及最优配合比
间距系数/mm	A	0.389	0.353	0.348	0.0137	C>B>A A1B2C1
	B	0.33	0.39	0.37	0.02	
	C	0.424	0.341	0.325	0.033	
孔隙度/%	A	22.93	25.91	29.32	2.13	C>A>B A1B2C1
	B	29.45	24.16	24.55	1.7633	
	C	22.63	29，.27	26.26	2.2133	

续表

指标	因素	*K*1	*K*2	*K*3	*R*	主次顺序及最优配合比
平均孔径/mm	A	0.320	0.409	0.327	0.0297	C＞A＞B A1B2C3
	B	0.331	0.323	0.402	0.0263	
	C	0.405	0.342	0，.309	0.032	

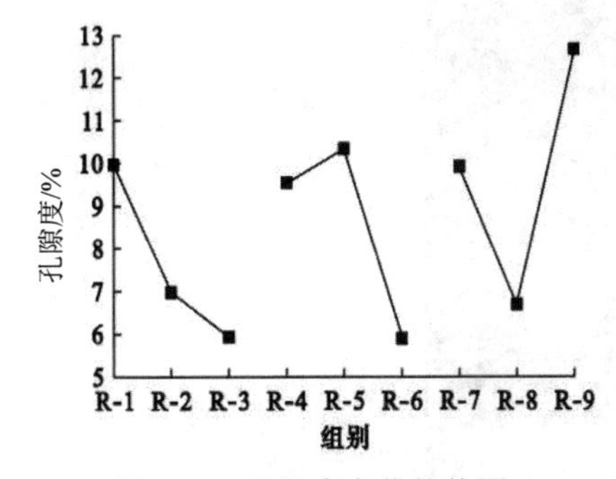

图 3.25　孔隙度变化趋势图

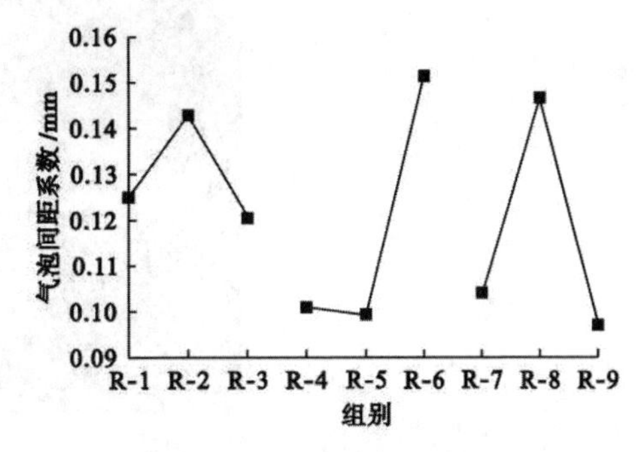

图 3.26　气泡间距系数变化趋势图

图 3.27～图 3.29 为橡胶天然浮石混凝土气孔结构图，图中圆圈部分为浮石孔，方框部分为水泥石孔。因为本试验选取的浮石粒径较均匀，骨料粒径变化对结果的影响较小。从橡胶颗粒掺量角度看，图 3.27、图 3.28 对比，橡胶颗粒粒径一致，均为 120 目（A3），而橡胶颗粒掺量分别为 6%（B2）、9%（B3）。

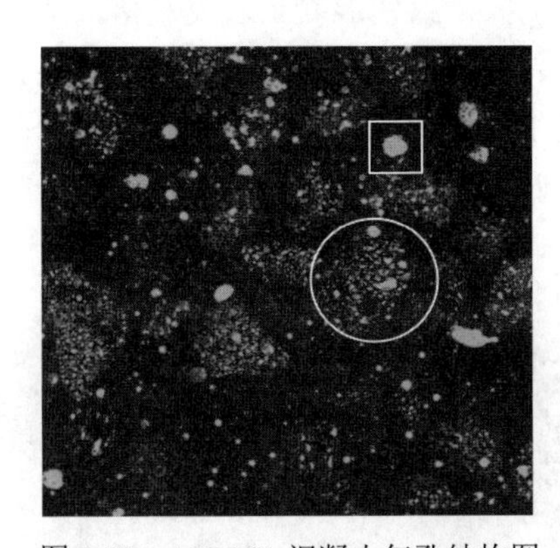

图 3.27　A3B2C1 混凝土气孔结构图

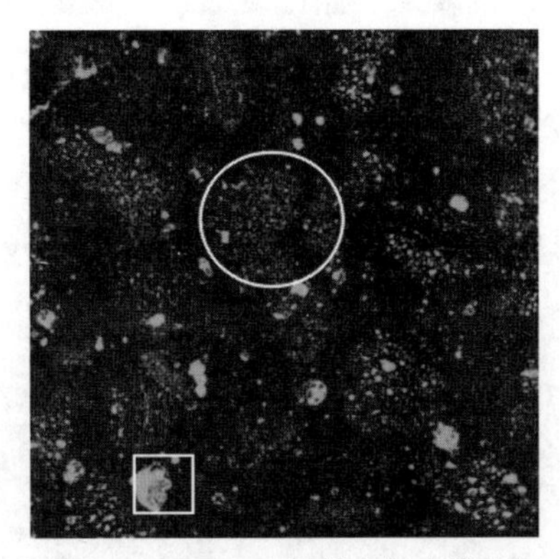

图 3.28　A3B3C2 混凝土气孔结构图

图 3.27 中的浮石孔径和范围较大，而图 3.28 中的浮石孔和范围较小，随着橡胶颗粒掺量的增加，极小孔洞聚集区域（浮石切割面）呈现缩减的趋势，这说明了橡胶颗粒的掺加将大孔隙分割成多个细小孔隙，橡胶颗粒的掺加改善了天然浮石混凝土的孔结构。从橡胶颗粒粒径角度看，图 3.28、图 3.29 对比，橡胶颗粒掺

量一致，均为 9%（B3），而橡胶颗粒粒径分别为 120 目（A3）、20 目（A1）。浮石周围孔隙范围和孔径基本一致，所以橡胶颗粒粒径的改变对天然浮石周围孔结构改变不明显，从表 3.7 中可以得出的橡胶颗粒粒径对力学性质影响也不明显，从微观解释了力学性能试验的正交分析结果。

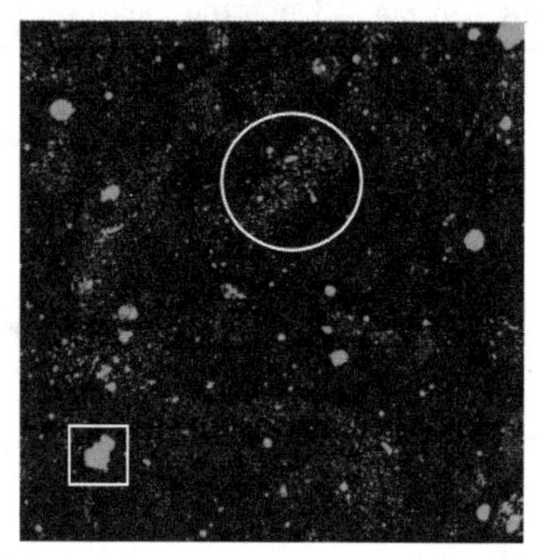

图 3.29 A1B3C3 混凝土气孔结构图

3.3.3 橡胶天然浮石混凝土盐碱环境下抗冻性能试验结果与分析

1. *冻融循环后表观分析*

冻融循环后混凝土表观如图 3.30 所示。从图可以看出，随着冻融循环次数的增加，混凝土表面出现裂纹，裂纹逐渐连通扩大，致使混凝土表皮剥落，造成混凝土质量的损失。在冻融循环后期，混凝土表面出现孔洞，并且向纵深发展。当混凝土达到 300 次冻融循环时，表观形态发生较大变化，主要表现在表面凹凸不平且有较深的孔洞，四角均出现严重脱落。以上现象表明，橡胶天然浮石混凝土在盐碱和冻融循环双重侵蚀下发生较大破坏。

（a）25 次冻融循环

（b）50 次冻融循环

图 3.30 冻融循环后混凝土表观

（c）100 次冻融循环

（d）300 次冻融循环

图 3.30　冻融循环后混凝土表观（续图）

2. 试验结果分析

冻融循环次数与质量损失率、相对动弹性模量之间的关系如图 3.31～图 3.34 所示，从图可以看出，橡胶天然浮石混凝土的质量先增加后降低，相对动弹性模量，也呈现先小幅升高后降低再大幅降低的趋势。对比水溶液和盐碱溶液的变化趋势，可以看出盐碱溶液中橡胶天然浮石混凝土的变化幅度明显大于水溶液中的橡胶天然浮石混凝土的变化幅度。

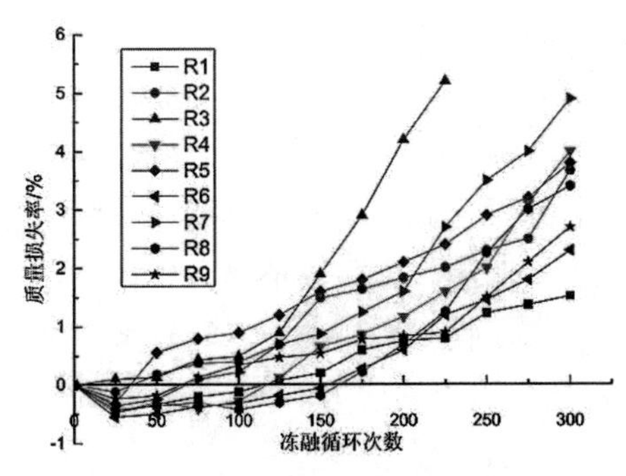

图 3.31　水溶液中质量损失关系曲线

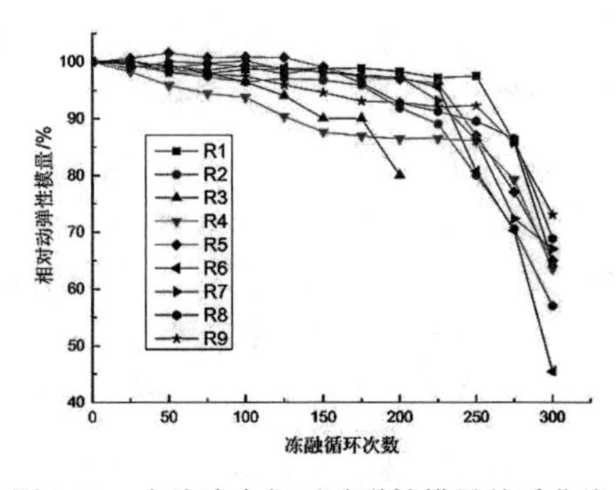

图 3.32　水溶液中相对动弹性模量关系曲线

从图 3.31～图 3.34 已经看出橡胶天然浮石混凝土在模拟内蒙古河套灌区盐碱环境中的冻融循环劣化趋势。为了进一步探究橡胶天然浮石混凝土在不同介质中的冻融循环差异，设计以下试验。

以橡胶天然浮石混凝土为研究对象，记为 RLC。依据 3.3.2 节得出的最优配合比确定，橡胶粉粒径为 20 目，掺量为 6%（按胶凝材料质量百分比外掺）。按水泥、砂、浮石、水、胶粉、减水剂质量比例为 430:770:580:180:26:3 进行拌合，之后按照《轻骨料混凝土技术规程》（JG J51—2002）中的要求制备试验试件，在养护箱中标准养护 24d，根据《普通混凝土长期性能和耐久性能试验方法标准》（GB 50082—2009T）中的快冻法进行冻融循环试验，冻融侵蚀溶液分别是清水、模拟内蒙古河套灌区盐碱溶液，分别标记为 RLC-1、RLC-2（1 代表在清水中进行试验，2 代表在模拟盐碱溶液中进行试验）。试件采用 100mm×100mm×400mm 的棱柱体，共计 6 块。冻融循环次数为 0、25、50、75、100、125、150、175、200、225、250、275、300，达到冻融循环周期后测试试件的质量和动弹性模量，其质量损失率及相对动弹性模量关系如图 3.35 和图 3.36 所示。

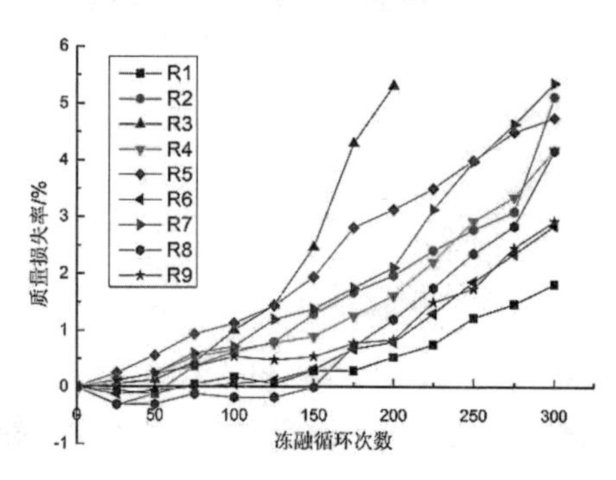

图 3.33 盐碱溶液中质量损失关系曲线

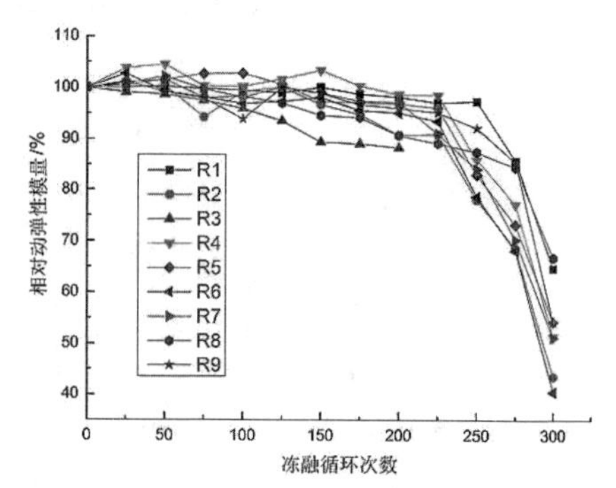

图 3.34 盐碱溶液中相对动弹性模量关系曲线

图 3.35 反映的是冻融循环次数与质量损失率之间的关系。从图 3.35 可以得到，橡胶天然浮石混凝土在清水和模拟内蒙古河套灌区盐碱溶液中，最大冻融循环次数分别为 300 次和 225 次。而普通混凝土的最大冻融循环次数一般在 200 次左右[51]，说明掺加橡胶粉提高了混凝土的抗冻性。原因分析：混凝土的冻融循环破坏主要是由于静水压力和渗透压力[52]产生的内部应力引起的。冻融循环是一种疲劳破坏形式，橡胶粉是自身具有较强弹性的材料，掺加在胶凝材料中使水泥砂浆与骨料之间形成了一个“缓冲层”，吸收了部分冻融循环引起的应力。

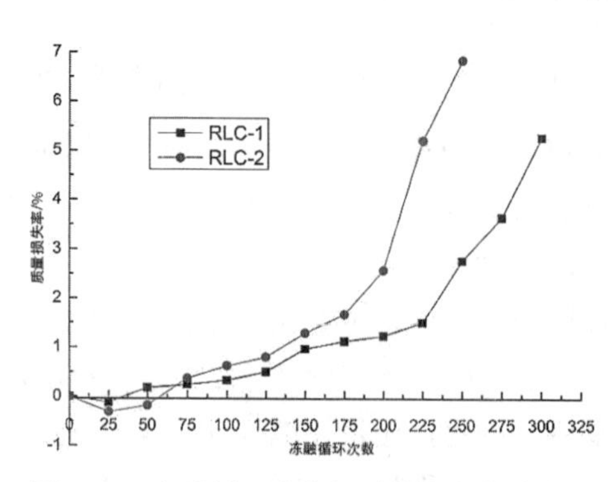

图 3.35 冻融循环次数与质量损失率的关系

从图3.35还可以看出，混凝土在两种侵蚀介质中的质量均是先增加后降低，而且在模拟内蒙古河套灌区盐碱溶液中侵蚀的混凝土质量“折返点”滞后于清水中侵蚀的混凝土，在“折返点”之后可以看出在模拟内蒙古河套灌区盐碱溶液中的混凝土质量损失率明显高于在清水中的混凝土。原因分析：混凝土在冻融循环试验前，事先用侵蚀液体浸泡4天，使得混凝土处于饱水状态，即混凝土开放孔隙中都充满了侵蚀液体。但是在冻融循环过程中，混凝土由于收缩膨胀产生应力，使混凝土内部出现新的孔洞，而侵蚀液体会再次填充新的孔洞，从而造成冻融循环早期质量的增加。随着冻融循环次数的增加，混凝土表层剥落质量超过了溶液填充新生成孔隙的质量，最后使混凝土质量降低。

在模拟内蒙古河套灌区盐碱溶液中，冻融循环的混凝土在承受静水压力的同时还承受着由于混凝土内外浓度差所造成的渗透压的作用，因此其应力比在清水中要大得多，从而出现更多的新孔隙，造成质量增加。

图3.36反映的是冻融循环次数与相对动弹性模量的关系。从图3.36可以得到，在两种侵蚀介质中的混凝土相对动弹性模量下降趋势相同，最大冻融循环次数分别为300次和250次，没有质量损失率差异明显。原因分析：橡胶粉可以有效填充浮石混凝土中的孔隙，使得掺加橡胶粉的浮石混凝土更为密实。孔隙为侵蚀溶液进入混凝土内部提供了通道，橡胶粉的加入阻断了可能形成的侵蚀通道，并降低了混凝土中界面区的结晶水化物的密度，改善界面区结构，提高了混凝土的耐久性。

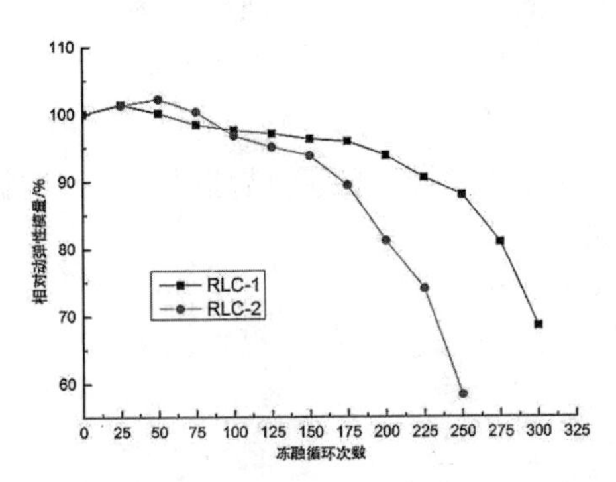

图3.36　冻融循环次数与相对动弹性模量的关系

橡胶粉作为一种弹性体，其受力变形大，且为憎水材料，使得橡胶粉与水泥砂浆的黏结力较弱，在反复荷载作用下极容易脱落，造成混凝土质量损失，因此在冻融循环作用下，橡胶天然浮石混凝土的质量损失率较相对动弹性模量敏感。

从图3.36还可以看出，以冻融循环150次为拐点，之后处于模拟内蒙古河套灌区盐碱溶液中的混凝土较清水中冻融循环的混凝土相对动弹性模量下降幅度大，说明 RLC-2 比 RLC-1 冻融劣化严重。原因分析：模拟盐碱溶液中的盐类可以降低冰点，降低冰的体积膨胀率，这种作用提高了混凝土饱水度，当混凝土饱水度达到或超过临界饱水度时会造成混凝土破坏。研究人员[53]通过毛细管吸水试验证明，试件中溶液浓度越高，达到平衡时间越短，饱水越快，使模拟内蒙古河套灌区盐碱溶液中混凝土的初始饱水度明显比在清水中混凝土高。

除此之外，当混凝土在盐碱溶液中冻融循环时，混凝土中会产生比在清水中大的结冰压；盐碱溶液温度降低时溶解度会降低，从而析出晶体，晶体会对混凝土中的孔隙壁造成压力，进而导致其结构破坏，强度降低。橡胶粉的加入在混凝土内部形成微小弹簧单元，这些微小的弹簧单元聚集，使水泥砂浆结构改变。混凝土中的部分孔隙被橡胶粉填充，改善了水泥砂浆与天然浮石的接触面，橡胶粉本身具有良好的弹性形变能力，减缓了冻融裂缝的发展，保证了混凝土的整体性。

从图 3.36 还可以看出，在两种侵蚀介质中的混凝土相对动弹性模量都具有一个上升段，因为混凝土未水化的部分在水中继续水化，使得混凝土变得更加密实，强度提高；从图可以看出，在模拟内蒙古河套灌区盐碱溶液中的试件相对动弹性模量上升时间持续更长，上升程度更大，因为盐碱溶液中的盐分是温度敏感物质，在温度发生变化时会变成结晶并在混凝土的毛细孔中逐渐聚集，使得混凝土内部孔隙细化，提高致密性。但这种提高是致命的，有研究表明，当混凝土达到最大值后会出现突降。而从 RLC-2 的曲线可以看出，在 75 次达到最大值到 225 次发生突变，之间经过了 150 的冻融循环。分析原因，橡胶粉会附着在晶体周围，在胶凝材料与晶体之间形成了细小“弹簧”，起到了缓冲作用。

为了分析正交试验中三个因素对冻融循环的影响主次顺序，得到最优试验配合比，对数据进行极差分析，得出试件破坏时的极差数据分析的效应曲线，如图 3.37～图 3.40 所示。

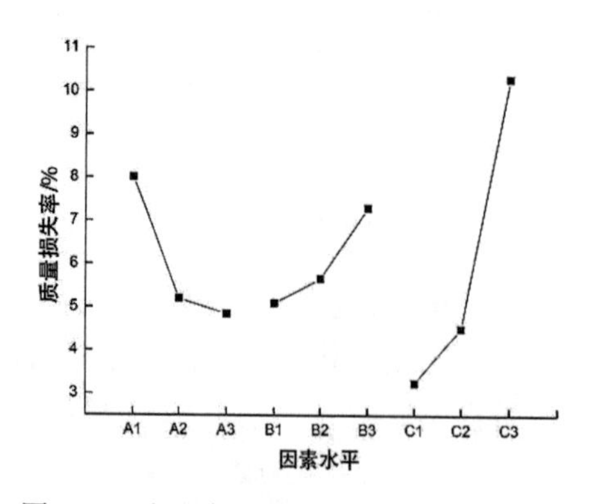

图 3.37　水溶液 225 次冻融循环质量损失率

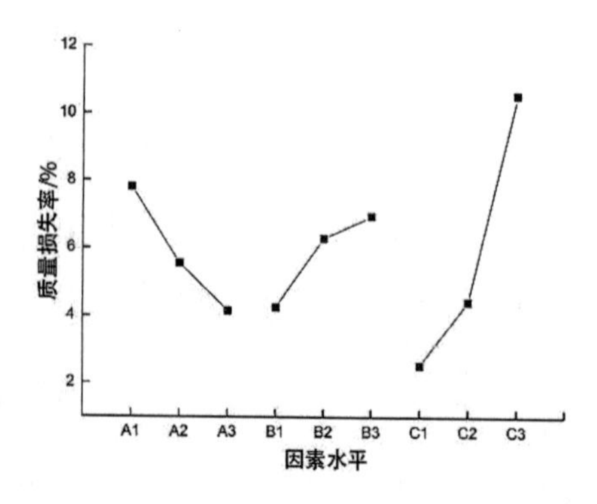

图 3.38　盐碱溶液 200 次冻融循环质量损失率

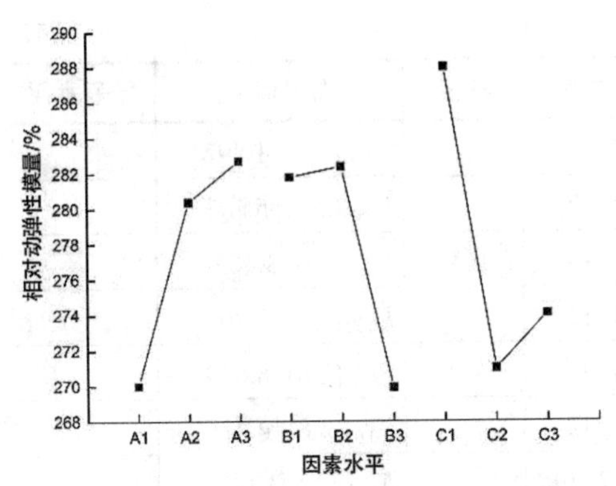

图 3.39 水溶液 200 次冻融循环弹性模量

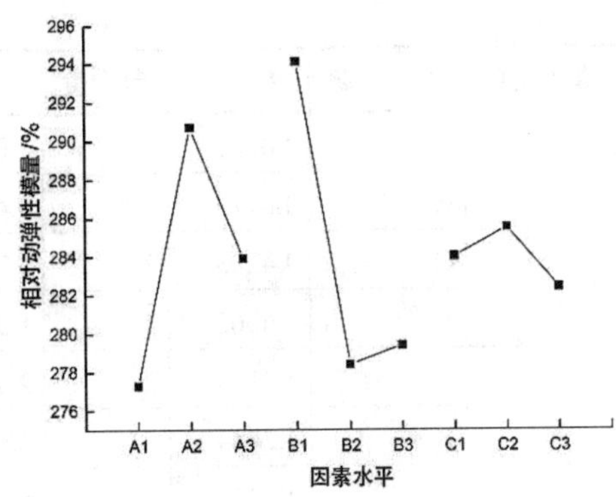

图 3.40 盐碱溶液 200 次冻融循环弹性模量

从极差分析中可以看出正交最优组为 A3B1C1。橡胶天然浮石混凝土在内蒙古河套灌区盐碱溶液和冻融循环作用下橡胶粉最优量径为 3%，120 目。橡胶粉的掺加可以提高天然浮石混凝土的抗冻性，使冻融循环次数显著提高。但是通过正交极差分析可知，过多的胶粉加入不利于混凝土长期抗冻性能的提高。原因分析：橡胶粉的掺加导致混凝土内部薄弱区扩大，且橡胶粉为疏水物质，在冻融循环过程中内部应力反复作用下混凝土质量损失严重。

极差分析结果表明，掺入目数较大的橡胶粉对混凝土抗冻性有利。原因分析：粒径较小的橡胶粉使混凝土内部结构更加密实，一定程度上对裂缝起到了“胶水”作用，减缓了混凝土裂缝的开展。

为了进一步验证极差分析结果，对试验结果进行方差分析，方差分析结果见表 3.11～表 3.14。

表 3.11 水溶液中各冻融循环次数下质量损失方差分析

循环次数	方差来源	差方和	自由度	方差	F 值	临界值 F_a	显著水平
50	A	0.1035	2	0.0517		$F_{0.01}(2,4)=18$	
	B	0.2763	2	0.1381	3.075	$F_{0.05}(2,4)=6.944$	
	C	0.4441	2	0.222	4.933	$F_{0.1}(2,4)=4.325$	*
	误差	0.0762	2	0.0381		$F_{0.25}(2,4)=2$	
125	A	0.111	2	0.0555		$F_{0.01}(2,6)=10.92$	
	B	0.0822	2	0.0411		$F_{0.05}(2,6)=5.143$	
	C	1.7089	2	0.8544	13.722	$F_{0.1}(2,6)=3.463$	***
	误差	0.1804	2	0.0902		$F_{0.25}(2,6)=1.762$	

续表

循环次数	方差来源	差方和	自由度	方差	F 值	临界值 F_a	显著水平
225	A	2.0005	2	1.0002		$F_{0.01}(2,6)=10.92$	
	B	0.8715	2	0.4357		$F_{0.05}(2,6)=5.143$	
	C	9.4238	2	4.7119	5.161	$F_{0.1}(2,6)=3.463$	**
	误差	2.6065	2	1.3032		$F_{0.25}(2,6)=1.762$	
300	A	4.9194	2	2.4597		$F_{0.01}(2,8)=8.649$	
	B	4.2484	2	2.1242		$F_{0.05}(2,8)=4.459$	
	C	23.4557	2	11.7279		$F_{0.1}(2,8)=3.113$	
	误差	15.4164	2	7.7082		$F_{0.25}(2,8)=1.657$	

注　***表示特别显著，**表示显著，*表示有一定影响，-表示无影响。

表 3.12　盐碱溶液中各冻融循环次数下质量损失方差分析

循环次数	方差来源	差方和	自由度	方差	F 值	临界值 F_a	显著水平
50	A	0.1245	2	0.0622		$F_{0.01}(2,6)=10.92$	
	B	0.0089	2	0.0044		$F_{0.05}(2,6)=5.143$	
	C	0.3354	2	0.1677	4.628	$F_{0.1}(2,6)=3.463$	*
	误差	0.0841	2	0.042		$F_{0.25}(2,6)=1.762$	
125	A	0.1514	2	0.0757	90.804	$F_{0.01}(2,4)=18$	***
	B	0.0001	2	0.		$F_{0.05}(2,4)=6.944$	
	C	2.7881	2	1.394	1672.164	$F_{0.1}(2,4)=4.325$	***
	误差	0.0033	2	0.0016		$F_{0.25}(2,4)=2$	
200	A	2.2737	2	1.1368		$F_{0.01}(2,6)=10.92$	
	B	1.3134	2	0.6567		$F_{0.05}(2,6)=5.143$	
	C	11.7094	2	5.8547	5.629	$F_{0.1}(2,6)=3.463$	**
	误差	2.6538	2	1.3269		$F_{0.25}(2,6)=1.762$	
300	A	5.2268	2	2.6134		$F_{0.01}(2,8)=8.649$	
	B	3.2894	2	1.6447		$F_{0.05}(2,8)=4.459$	
	C	22.2788	2	11.1394		$F_{0.1}(2,8)=3.113$	
	误差	13.1632	2	6.5816		$F_{0.25}(2,8)=1.657$	

注　***表示特别显著，**表示显著，*表示有一定影响，-表示无影响。

表 3.13 水溶液中各冻融循环次数下相对动弹性模量方差分析

循环次数	方差来源	差方和	自由度	方差	F 值	临界值 F_a	显著水平
50	A	0.0833	2	0.0417		$F_{0.01}(2,6)=10.92$	
	B	2.0521	2	1.026		$F_{0.05}(2,6)=5.143$	
	C	11.8854	2	5.9427	4.808	$F_{0.1}(2,6)=3.463$	*
	误差	5.2812	2	2.6406		$F_{0.25}(2,6)=1.762$	
125	A	1.3542	2	0.6771		$F_{0.01}(2,8)=8.649$	
	B	11.8802	2	5.9401		$F_{0.05}(2,8)=4.459$	
	C	27.8698	2	13.9349		$F_{0.1}(2,8)=3.113$	
	误差	35.9531	2	17.9766		$F_{0.25}(2,8)=1.657$	
200	A	30.5286	2	15.2643		$F_{0.01}(2,8)=8.649$	
	B	30.4505	2	15.2253		$F_{0.05}(2,8)=4.459$	
	C	54.6484	2	27.3242		$F_{0.1}(2,8)=3.113$	
	误差	173.5182	2	86.7591		$F_{0.25}(2,8)=1.657$	
300	A	397.8594	2	198.9297		$F_{0.01}(2,8)=8.649$	
	B	267.7266	2	133.8633		$F_{0.05}(2,8)=4.459$	
	C	80.1667	2	40.0833		$F_{0.1}(2,8)=3.113$	
	误差	226.026	2	113.013		$F_{0.25}(2,8)=1.657$	

注 ***表示特别显著，**表示显著，*表示有一定影响，-表示无影响。

表 3.14 盐碱溶液中各冻融循环次数下相对动弹性模量方差分析

循环次数	方差来源	偏差平方	自由度	方差	F 值	临界值 F_a	显著水平
50	A	6.1068	2	3.0534	2.87	$F_{0.01}(2,4)=18$	
	B	16.1484	2	8.0742	7.59	$F_{0.05}(2,4)=6.944$	**
	C	1.513	2	0.7565		$F_{0.1}(2,4)=4.325$	
	误差	2.7422	2	1.3711		$F_{0.25}(2,4)=2$	
125	A	8.6068	2	4.3034		$F_{0.01}(2,8)=8.649$	
	B	17.5651	2	8.7826		$F_{0.05}(2,8)=4.459$	
	C	14.3984	2	7.1992		$F_{0.1}(2,8)=3.113$	
	误差	9.9193	2	4.9496		$F_{0.25}(2,8)=1.657$	
200	A	29.9245	2	14.9522		$F_{0.01}(2,8)=8.649$	
	B	51.5078	2	25.7539		$F_{0.05}(2,8)=4.459$	
	C	1.6016	2	0.8008		$F_{0.1}(2,8)=3.113$	
	误差	30.3047	2	15.1523		$F_{0.25}(2,8)=1.657$	

续表

循环次数	方差来源	偏差平方	自由度	方差	F 值	临界值 F_a	显著水平
300	A	139.5534	2	69.7767		$F_{0.01}(2,8)=8.649$	
	B	218.2253	2	109.1126		$F_{0.05}(2,8)=4.459$	
	C	137.7331	2	68.8665		$F_{0.1}(2,8)=3.113$	
	误差	244.22	2	122.11		$F_{0.25}(2,8)=1.657$	

注　***表示特别显著，**表示显著，*表示有一定影响，-表示无影响。

方差分析结果表明，橡胶粉对橡胶天然浮石混凝土的质量损失率影响较大，而对橡胶天然浮石混凝土的相对动弹性模量影响不大。这也说明了，橡胶天然浮石混凝土在内蒙古河套灌区盐碱环境中冻融循环破坏时，质量损失较动弹性模量损失敏感。因此，评价橡胶天然浮石混凝土在内蒙古河套灌区盐碱环境中冻融循环破坏时，应该以质量损失率为判断标准。

3.3.4　橡胶天然浮石混凝土盐碱环境下冻融循环后混凝土损伤机理

混凝土在冻融循环环境中产生破坏的原因主要是，冻融循环作用在混凝土内部产生冻胀应力，从而使混凝土内部产生微裂缝，这种微裂缝又会使外界侵蚀介质进入，使混凝土冻融循环破坏加剧。本节研究橡胶天然浮石混凝土在内蒙古河套灌区盐碱溶液作用下冻融循环破坏情况，侵蚀溶液中含有大量的有害离子。为了深入研究橡胶天然浮石混凝土的冻融循环破坏机理，从化学侵蚀和物理破坏两个方面分析。

1. 化学侵蚀原理

对比混凝土在水浸环境和盐碱溶液环境中冻融循环破坏情况，可以看出，混凝土在水浸环境下破坏轻微，而在盐碱溶液环境下破坏严重。所以，盐碱溶液中的盐类，特别是阴离子是混凝土破坏的重要因素。

首先，本试验选择了 P·O42.5 普通硅酸盐水泥，主要组成是 C_3S、C_2S、C_3A、C_4AF，反应方程式为

$$2(3CaO\cdot SiO_2)+6H_2O=3CaO\cdot 2SiO_2\cdot 3H_2O+3Ca(OH)_2$$

$$2(2CaO\cdot SiO_2)+4H_2O=3CaO\cdot 2SiO_2\cdot 3H_2O+Ca(OH)_2$$

$$3CaO\cdot Al_2O_3+6H_2O=3CaO\cdot Al_2O_3\cdot 6H_2O$$

$$4CaO\cdot Al_2O_3\cdot Fe_2O_3+7H_2O=3CaO\cdot Al_2O_3\cdot 6H_2O+CaO\cdot Fe_2O_3\cdot H_2O$$

可以看出，硅酸盐水泥的组成复杂，对应的水化物种类繁多。这些水化产物与盐碱溶液中离子反应时产生有害产物，比如钙矾石就是一种难溶于水且体积易

膨胀的物质，进而导致混凝土产生裂缝。

其次，橡胶天然浮石混凝土中内蒙古天然浮石骨料，成分主要是 SiO_2。反应方程式为

$$Na_2CO_3+SiO_2=Na_2SiO_3+CO_2$$

常温下碳酸钠与二氧化硅反应微弱，但反应产物有气体，而且浮石为疏松且多孔的结构，这就为气体提供了“逗留”的空间。这使得产生的气体可以不易消失，间接起到了“引气剂”的作用，而混凝土中的微气泡可以提高混凝土的抗冻性。橡胶粉的掺入势必减少了混凝土中胶凝材料的用量，而水泥等胶凝材料构成复杂，与存在多种离子类型的盐碱溶液反应，产物控制困难，从而产生对混凝土耐久性不利的产物。

最后，从内蒙古河套灌区盐碱溶液中的盐类型角度分析。盐碱溶液中主要存在氯盐、碳酸盐和碳酸氢盐。硅酸盐水泥的水化产物中有大量的氢氧化钙，而氯盐使氢氧化钙溶解度降低，造成混凝土孔隙度增大。碳酸盐和碳酸氢盐属于一类，以碳酸氢盐反应为例，反应方程式为

$$Ca(OH)_2+2NaHCO_3=CaCO_3+Na_2CO_3+2H_2O$$

从上面的反应可以看出，一方面产物中有碳酸钙这种难溶物，强度较高，提高了混凝土的强度，另一方面溶液中的碳酸钠对混凝土有一定的破坏作用，而且混凝土中的碱度降低也会使水泥分解加快。

2. 物理破坏机理

对于混凝土冻融循环的物理破坏机理，主要有静水压假说和渗透压假说这两种理论。静水压假说认为，混凝土中的游离水在负温时体积膨胀，对混凝土产生拉应力，当这一拉力超过混凝土抗拉强度时，混凝土就会破坏。渗透压假说认为，混凝土中的游离水，在不同大小孔隙中的结冰温度不同。这种不同步的体积膨胀使得后冻区向先冻区移动，对混凝土造成了更大的拉应力，使混凝土发生破坏。

冻融循环初期，由于盐碱溶液进入到混凝土内部，使混凝土未完全水化的区域继续水化完全，当混凝土内部饱和后，之前进入到混凝土内部的盐结晶体积膨胀，加上混凝土内部自由水结冰体积变大，双重作用下混凝土内部产生拉应力，当应力超过抗拉极限时混凝土出现裂缝，裂缝逐渐延伸、连通，最终造成混凝土破坏。

橡胶天然浮石混凝土孔隙多且密，孔隙中的空气相当于弹性体，橡胶粉也具有良好的弹性，这就为盐结晶和自由水冻结产生的体积膨胀提供了缓冲，提高了混凝土的抗盐冻性能。

盐碱溶液中的盐类降低了溶液的冰点，延缓了混凝土的冻融循环破坏。这表

现在混凝土冻融循环初期，试件质量和相对动弹性模量有小幅增加。但随着冻融循环次数的增加，盐类由于过饱和会有晶体析出，盐碱溶液中的NaCl、$NaHCO_3$、Na_2CO_3都会有晶体析出。析出的晶体附着在孔壁和橡胶粉表面，使得孔洞和橡胶粉体积变大，从而对周围结构产生压应力，这就是结晶压力。除此之外，随着混凝土发生破坏内部裂缝逐渐连通，裂缝通路变长，造成混凝土内外溶液形成浓度差。产生的渗透压和结晶压共同作用于孔洞和橡胶粉周围区域，从而加速混凝土的破坏。

3.3.5 橡胶天然浮石混凝土盐碱环境下冻融循环后微观分析

将冻融循环后的橡胶天然浮石混凝土试件进行CT扫描试验，之后破碎，然后从破碎的混凝土中选取天然浮石、橡胶粉和盐类结晶的样品，用扫描电子显微镜分别对样品的内部结构及接触面进行拍摄，并且通过照片进行对比分析。解释橡胶天然浮石混凝土基本力学性能、抗冻耐久性变化规律的形成原因，从微观角度分析宏观性能，并且对比分析橡胶天然浮石混凝土两种不同侵蚀环境下的微观形态。并对冻融后的混凝土进行气孔结构试验，分析其在盐碱溶液中的孔结构变化。

1. 盐碱溶液作用下混凝土的CT图像分析

由于橡胶天然浮石混凝土的非透明性，直观地观测内部的结构困难性较大，但是CT扫描图像解决了这个问题。利用CT机对冻融破坏后橡胶天然浮石混凝土进行扫描观测，通过CT图像能够更直观地显示出混凝土孔隙扩展的情况及孔隙分布情况。

图3.41为在清水中冻融循环后的混凝土试件CT逐层扫描图，图3.42为盐碱溶液中冻融循环后的混凝土CT逐层扫描图，由于篇幅所限不能列出每层扫描图片，选择代表性的图片分析，图中圆圈标出的区域为橡胶天然浮石混凝土气孔及浮石部分。从图3.41和图3.42中都可以看到浮石骨料本身的特点，即孔隙度较大，对抗冻性具有“引气”的效果。从清水冻融循环、盐碱溶液冻融循环后的扫描观测图可以看到，清水冻融循环破坏主要以小孔隙为主，大孔较少。而盐碱溶液冻融循环后的大孔明显增多，且孔径相对较大。这也间接说明了在盐碱溶液中的冻融损伤比在清水中严重，并且由于孔径增大、孔隙度增大，也造成了质量损失率的增加和相对动弹性模量的减小。CT图像呈现的结果与传统方法测试结果一致。但是，CT扫描图像也有局限，试件带裂纹部位CT数变化小，同时人眼对灰度的分辨率较低，在灰度CT图像中难以发现CT尺度裂纹。因此，为了更全面地观察橡胶天然浮石混凝土的裂纹，应将CT扫描图像、SEM图像和气孔结构试验扫描图像综合分析。

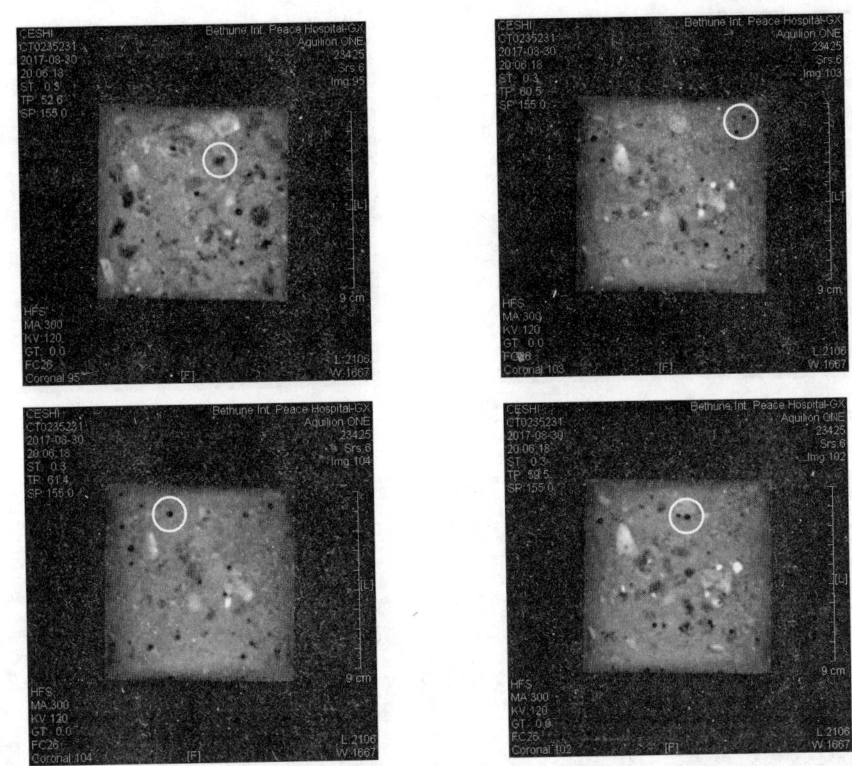

图 3.41 清水冻融循环后 CT 扫描图

2. 盐碱溶液作用下橡胶粉微观结构形态

图 3.43 为橡胶天然浮石混凝土冻融循环后微观 SEM 照片。其中图 3.43（a）为 RLC-1 表面照片，拍摄精度为 1mm；图 3.43（b）为 RLC-2 冻融循环后所形成的裂缝，拍摄精度为 50μm；图 3.43（c）为 RLC-2 中橡胶粉及其周围 SEM 照片，拍摄精度为 50μm；图 3.43（d）为盐结晶的 SEM 照片，拍摄精度为 5μm。

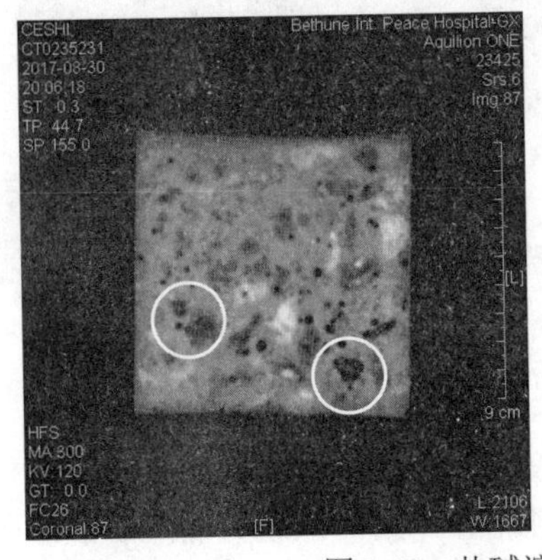

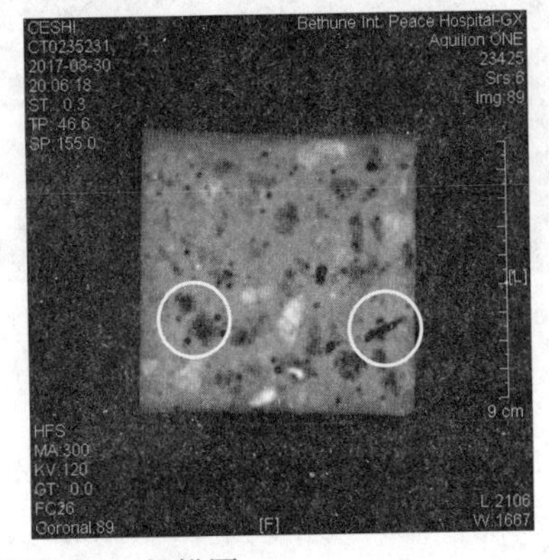

图 3.42 盐碱溶液冻融循环后 CT 扫描图

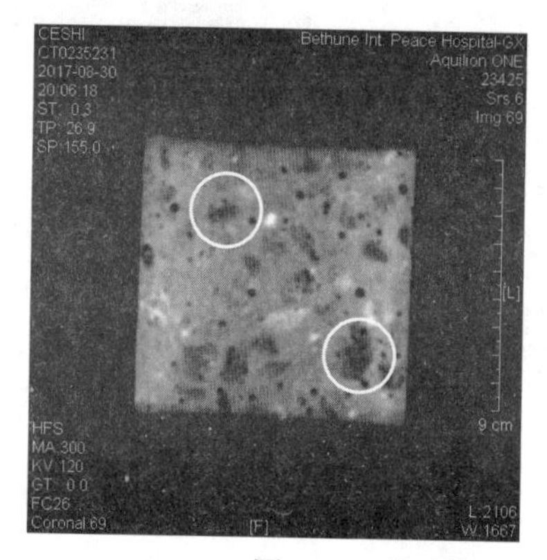

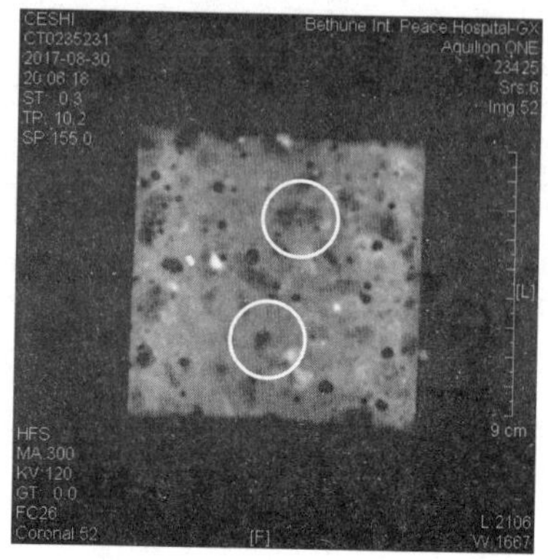

图 3.42　盐碱溶液冻融循环后 CT 扫描图（续图）

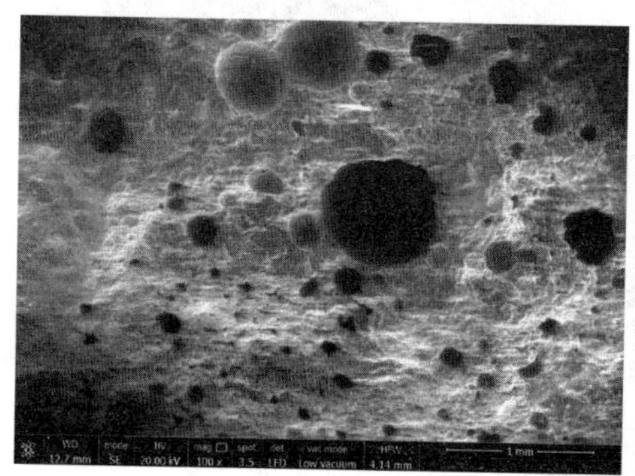

（a）RLC-1 表面图片

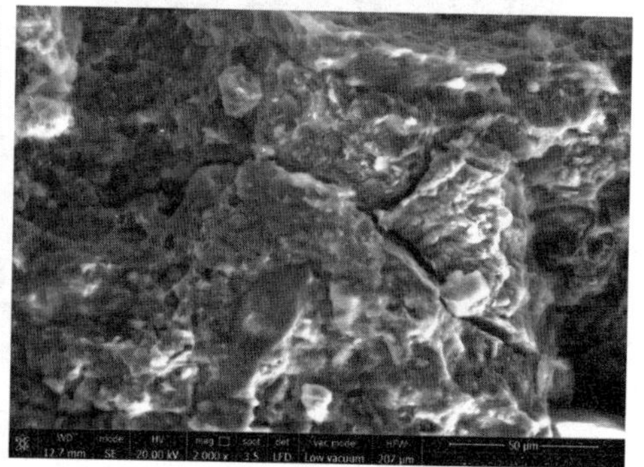

（b）RLC-2 冻融循环后所形成的裂缝

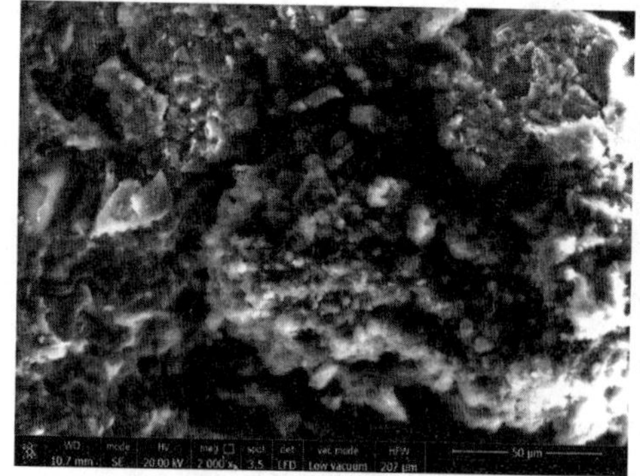

（c）RLC-2 中橡胶粉及其周围 SEM 照片

（d）盐结晶的 SEM 照片

图 3.43　冻融循环后橡胶粉微观 SEM 照片

由图 3.43（a）可以看到冻融循环后的混凝土表面变得非常粗糙，图中黑色部分为孔洞，孔洞直径集中在 0.2mm 以下，冻融循环作用对橡胶天然浮石混凝土造成了破坏。从图 3.43（b）可以看到盐碱溶液冻融循环后水泥石表面有结晶出现，并且有长度大于 50μm 的微裂缝，裂缝处水泥石完全分离，裂缝交错延伸最终裂缝相互连接使结构剥落。为了观察橡胶粉在盐碱环境中的形态，拍摄了图 3.43(c)，从图 3.43（c）可以看到中间突起的为橡胶粉，橡胶粉自身完全被盐结晶所包围，使表面变得粗糙，但在盐蚀-冻融循环双重作用下橡胶粉脱离了水泥石，在橡胶粉与水泥石接触面形成微孔隙，这些微孔隙将是外界侵蚀介质进入混凝土内部的通道。试验选择的盐类较为复杂，拍摄了结晶的微观图片图 3.43（d)，从图 3.43（d）可以看到结晶形态各异，复杂的结晶状况加剧了混凝土冻融循环破坏。

从电镜照片可以得到：橡胶天然浮石混凝土在冻融循环作用下微观结构会有一定程度的劣化，而在盐碱溶液中，劣化变得更为复杂和严重。

3. 盐碱溶液作用下混凝土微观结构形态

SEM 照片如图 3.44 所示，图比例为 100μm，图 3.44（a）是混凝土冻融循环后的裂缝，裂缝宽且呈贯通状，周边有新发展的分支裂缝。可以看出，混凝土呈“麻面”状，有密集的孔洞，这是由于盐类进入后产生各种反复作用的应力，使水泥砂浆结构发生溃散。图 3.44（b)、(c)、(d）分别是盐类结晶的微观和宏观图。从中可以看出，结晶的形态各异，有“绣球”形、“针”形、“棉花”形、“方块”形、“雪花”形，这表明了盐碱溶液中存在多种类型的盐类。由图 3.44（c)、(d）可以看出，混凝土中的孔洞被结晶填充，填充后的孔洞阻碍了裂缝的发展，因此橡胶天然浮石混凝土的高孔隙度可以提高混凝土抗盐冻性能。图 3.44（e）图比例尺为 500μm，可以看到 120 目橡胶粉，图中深黑色不规则结构为橡胶粉。橡胶粉处在裂缝延伸的路径上，起到了阻碍裂缝发展、延长裂缝发展路程的作用。

（a）混凝土冻融循环后的裂缝

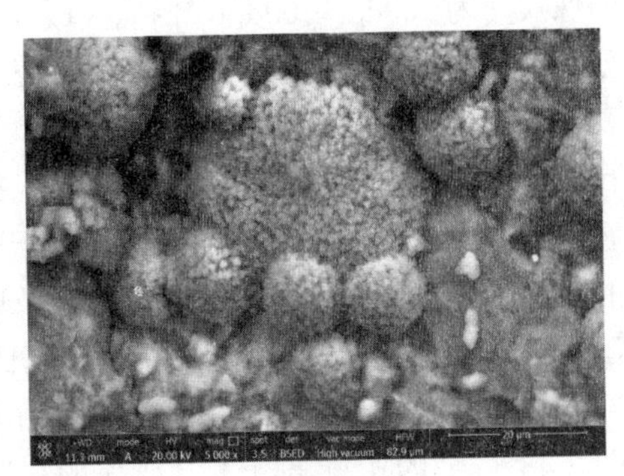

（b）微观图 1

图 3.44 冻融循环后混凝土微观和宏观 SEM 照片

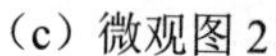

（c）微观图 2

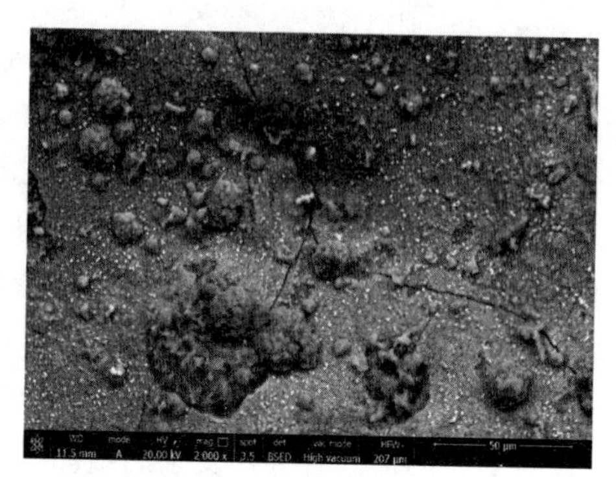

（d）宏观图

（e）橡胶粉

图 3.44　冻融循环后混凝土微观和宏观 SEM 照片（续图）

4. 盐碱溶液作用下混凝土气孔结构

图 3.45 为橡胶天然浮石混凝土经过冻融循环后的混凝土气孔结构扫描图像。图像尺寸为 100dpi×100dpi，扫描区域为 60mm×60mm，图中黑色区域代表密实部分，白色区域代表孔隙。图 3.45（a）表示在清水中冻融循环试验，图 3.45（b）表示在盐碱溶液中冻融循环试验。图片中的（1）表示混凝土水泥基胶凝材料中的孔隙，（2）表示浮石自身具有的天然孔隙。对比图 3.45（a）和图 3.45（b）可以看出，图 3.45（a）的孔洞数量明显多于图 3.45（b）的孔洞数量，图 3.45（b）中的黑色区域比图 3.45（a）中的黑色区域集中表明小孔径孔洞减少，但是大孔径孔洞明显增多。说明在盐碱溶液中的破坏比在清水中严重。图 3.45（b）中的（1）部分和图 3.45（a）中的（1）部分相比孔径扩大，图 3.45（b）的（2）部分和图 3.45（a）的（2）部分相比浮石的孔径也扩大了。这也说明了橡胶天然浮石混凝土在盐碱溶液中的冻融循环劣化较清水中严重。混凝土气孔结构分析试验结果见表 3.15。

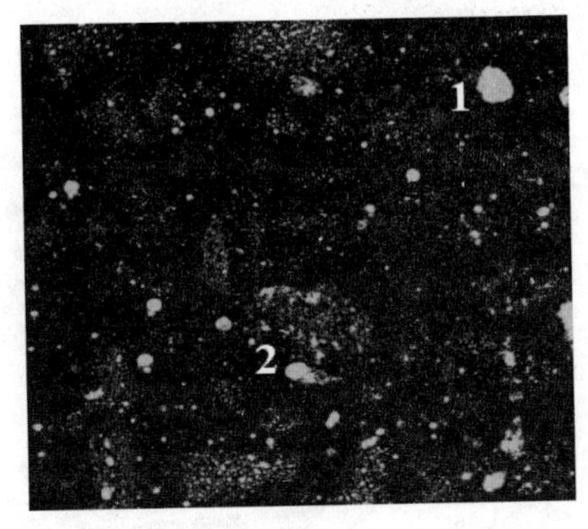

（a）RLC-1

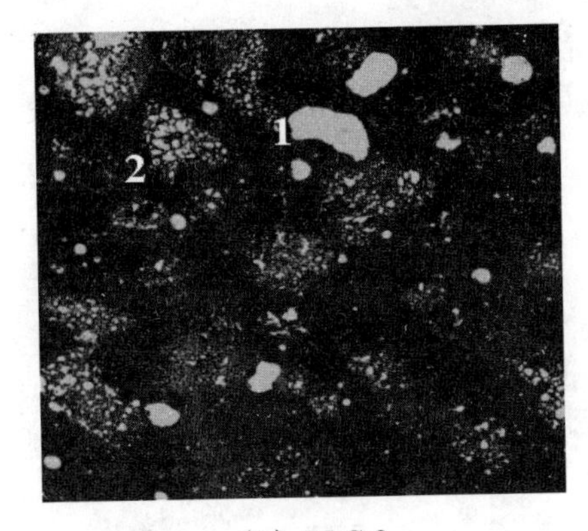

（b）RLC-2

图 3.45 混凝土气孔结构图

表 3.15 混凝土气孔结构分析试验结果

组别	间距系数/mm	孔隙度/%	平均弦长/mm	平均孔径/mm
RLC-1	0.106	9.25	0.135	0.101
RLC-2	0.138	11.4	0.178	0.134

由表 3.15 可以看出，RLC-2 的孔隙度、间距系数、平均弦长、平均孔径均比 RLC-1 的高。孔隙度的增加特别是孔径超过 50nm 的有害孔对混凝土耐久性影响最大，根据吴中伟院士[54]对混凝土孔径的四个划分等级，以及不同孔径对混凝土耐久性产生的影响，分为＜20nm 的无害孔、20～50nm 的少害孔、50～200nm 的有害孔和＞200nm 的多害孔，吴中伟院士还指出增加≤50nm 孔的含量，减少≥100nm 孔的含量，可以提高混凝土的抗冻性。混凝土孔隙正态分布见图 3.46。

图 3.46 为混凝土孔隙的正态分布，横坐标为弦长，纵坐标为弦长分布频率；图 3.46（a）为实际弦长分布频率，图 3.46（b）为拟合后的最优弦长分布频率。混凝土的气孔弦长和气孔半径之间存在下式关系：

$$r = \frac{3}{4}l \tag{3-4}$$

式中：r 表示气孔半径；l 表示气孔弦长。

由式（3-4）可以看出，气孔弦长与气孔半径存在正比关系。从图 3.46（b）中可以直观看出，以弦长 0.1mm 为界，小于 0.1mm 的区间 RLC-1 在 RLC-2 的上方，大于 0.1mm 的区间 RLC-1 在 RLC-2 的下方；而且两曲线的峰值均出现在 0.05mm 附近，RLC-1 的弦长分布频率峰值为 11.34，RLC-2 弦长分布频率峰值为 9.24，相差 2.1 个百分点。说明经盐碱溶液冻融循环作用后的橡胶天然浮石混凝土的有害孔增加而无害孔减少，从微观上解释了橡胶天然浮石混凝土处于盐碱环境冻融循环作用下的劣化机理。

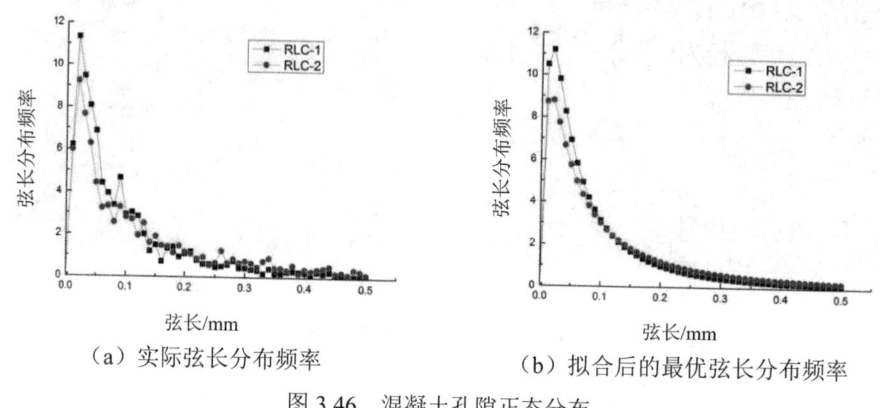

（a）实际弦长分布频率　　（b）拟合后的最优弦长分布频率

图 3.46　混凝土孔隙正态分布

3.3.6　结论

本节研究了橡胶天然浮石混凝土这一新型材料的力学性质和抗冻性，利用了废旧轮胎胶粉这一环境废物、内蒙古天然浮石这一地区优势资源。通过设计正交试验，运用基本力学试验、混凝土冻融循环试验的方法，得到了橡胶天然浮石混凝土的最优配合比。通过混凝土气孔结构分析试验、SEM 电镜扫描试验和 CT 扫描试验，在微观上解释了宏观现象，得到了橡胶天然浮石混凝土的基本力学性能最优组以及在盐碱环境下的劣化规律。现得出以下结论：

（1）通过考虑橡胶粉粒径、橡胶粉掺量、水胶比三因素的正交试验，得出橡胶粉粒径对力学性能的影响微乎其微，橡胶粉掺量和水胶比是影响橡胶天然浮石混凝土力学性质的主要因素，因此在工程施工中，主要控制橡胶粉的掺量和水胶比即可。

（2）橡胶天然浮石混凝土的抗压强度、劈拉强度和拉压比与水胶比、橡胶粉掺量及粒径间存在着良好的线性关系，所得的线性回归方程显著。通过宏观力学性能和气孔结构参数指标得出橡胶粉的最佳粒径和掺量：20 目、6%。

（3）在冻融循环和盐碱溶液双重侵蚀条件下，混凝土的破坏比水浸环境下严重。主要表现在混凝土表面发生严重剥落，变得凹凸不平，最后呈溃散状。相对动弹性模量先小幅增加后期急剧降低。

（4）橡胶天然浮石混凝土在盐碱溶液中和在清水中冻融循环，大多数组别达到了 300 次冻融循环次数，这表明橡胶天然浮石混凝土具有较好的抗冻性能。对于改善地区混凝土耐久性、提高混凝土使用年限有重要意义。

（5）通过极差分析，粒径较细橡胶粉、低掺量可以提高抗冻性。正交试验的最优组为 A3B1C1。橡胶天然浮石混凝土在内蒙古河套灌区盐碱环境和冻融循环作用下的最优量径为3%，120目，橡胶天然浮石混凝土在复合盐环境中的冻融循环破坏机理可以分为化学侵蚀和物理破坏两方面。通过分析，橡胶粉和浮石对这两种破坏形式均有抵御作用。

（6）通过正交试验分析，橡胶粉粒径、水胶比是影响混凝土质量损失率的主要因素，橡胶粉掺量是影响混凝土相对动弹性模量的主要因素。实际工程中，应该针对不同设计目标优化橡胶天然浮石混凝土配合比。

（7）在盐碱溶液环境下，橡胶天然浮石混凝土冻融循环破坏主要表现在质量的损失，相对动弹性模量降低较质量损失不敏感。在清水环境中，橡胶天然浮石混凝土冻融循环破坏主要表现在相对动弹性模量的降低。可以以此为依据，制定橡胶天然浮石混凝土处在不同环境中的破坏标准。

（8）橡胶粉的掺入细化了天然浮石混凝土内部孔结构，将大孔隙分割成多个细小孔隙，改善了天然浮石混凝土的孔结构。对气孔结构参数进行分析：橡胶天然浮石混凝土最佳量径是 6%、20 目，与宏观力学的结果一致，从微观角度解释了基本力学性质。

（9）多种微观结构试验图像表明，橡胶天然浮石混凝土在盐碱溶液中冻融循环劣化较清水中严重。经盐碱溶液冻融循环作用后橡胶天然浮石混凝土的有害孔增加而无害孔减少，解释了橡胶天然浮石混凝土处于盐碱环境作用下冻融循环的劣化机理。橡胶天然浮石混凝土的多孔特征、橡胶粉弹性体特征均对冻胀裂缝的发展起到阻碍作用。

3.4 废旧轮胎橡胶粉对再生混凝土力学特性的试验研究

近年来，再生混凝土成为学者们研究的热点。再生混凝土是对废弃建筑材料的再生利用，符合科学发展的观点。本节将研究掺入橡胶粉的再生混凝土的基本力学性质。

3.4.1 试验概况

1. 试验材料

水泥：采用冀东 P·O42.5 普通硅酸盐水泥，密度为 3093kg/m^3。砂：普通河砂，中砂，细度模数为 2.5，表观密度为 2623kg/m^3，含水率为 1%，级配良好。粗骨料：采用废弃的C30强度的混凝土经过颚式破碎机破碎而成的再生骨料，粒径为5～20mm，表观密度为2483kg/m^3，含水率为2.45%。橡胶粉：20目（A级）、60目（B级）、80目（C级）、100目（D级）、120目（E级）。减水剂：采用DNF高效减水剂，减水率为20%，以胶凝材料的2.5%掺入。水：自来水。

2. 试验设计

本试验以未掺橡胶粉的再生混凝土，设计强度等级C40为基准组。结合《普通混凝土配合比设计规程》（JG J55—2011）和张永娟[55]的计算方法确定基准组（J组）的配合比为 *m*（水泥）:*m*（砂）:*m*（再生骨料）:*m*（水）:*m*（减水剂）=1:1.975:2.963:0.449:0.025。橡胶粉是根据胶凝材料的3%、6%、9%（质量百分比）掺入。

3.4.2 试验结果与讨论

1. 再生混凝土基准组强度发育分析

根据表3.16再生混凝土基准组抗压强度与龄期关系可以得到，从强度增长速率分析：再生混凝土组前3d强度增长速率最快，在8MPa/d左右；3d到7d强度增长速率明显降低，为1.701MPa/d，但仍高于7d到14d以后的强度增长速率；14d以后强度增长速率较之前下降更大，均小于1MPa/d，而21d到28d的强度增长速率明显要高于14d到21d的强度增长速率，所以前7d的强度增长速率最大。从相对强度增长率也可以看出：再生混凝土组3d到7d相对强度增长率较高，在20%左右；7d到14d相对强度增长率降低到10%左右；14d到21d最低，在4%左右；21d到28d增长速率在6%左右。这说明7d以后强度增长变慢。从相对抗压强度可以发现：前7d相对抗压强度可达到7.671%，后21d仅增长了27.329%，因此前7d龄期养护产生的强度贡献大。

表3.16 再生混凝土基准组抗压强度与龄期关系

龄期/d	3d	7d	14d	21d	28d	90d
抗压强度/MPa	24.320	31.122	37.350	39.702	42.826	59.964
龄期区间	0～3d	3～7d	7～14d	14～21d	21～28d	28～90d
强度增长速率/（MPa/d）	8.107	1.701	0.890	0.336	0.526	0.276
相对强度增长率/%	-	20.982	10.978	4.145	6.488	-
相对抗压强度/%	56.788	72.671	87.213	-	-	-

注 ①相对强度增长率为其他强度增长速率与0到3d强度增长速率的比值。
②相对抗压强度为其他抗压强度与28d抗压强度的比值。

总之，从强度增长速率、相对强度增长率和相对抗压强度这三个角度分析再生混凝土基准组的强度发育，均得出结论：前7d龄期养护产生的强度贡献大，7d以后强度贡献减小。这与学者张兴才的研究结论一致。

2. 橡胶粉对再生混凝土强度的影响

试验选用五种橡胶粉粒径（A级、B级、C级、D级、E级），掺量分别为3%、6%、9%，不同橡胶掺量（相同粒径）对再生混凝土力学性能的影响（图3.47），从图3.47中的（a）～（e）图可以看到：相同目数的橡胶粉，随着橡胶粉掺量的增加，再生骨料的力学性能逐渐降低，其中3%掺量最佳；与基准组相比，掺入橡胶粉的混凝土都出现了降低趋势，以A组28d强度为例，对比基准组，随着掺量的增加，抗压强度分别降低了1.06%、7.65%、13.27%。

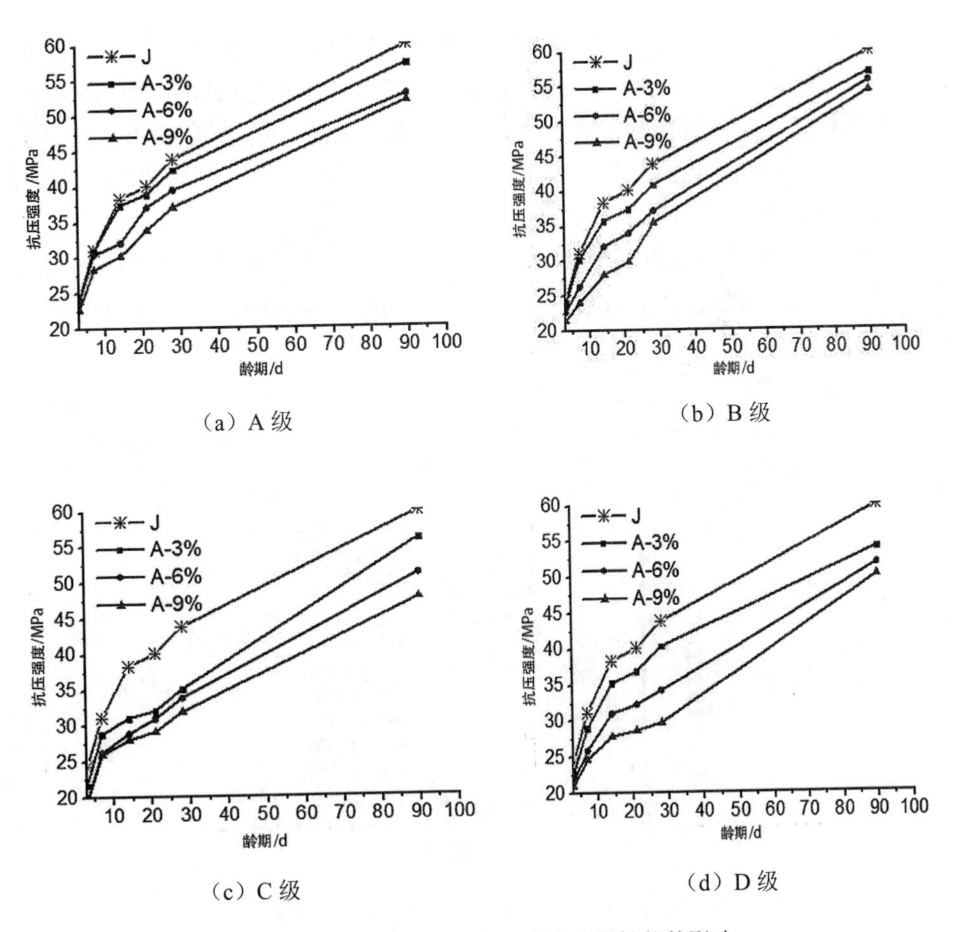

（a）A级

（b）B级

（c）C级

（d）D级

图3.47 橡胶掺量对再生混凝土力学性能的影响

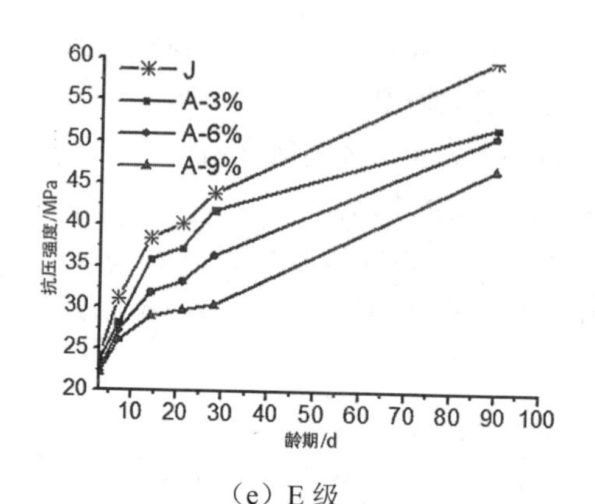

（e）E 级

图 3.47 橡胶掺量对再生混凝土力学性能的影响（续图）

主要原因归纳于：一是因为橡胶颗粒是弹性材料，弹性模量较小，不能与混凝土其他材料协同承压，所以导致抗压强度降低；二是由于橡胶粉的掺量越多，会使得试件内部水泥与橡胶粉弱界面增加，削弱了水泥石强度[56]，导致强度降低；同时，因粗糙的橡胶表面易吸附气泡而使得混凝土含气量有一定程度的增加[57]，这都是导致强度降低的原因。

从图 3.47 可以得到橡胶粉 3%掺量为最佳掺量，为了更好地对比不同橡胶粒径对再生混凝土力学性能的影响（以 3%掺量为例），从图 3.48（掺量 3%的不同粒径橡胶粉对再生混凝土力学性能的影响）中可以看到，随着目数的增大（粒径的减小），再生混凝土强度呈现先减小再增加的趋势（前 28d 强度）；并且是以 80 目为拐点。当龄期为 90d 时，掺入橡胶粉的目数越大，再生混凝土强度越低。

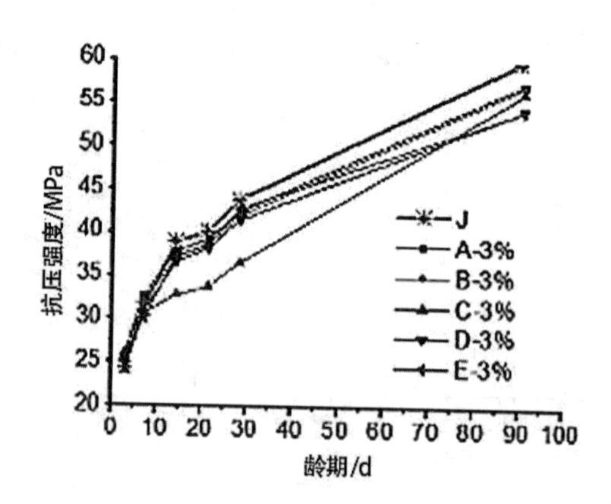

图 3.48 掺量 3%的不同粒径橡胶粉对再生混凝土力学性能的影响

归结于以下原因：一是因为橡胶粉是惰性材料，分布在水泥胶砂的内部，但是分布得不太均匀[58]，且随着目数的增加，比表面积越大，越不易拌合，将导致橡胶粉“聚堆”现象的大量出现，从而形成大量的强度薄弱集中区域，导致 20 目增加到 80 目时强度降低；二是因为目数越大，对再生混凝土中的微小空隙和裂缝的填充效果就越明显，并且，橡胶粉的粒径越细抑制碱骨料反应的效果越好，119μm（120 目）的橡胶粉抑制碱骨料反应的效果最好[59]，因此导致 80 目增加到 120 目时强度回升，使得 80 目橡胶粉的掺入成为强度拐点；三是 90d 时，橡胶粉表面水泥浆基本水化完全，与橡胶粉形成薄弱核心，掺量相同时，目数越大，薄弱核心就越多，强度损失就越大。

3. 建立橡胶再生混凝土早期抗压强度数学模型

为了更好地在工程实际分析再生混凝土的力学性能，本节参考各个学者的对普通混凝土抗压强度数学模型推导橡胶再生混凝土抗压强度数学模型。学者朱伯芳[60]提出了普通混凝土的早期抗压强度计算公式：

$$f_{\mathrm{cu,t}} = f_{\mathrm{cu,28}}\left[1+\lambda\ln\frac{t}{28}\right] \tag{3-5}$$

我国建筑材料规范给出了普通混凝土的早期抗压强度计算公式：

$$f_{\mathrm{cu,t}} = f_{\mathrm{cu,28}}\cdot\left[\frac{\lg t}{\lg 28}\right] \tag{3-6}$$

式中：t 为龄期；$f_{\mathrm{cu,t}}$ 与 $f_{\mathrm{cu,28}}$ 为龄期为 t 和 28d 时的抗压强度，单位为 MPa；对于普通硅酸盐水泥 λ=0.1727。

但是，学者苗吉军[61]的研究发现：式（3-6）虽然形式简洁，但对于砼龄期较短（砼浇筑后 5～7d）时，给出的数值偏小。因此，该学者给出了调整后的强度公式：

$$y = 0.35+0.48\cdot\ \lg t\ \ (22.8℃) \tag{3-7}$$

式中：y 为砼早期强度与 28d 标准强度值的比值；t 为砼的龄期。

根据本次再生混凝土试验值特征，拟合出下列方程：

$$f_{\mathrm{cu}}(t) = f_{\mathrm{cu,28}}\left[1+0.1913\ln\left(\frac{t}{28}\right)\right] \tag{3-8}$$

分别将再生混凝土基准组代入上述计算方程，与试验值进行对比，得到表 3.17。

表 3.17 各公式前 28d 抗压强度计算值与试验值比较

龄期	3d	7d	14d	21d	28d
试验值/MPa	24.320	31.122	38.950	39.702	42.826
式（3-5）计算值与试验值相对偏差/%	8.166	4.662	-3.212	2.509	-
式（3-7）计算值与试验值相对偏差/%	1.961	3.981	-1.030	6.214	-
式（3-8）计算值与试验值相对偏差/%	-0.173	0.617	-4.827	1.851	-

注 相对偏差=(公式计算值-试验值)与试验值的百分比。

由表 3.17 可知，式（3-5）、式（3-7）高估了再生混凝土 3d、7d 的抗压强度，而式（3-6）对再生混凝土 7d 以内的抗压强度估计较为准确；虽然式（3-7）对 14d 强度的估计偏差最小，但其对 21d 强度估计的偏差最大，达到 6%左右。综合来看，式（3-8）的计算值与再生混凝土试验值偏差最小；所以，建议再生混凝土前 28d 抗压强度公式采用式（3-8）。

模仿式（3-8）的形式，对掺入橡胶粉试验组的强度曲线进行拟合，得到其强度计算系数，见表 3.18。

表 3.18 强度计算系数

掺量/%	20 目	60 目	80 目	100 目	120 目
3	0.1897	0.1814	0.1551	0.1922	0.1924
6	0.1692	0.1736	0.1829	0.1666	0.1660
9	0.1619	0.1611	0.1614	0.1316	0.1224

3.4.3 微观结构分析

1. 橡胶粉掺量对再生混凝土力学特性的影响

图 3.49 和图 3.50 分别为 A-3%-28d 和 A-9%-28d 的 SEM 照片，[1]区为橡胶颗粒，其余部分为水泥浆体。从图 3.49 可以看到，整个画面内仅有一颗橡胶颗粒，且与水泥浆体还未很好结合，之间存在明显的间隙，并且形态区分明显。由于掺量的增加，在图 3.50 中存在三个橡胶颗粒，橡胶颗粒均与水泥浆体结合，生成更多的薄弱面，这些橡胶颗粒距离较近，因而形成薄弱区域，这也证实了：掺量的增加易使橡胶粉“聚堆”。因此，随着橡胶粉掺量的增加，增强了混凝土内部薄弱面，降低了强度，所以橡胶粉掺量 3%的再生混凝土强度更好。

2. 橡胶粉粒径对再生混凝土力学特性的影响

图 3.51 和图 3.52 分别为 A-3%-28d、C-3%-28d 的 SEM 照片，[1]区为橡胶颗粒，[2]区为与其接触的水泥浆体。从图 3.51 以看到，该橡胶颗粒体形较大，浮于

浆体表面，并与浆体存在两个接触面。由图3.52可以看到，该橡胶颗粒与图3.51中的相比较小，且其位于浆体的凹槽内，与浆体有三个接触面，多出一个薄弱面。在橡胶粉同等掺量下，当粒径小时混凝土内部薄弱面会相对增多，这就会出现抗压强度随着粒径的减小而减小的情况。这也是20目橡胶粉再生混凝土强度较好的原因。

图3.49 A-3%-28d 的 SEM 照片

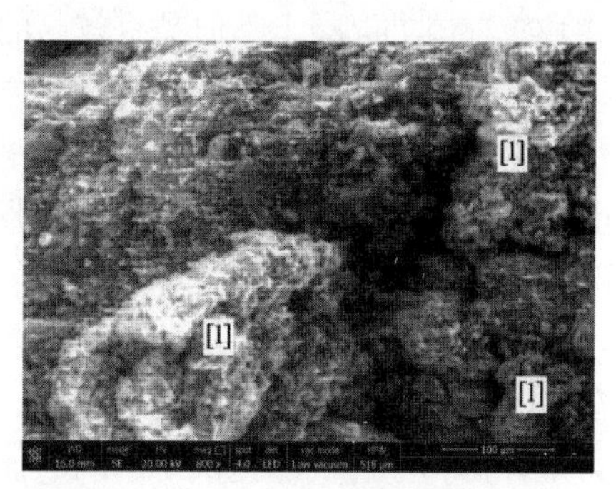

图3.50 A-9%-28d 的 SEM 照片

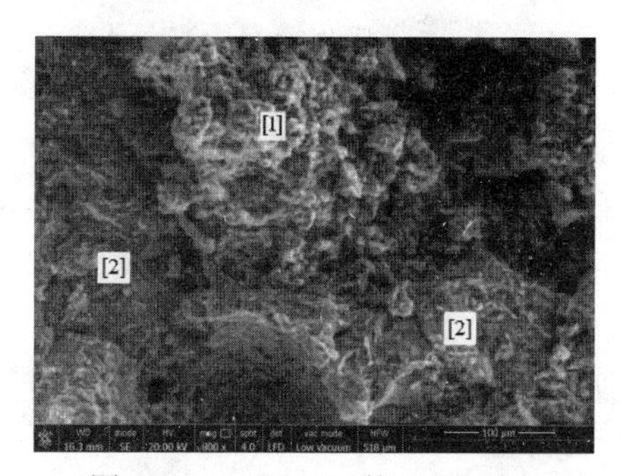

图3.51 A-3%-28d 的 SEM 照片

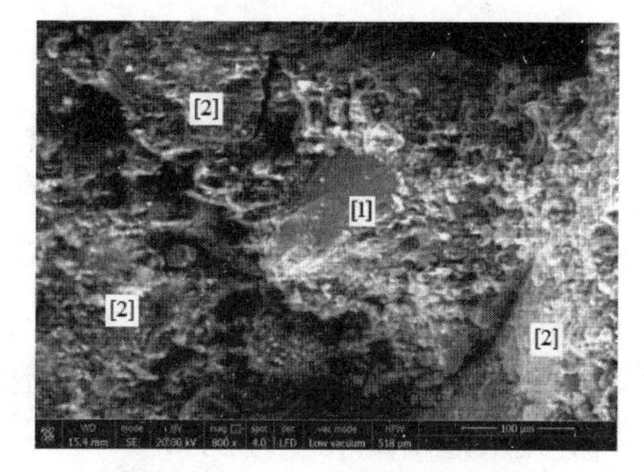

图3.52 C-3%-28d 的 SEM 照片

3.4.4 结论

（1）再生混凝土强度发育过程中，前3d强度发育最快，强度增长率在8MPa/d左右；3d到7d相对强度增长率可达到20%；7d以后强度增长变缓。

（2）掺入橡胶粉会降低再生混凝土的抗压强度。

（3）当掺入相同目数的橡胶粉时，随着掺量的增加，再生混凝土抗压强度减小。

（4）当橡胶粉掺量固定时，随着目数的增加，再生混凝土前28d强度先降低再回升，并以80目为拐点。

3.5 废旧橡胶粉对混合骨料混凝土力学及耐久性能的试验研究

通过借鉴其他学者的研究结果，充分利用废旧橡胶粉、再生骨料和天然浮石各自的优点，研究一种新型混合骨料混凝土（定义为再生骨料与浮石混凝土，简称 RLC）。该类混凝土不但具有较高的强度，同时还具有保温隔热、较高耐久性等特点。从满足其功能、经济及环保方面的要求来考虑，本节主要研究再生骨料取代率为0%、30%、50%、70%、100%的混合骨料混凝土的基本力学性能及抗冻性能，然后选用最优取代率为50%的混合骨料混凝土，通过外掺不同量的橡胶粉来改善混合骨料混凝土的基本力学性能和抗冻性能，提高混凝土在寒区的耐久性能。通过对混合骨料混凝土的基本力学性能的研究[62]，为这种新型混合骨料混凝土在水工结构、道路结构、墙板结构、桥梁结构等方面的应用提供理论依据，也为再生骨料和浮石资源提供新的应用前景。

3.5.1 试验概况

1. 试验材料

本试验所用水泥采用冀东 P·O42.5 普通硅酸盐水泥，细骨料采用河砂，中砂，细度模数为 2.5，泥的质量分数为 2%，堆积密度为 1465kg/m^3，表观密度为 2650kg/m^3，颗粒级配良好。再生骨料采用混凝土强度等级为 C30 的废弃混凝土，公称粒径为 10～25mm；浮石采用内蒙古天然浮石。橡胶粉选用粒径为 20 目、60 目、80 目、100 目、120 目的废弃轮胎橡胶粉。水为普通自来水。减水剂采用萘系高效减水剂，减水率为 20%。

2. 试验设计

第一部分试验为不同取代率下混合骨料混凝土基本力学性能试验和抗冻试验研究，本部分试验主要是从宏观和微观角度来研究混合骨料混凝土的基本力学性能及抗冻性能，为其在寒区的应用提供理论基础。

第二部分试验用再生骨料取代率为 50%（即再生骨料:浮石=1:1）的混合骨料混凝土，利用外掺废旧橡胶粉来改善混合骨料混凝土的基本力学性能和抗冻性能，研制一种新型高性能混凝土。提高混凝土在寒区的耐久性能，为其在寒区水工结构的应用提供理论基础。

第一部分试验中的混合骨料混凝土设计强度为 C30，混凝土基准组配合比按照：m（水泥）:m（水）:m（浮石）:m（砂）:m（减水剂）=370:160:647:720:7.4，水灰比为 0.43。粗骨料采用浮石和再生骨料，按照再生骨料取代浮石，取代率分别为 0%、30%、50%、70%、100%，分别命名为 RLC-0、RLC-30、RLC-50、RLC-70、RLC-100。详细的配合比见表 3.19。

表 3.19 混合骨料混凝土试验配合比

编号	水泥/（kg/m^3）	水/（kg/m^3）	浮石/（kg/m^3）	再生骨料/（kg/m^3）	砂/（kg/m^3）	减水剂/（kg/m^3）	水灰比
RLC-0	370	160	647	0	720	7.4	0.43
RLC-30	370	160	453	334	720	7.4	0.43
RLC-50	370	160	324	556	720	7.4	0.43
RLC-70	370	160	194	779	720	7.4	0.43
RLC-100	370	160	0	1112	720	7.4	0.43

第二部分中的试验主要以再生骨料取代率为 50%作为基准组，研究不同目数和不同掺量的废旧橡胶粉对混合骨料混凝土的基本力学性能的影响。基准组混凝土的配合比为 *m*（水泥）:*m*（水）:*m*（再生骨料）:*m*（浮石）:（砂）:*m*（减水剂）=370:160:556:324:720:7.4，拌和而成 1:1 RLC 混合骨料混凝土，混凝土中的外掺废旧橡胶粉是按照胶凝材料质量的 3%、6%、9%掺入，其中以外掺 20 目橡胶粉的 1:1 RLC 混合骨料混凝土为例，三组试件分别命名为 l:l-XJ-20-3（掺量 3%）、l:l-XJ-20-6（掺量 6%）、l:l-XJ-20-9（掺量 9%）；同理外掺 60、80、100、120 目橡胶粉的 1:1RLC 混合骨料混凝土也是按以上形式命名的。以下是外掺废旧橡胶粉的混合骨料混凝土配合比，详见表 3.20。

表 3.20 外掺废旧橡胶粉的混合骨料混凝土试验配合比

编号	水泥/（kg/m^3）	水/（kg/m^3）	浮石/（kg/m^3）	再生骨料/（kg/m^3）	砂/（kg/m^3）	目数	掺量/%	减水剂/（kg/m^3）	水灰比
1:1-J	370	160	324	556	720	0	0	7.4	0.43
1:1-XJ-20-3	370	160	324	556	720	20	3	7.4	0.43
1:1-XJ-20-6	370	160	324	556	720	20	6	7.4	0.43
1:1-XJ-20-9	370	160	324	556	720	20	9	7.4	0.43
1:1-XJ-60-3	370	160	324	556	720	60	3	7.4	0.43
1:1-XJ-60-6	370	160	324	556	720	60	6	7.4	0.43
1:1-XJ-60-9	370	160	324	556	720	60	9	7.4	0.43
1:1-XJ-80-3	370	160	324	556	720	80	3	7.4	0.43
1:1-XJ-80-6	370	160	324	556	720	80	6	7.4	0.43
1:1-XJ-80-9	370	160	324	556	720	80	9	7.4	0.43

续表

编号	水泥 /（kg/m³）	水 /（kg/m³）	浮石 /（kg/m³）	再生骨料 /（kg/m³）	砂 /（kg/m³）	目数	掺量 /%	减水剂 /（kg/m³）	水灰比
1:1-XJ-100-3	370	160	324	556	720	100	3	7.4	0.43
1:1-XJ-100-6	370	160	324	556	720	100	6	7.4	0.43
1:1-XJ-100-9	370	160	324	556	720	100	9	7.4	0.43
1:1-XJ-120-3	370	160	324	556	720	120	3	7.4	0.43
1:1-XJ-120-6	370	160	324	556	720	120	6	7.4	0.43
1:1-XJ-120-9	370	160	324	556	720	120	9	7.4	0.43

按照《普通混凝土力学性能试验方法标准》（GB/T 50081—2002）[63]制备养护，进行不同龄期的力学性能试验和微观性能试验，分析不同取代率下混合骨料混凝土的气孔结构基本性能，研究其气孔结构和强度之间的关系，采用快冻法研究混合骨料混凝土在寒区条件下的抗冻性能。

3.5.2 混合骨料混凝土基本力学性能的试验研究

1. 混合骨料混凝土的抗压强度试验结果分析

图 3.53 为再生骨料不同取代率下混合骨料混凝土的抗压强度折线图，由图 3.53 可知：再生骨料取代率为 0%、30%、50%、70%、100%，随着取代率的增大，混凝土 28d 的抗压强度也随之增大，抗压强度增长率为 0%、8.4%、21.9%、24.1%、27.0%；混凝土在 7d 以后的抗压强度，取代率为 50%、70%、100%的强度增长率明显大于取代率为 0%、30%的强度增长率，都在 20%以上。

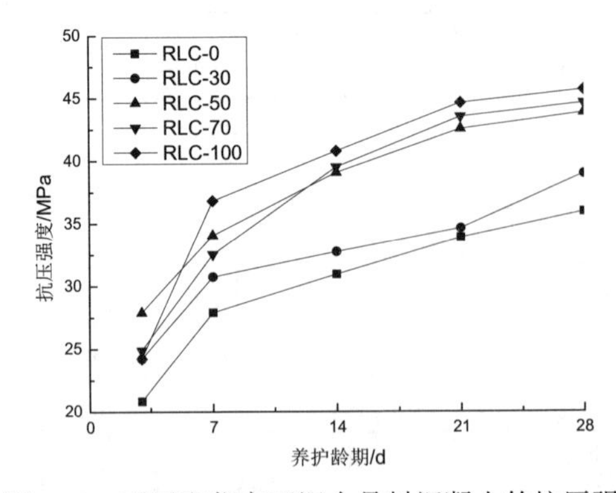

图 3.53 不同取代率下混合骨料混凝土的抗压强度

原因分析：由于浮石混凝土自身孔隙度较大，质地较松软，荷载增大时其变形较大[64]，因此随着再生骨料取代率的增大，混凝土内部的孔结构减少，结构变得逐渐密实，混凝土的强度也随之增大；而对于7d后，取代率在50%及以上的强度增长率大于20%，其原因还应该从其内部结构去分析，后续可以从其内部孔结构分析其原因。

图3.54为再生骨料不同取代率下混合骨料混凝土28d的应力-应变图，从图3.54可以明显看出不同取代率的混合骨料混凝土都有一段近似弹性直线的应力-应变关系；当混凝土达到峰值破坏后，取代率为0%和30%的应变出现一段屈服现象，表现出良好的延展性，而取代率为50%的应力-应变急剧下降，表现出脆性破坏。

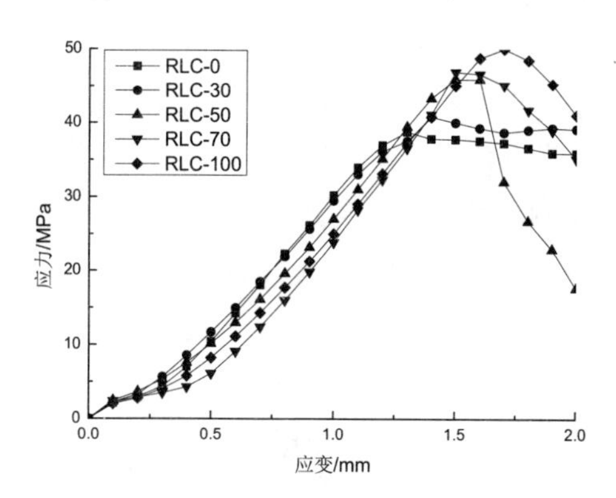

图3.54　不同取代率下混合骨料混凝土28d的应力-应变图

原因分析：在弹性范围内，材料的应力与应变符合胡克定律，因此混凝土的应力-应变近似一条直线；当混凝土材料达到破坏荷载后，由于取代率为0%和30%的混凝土内浮石骨料含量较大与气孔含量较多，导致破坏后其应变有一定的缓冲，出现图中近似水平线。而取代率为50%的应力急剧下降与其混凝土孔隙含量较小和结构较为密实有关，当混凝土达到破坏峰值时，发生脆性破坏，应力急剧下降。

2. 混合骨料混凝土的立方体抗压强度模拟分析

对混合骨料混凝土抗压强度的试验结果进行回归分析，寻找混凝土龄期与强度之间的关系，得出拟合方程。从图3.53混凝土早期的抗压强度折线图可以看出，混凝土的强度发育在28d以前呈现总体增加的趋势，回归曲线接近对数方程，对试验龄期的混凝土强度进行回归曲线拟合。混合骨料混凝土不同取代率下早期的立方体抗压强度方程为

$$y = A\ln(x) + B \tag{3-9}$$

式中：y为混凝土不同龄期的立方体抗压强度，单位为MPa；x为混凝土的养护龄期，单位d；A、B为系数（详见表3.21）；R^2为相关系数。

表 3.21 系数表

编号	A	B	R^2
RLC-0	6.5245	14.16	0.9889
RLC-30	5.8808	18.07	0.9503
RLC-50	7.2795	19.91	0.9981
RLC-70	9.1555	14.92	0.9948
RLC-100	9.4015	15.71	0.9559

图 3.55～图 3.59 分别是混合骨料混凝土不同取代率 0%、30%、50%、70%、100%下混凝土强度与龄期的拟合曲线，从图可以看出混凝土早期的强度发育符合一定的规律，满足相应的对数关系，R 为相关系数，R 值越接近于 1 表明该拟合的效果越佳，图中 R 的平方值都在 0.9 以上，拟合精度较高。说明本次拟合公式（3-9）可以较准确地预测混合骨料混凝土的早期立方体抗压强度。

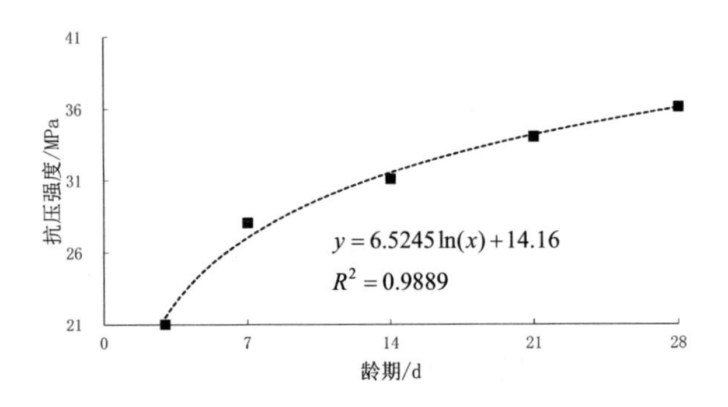

图 3.55 RLC-0 组拟合曲线

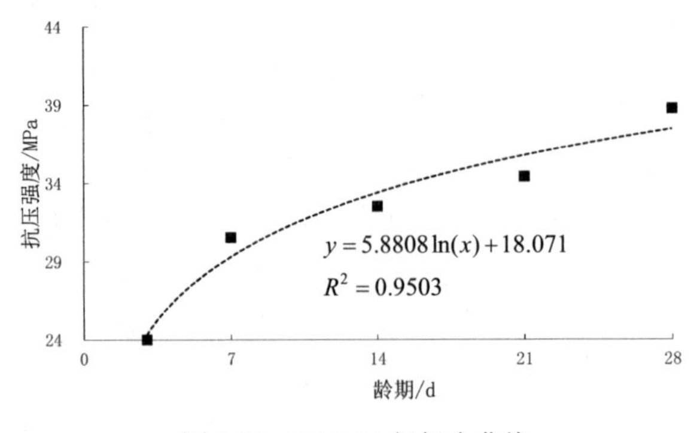

图 3.56 RLC-30 组拟合曲线

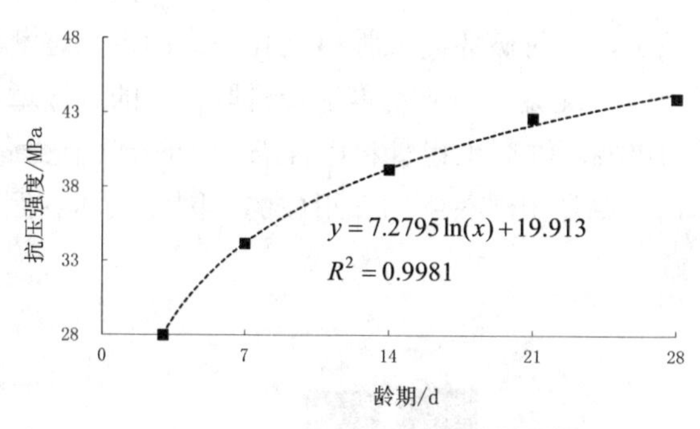

图 3.57 RLC-50 组拟合曲线

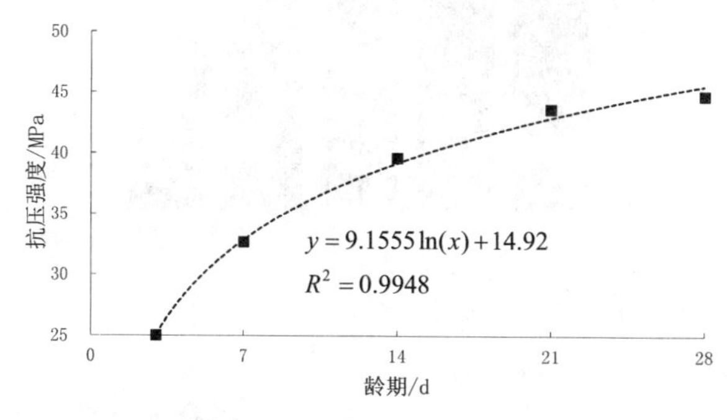

图 3.58 RLC-70 组拟合曲线

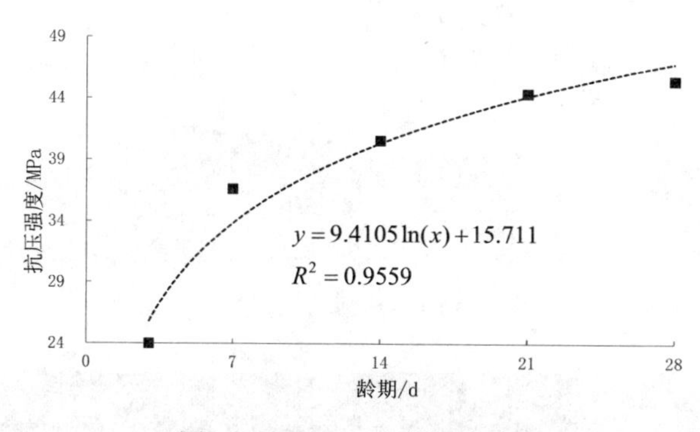

图 3.59 RLC-100 组拟合曲线

3. 混合骨料混凝土的劈裂抗拉强度试验结果分析

图 3.60 为不同取代率下混合骨料混凝土的劈裂抗拉强度，从图可以看出，随着再生骨料取代率的增大，其劈裂抗拉强度以取代率 30%为界，先升高后降低，再生骨料取代率为 30%和 50%的混合骨料混凝土表现出较好的劈裂抗拉性能；图 3.61 至图 3.65 是不同取代率下混凝土试件劈裂拉伸破坏面，图中浅红色和黑色均为浮石界面，深灰色和白色为再生骨料界面，从图可以看出随着取代率的增大，

浮石所占比例逐渐减少，同时破坏面上骨料气孔的比例也在逐渐减少。

原因分析：混合骨料混凝土中随着再生骨料取代率的逐渐增大，依次为0%、30%、50%、70%、100%，混凝土粗骨料中浮石所占的比例逐渐在减小，而混合骨料混凝土中孔结构主要是由浮石中的孔组成的，因此破坏界面上骨料气孔所占比例在减少。

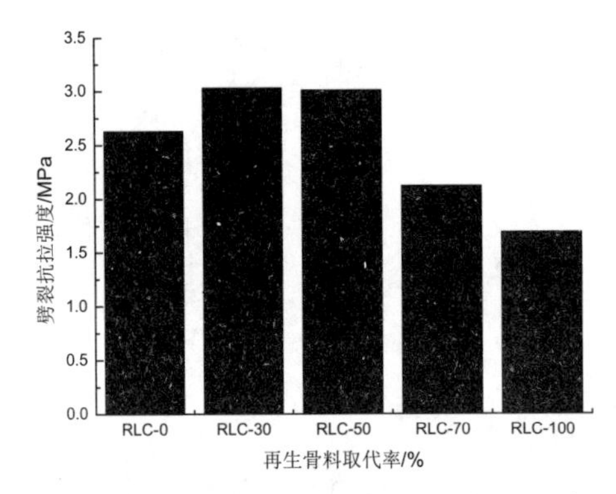

图 3.60 取代率与劈裂抗拉强度的关系

图 3.61 RLC-0 劈裂抗拉断裂面

图 3.62 RLC-30 劈裂抗拉断裂面

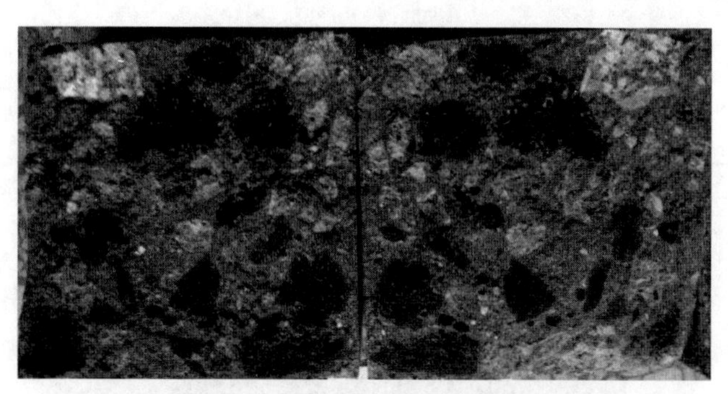

图 3.63 RLC-50 劈裂抗拉断裂面

图 3.64 RLC-70 劈裂抗拉断裂面

图 3.65 RLC-100 劈裂抗拉断裂面

4. 混合骨料混凝土的弹性模量试验结果分析

本试验按照《普通混凝土长期性能和耐久性能试验方法标准》（GB/T 50082—2009）中动弹性模量试验，采用共振法测定混凝土的动弹性模量。本试验采用100mm×100mm×400mm 的棱柱体试件进行混凝土动弹性模量的测定。

图 3.66 为不同取代率下混合骨料混凝土抗冻试验试件示意图，图 3.67 为动弹性模量与再生骨料不同掺量混凝土之间的关系图。从图 3.67 可以看出，随着再生

骨料取代率的增大，混凝土的动弹性模量逐渐升高，增长率分别为 0%、5.1%、13.5%、17.6%、28.0%。这种增长从理论来分析，动弹性模量逐渐增大，其变形将减小，混凝土的塑性降低。这个可以很好地解释混合混凝土中随着再生骨料取代率的增大，其塑性是逐渐降低的，其表现为应力突然下降。

图 3.66 不同取代率下混合骨料混凝土抗冻试验试件

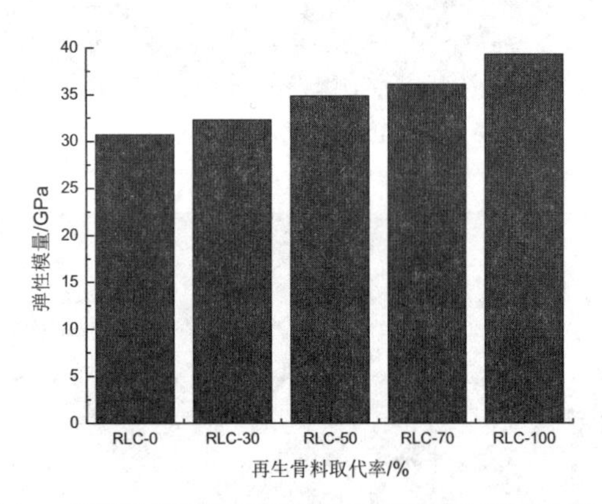

图 3.67 动弹性模量与再生骨料不同掺量混凝土之间的关系

3.5.3 混合骨料混凝土孔结构与强度之间的关系研究

1. 混合骨料混凝土孔结构参数分析

本试验采用 RapidAir457 气孔结构分析仪全自动测试 28d 混凝土气孔分布，气孔参数包括含气量、气孔间距系数、比表面积、气孔平均弦长、气孔频率等。导线长度选取 4000mm，试件尺寸为 100mm×100mm×15mm，测试区域为 60mm×60mm，分析硬化混凝土的气孔结构。研究不同取代率的混合骨料混凝土的宏观力学规律以及微观内部气孔结构。根据不同比例 RLC 混凝土的强度和气孔结构应用软件进行分析，分析其基本力学性能及气孔规律，为后续 RLC 混合骨料混凝土的研究提供依据。

气孔对混凝土的影响不能仅用含气量大小来评定，实际上气孔分布情况更为重要，也就是气孔结构，包括气泡大小、分布、数量。当拥有相同的孔隙时气孔的大小、数量以及分布有很大的差异。图 3.68～图 3.72 依次是取代率为 0%、30%、50%、70%、100%的混合骨料混凝土的气孔分析的扫描合成图。图中的绿色区域代表混凝土中的气孔分布，可以看出随着再生骨料的增加，混合骨料混凝土中的气孔区域分布在逐渐减少。混合骨料混凝土 28 天气孔孔径分布如图 3.73 所示，各组试件不同气泡尺寸分布规律明显，整体近似呈正态分布，所含大部分气泡都在。由图 3.73 可知，不同取代率混合骨料混凝土气孔弦长主要为 0～2000μm，2000～4000μm 大气孔个数频率不足 1%。混凝土中的气孔弦长以 0～100μm 为主，气孔的个数频数为 45.6%～74.8%，0～100μm 的气孔占总数 15%～23.6%。

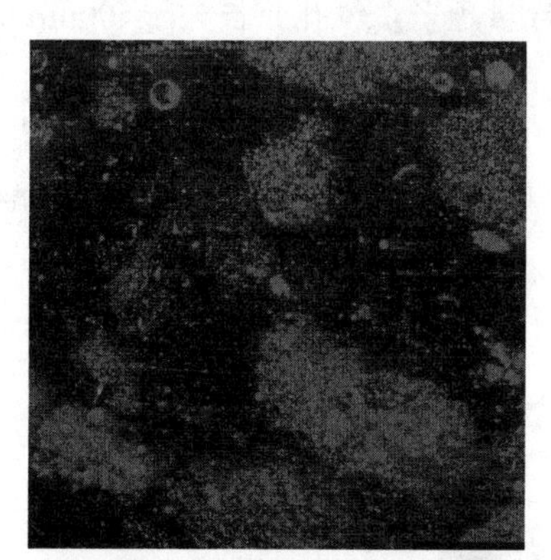

图 3.68　RLC-0 混凝土气孔结果图

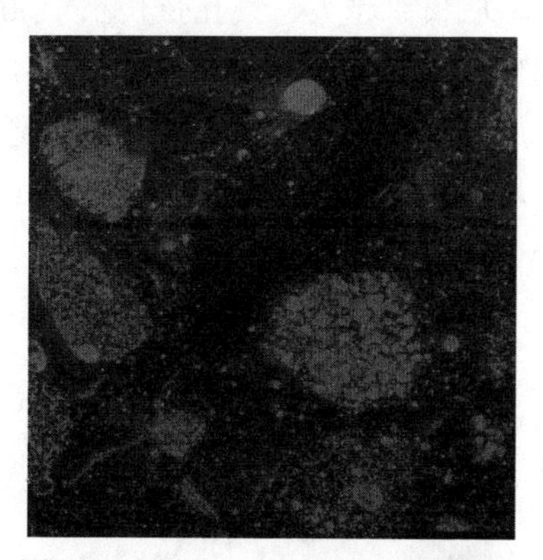

图 3.69　RLC-30 混凝土气孔结果图

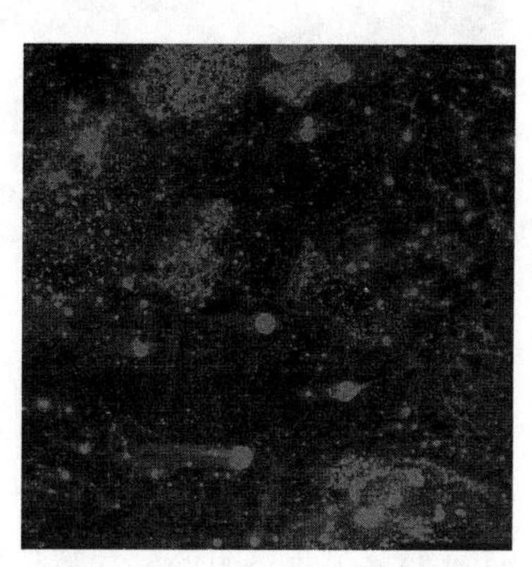

图 3.70　RLC-50 混凝土气孔结果图

图 3.71　RLC-70 混凝土气孔结果图

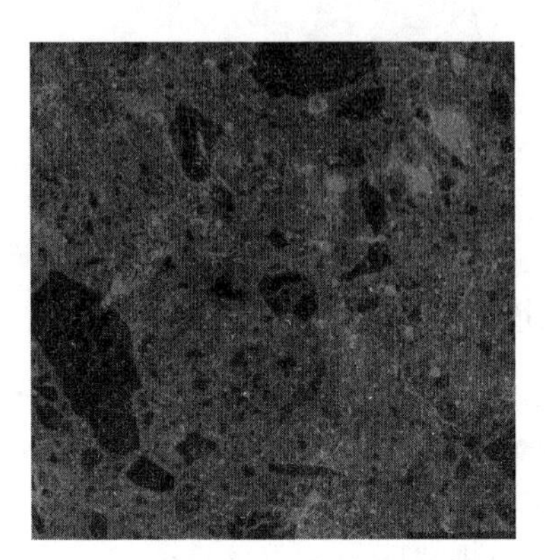

图 3.72　RLC-100 混凝土气孔结果图

由图 3.74 可知，随着再生骨料取代率的增加，气孔弦长为 0～100μm 时，气孔个数频数逐渐增大；气孔弦长为 100～1000μm 时，气孔个数频数逐渐减小；再生骨料取代率越大，气孔弦长小于 100μm 的含量越多，气孔弦长大于 100μm 的含量越少。

原因分析：由于浮石是一种孔隙度较大的建筑材料，随着再生骨料取代率的增加，混凝土中粗骨料浮石的含量减小，导致其气孔弦长大于 100μm 的频数减少，小于 100μm 的频数增加。

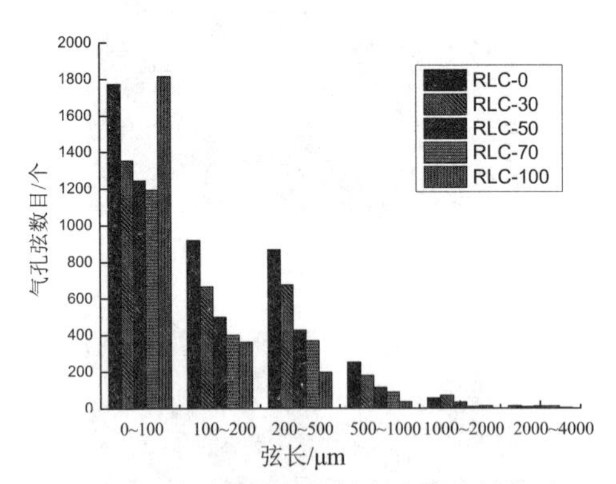

图 3.73　不同取代率混凝土孔隙弦长数目

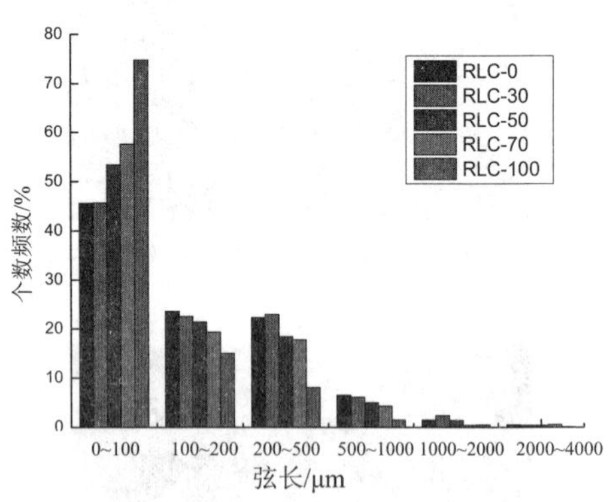

图 3.74　不同取代率混凝土的孔隙分布

图 3.75 是不同取代率的混合骨料混凝土气孔的实际正态分布图，而图 3.76 是混凝土气孔结构分析仪自带软件拟合出的一个最佳气孔正态分布图。从图 3.75 可以看出不同取代率的气孔的主要分布在小孔（0～200μm），随着不同气孔弦长的增大，气孔出现的频率都是先升高后降低，符合正态分布图。随着弦长增大到 200μm 以后，气孔弦长的分布出现离散现象。而图 3.76 是拟合出的气孔弦长最佳分布情况，表现出一定的规律性。

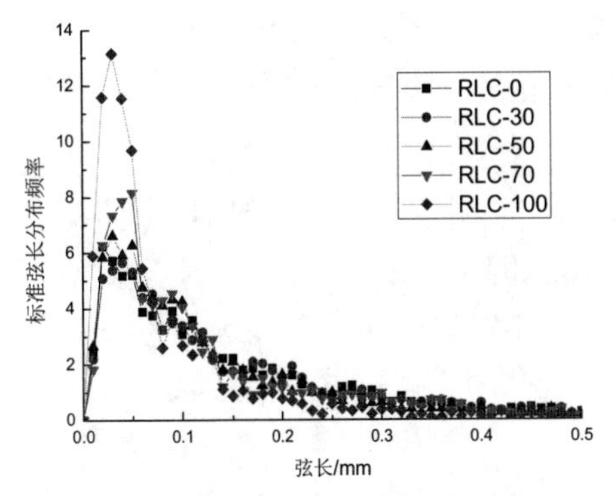

图 3.75 不同取代率的混合骨料混凝土气孔的实际正态分布

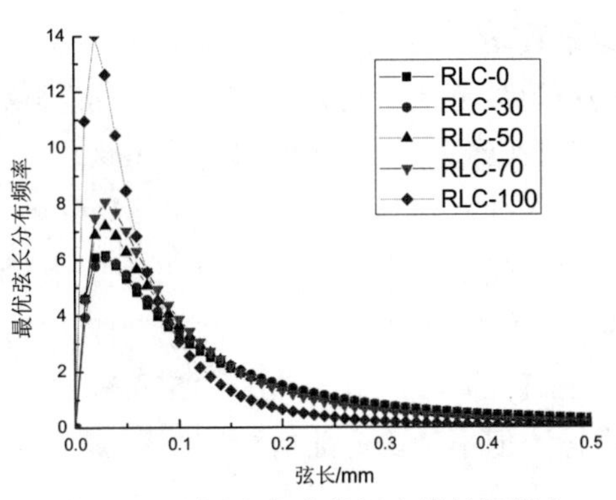

图 3.76 不同取代率的混合骨料混凝土气孔的最佳正态分布

由图 3.77 可知，再生骨料取代率为 0%、30%、50%、70%的混凝土试件的气孔平均半径分别为 170μm、176μm、157μm、137μm，而取代率为 100%的试件，混凝土的气孔平均半径为 100μm。再生骨料取代率越大，混凝土气孔的平均半径越小。

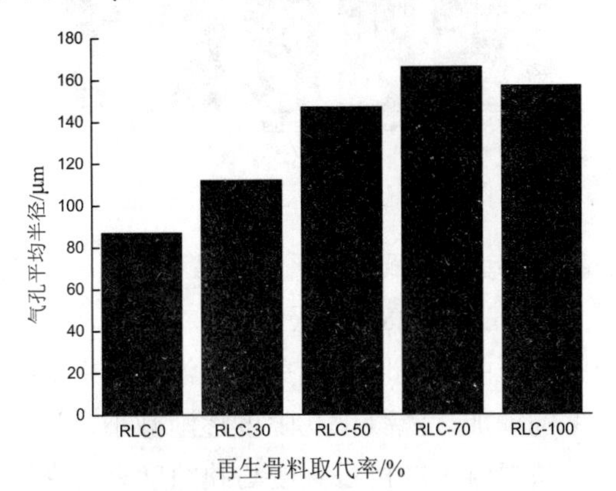

图 3.77 混凝土气孔平均半径

原因分析：随着再生骨料取代率的增加，混合骨料混凝土中浮石的含量逐渐减少，当再生骨料取代率为 100%时，混凝土中粗骨料浮石含量为零，而浮石混凝土较普通混凝土，其气孔半径较大，导致再生骨料取代率为 100%的气孔平均半径远低于含有浮石的混合骨料混凝土。

气泡间距系数是混凝土抗冻性能的重要参数，气孔间距系数是指从水泥硬化浆体中任意一点到气孔边缘的最大距离的平均值。平均值跟气孔间距系数成正比。混凝土要有足够的抗冻性，混凝土的气孔间距系数不大于 200μm。

以上种种研究均表明，气泡间距系数是评价混合骨料混凝土抗冻性能的重要指标，由各组气泡间距系数与气孔数量之间的数据对比可以看出，各组的气泡间距系数均小于 200μm，符合前文中诸多专家学者对有抗冻性能要求的混凝土气孔间距系数范围的推定，同时气孔间距系数同气孔数量成反比，气孔间距系数越大，气孔数量越少，抗冻性越差。

图 3.78 是混凝土气孔间距系数，气孔间距系数随着再生骨料的比例的增大，呈现出先增加后减小的趋势，单从气孔间距系数的角度考虑，再生骨料掺量为 0%、30%、100%的混凝土抗冻性能不佳，抗冻性能最优的为取代率为 50%和 70%，混凝土气孔间距系数为 137～157μm，由此说明气孔间距系数虽是影响混凝土的关键指标，但不是决定性指标。

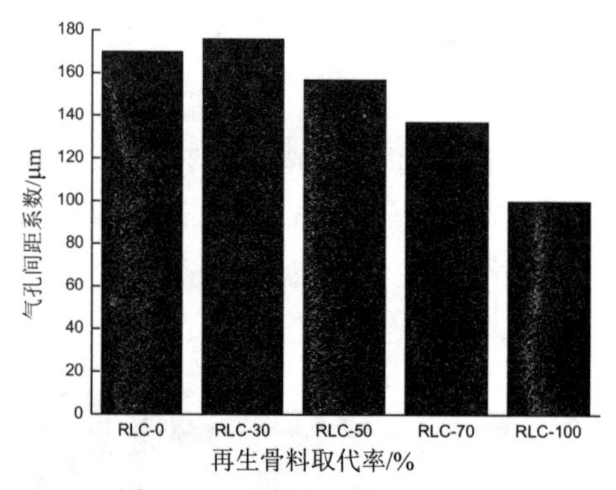

图 3.78 混凝土气孔间距系数

2. 混合骨料混凝土孔结构与强度关系分析

图 3.79 是混凝土的孔隙度与 28d 抗压强度的关系，从图 3.79 可以看出，再生骨料取代率与混凝土的抗压强度呈现正相关，跟混凝土中的孔隙度呈现负相关。即随着再生骨料取代率的增加，混凝土孔隙度逐渐减小，混凝土的抗压强度逐渐升高。可以看出混合骨料混凝土的抗压强度与孔隙度有着密切的关系。

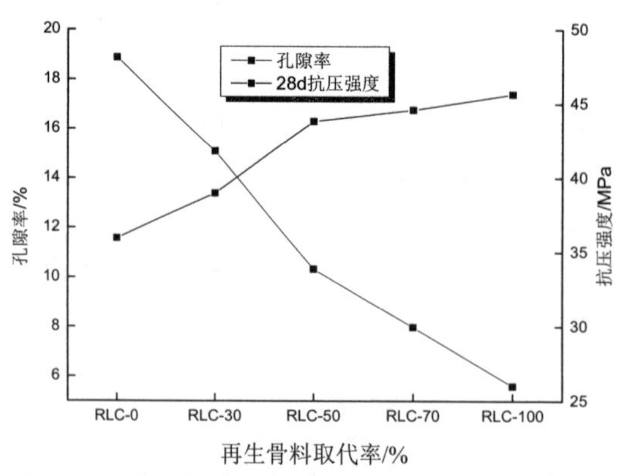

图 3.79 混凝土的孔隙度与 28d 抗压强度的关系

图 3.80 是混凝土的气孔间距系数及平均孔径和抗压强度的关系，从图 3.80 中可以看出，再生骨料取代率越大，混凝土强度越高。气孔的间距系数呈现先增大后减小的趋势，相较于取代率为 0%的混凝土，其他组混凝土气孔的间距系数增加率为 28.7%、69.0%、90.8%、80.5%。而混凝土的平均孔径呈现先增大后减小的趋势，相较于取代率为 0%的混凝土，其他组的混凝土增加率为 3.5%、-7.6%、-19.4%、41.2%。由混凝土气孔间距系数和平均半径的变化，可以看出混凝土中孔结构的含量是影响混凝土抗压强度的主要因素之一，即浮石骨料的含量是影响混合骨料混凝土的抗压强度的主要因素。

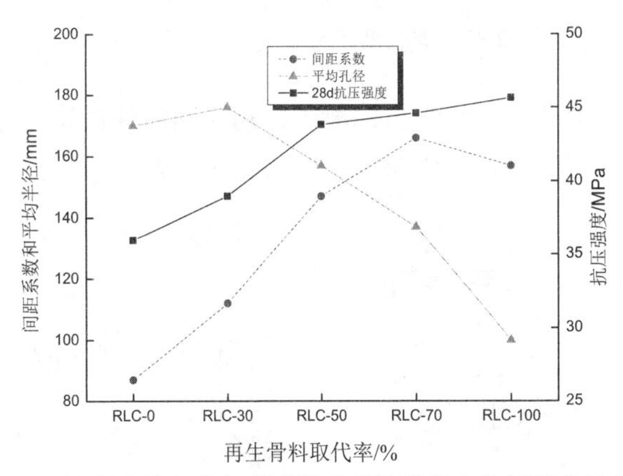

图 3.80　混凝土的气孔间距系数及平均孔径和抗压强度的关系

3.5.4　混合骨料混凝土快速冻融循环试验结果分析

从图 3.81 可以看出混凝土冻融循环前 75 次中，各组混凝土的质量都有不同程度的增加，在冻融循环 75 次以后各组混凝土的质量开始下降。再生骨料取代为 0%、30%、100%的混凝土，在 75 次以后质量下降趋势较大，而再生骨料取代率为 50%和 70%的混凝土，75 次以后质量下降较为平缓。

原因分析：混合骨料混凝土中的孔主要有浮石孔隙和砂浆气泡，浮石本身具有较高的吸水性，经过多次的冻融循环，混凝土内部产生不同程度的损伤，形成细小的裂缝，水分进入这些原本封闭的孔隙，导致混凝土内部孔隙水增多，质量增大。随着冻融循环次数的增加，混凝土表面的浆体开始脱落，当脱落的浆体的重量大于混凝土内部增加的水分的重量时，混凝土质量损失出现增长现象。因此混凝土中浮石的含量越多，冻融循环过程中浆体的脱落就会越多，其质量损失就越大。

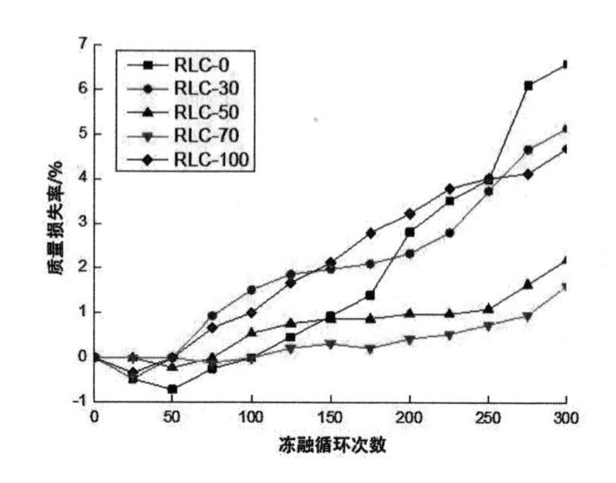

图 3.81　冻融循环与质量损失的关系曲线

图 3.82 是不同取代率再生骨料混凝土的相对动弹性模量与冻融循环次数的关系，图 3.83 是不同取代率再生骨料混凝土的相对动弹性模量损失率与冻融循环次数的关系。

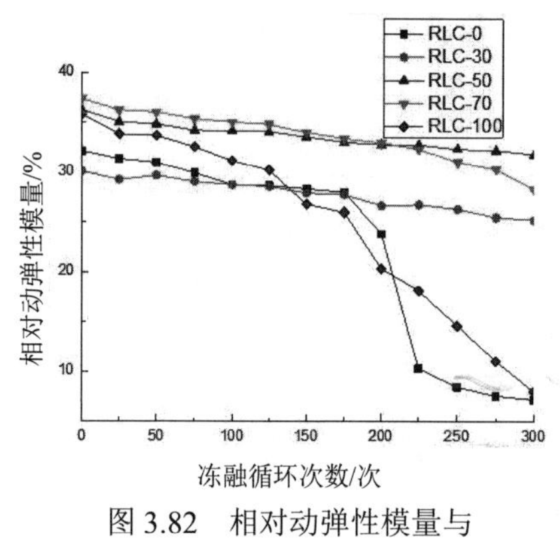

图 3.82　相对动弹性模量与冻融循环次数的关系

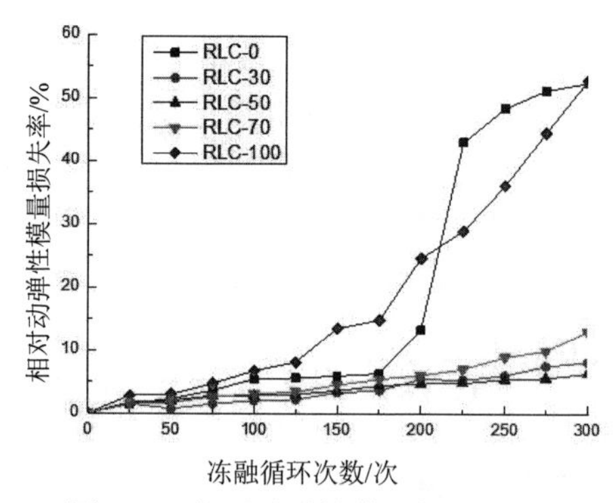

图 3.83　相对动弹性模量损失率与冻融循环次数的关系

从图 3.82 可以看出，各组的动弹性模量都是随着冻融循环次数的增加而降低的，再生骨料取代率为 30%、50%、70%的混合骨料混凝土的相对动弹性模量下降的趋势较为平缓；而再生骨料取代率为 100%的混凝土在冻融循环达到 125 次以后开始出现急剧下降，到 275 次试件的相对动弹性模量下降到 11.03GPa；再生骨料取代率为 0%的混凝土在冻融循环到达 175 次时，相对动弹性模量出现急剧下降，到 225 次时其相对动弹性模量下降到 10.3GPa；再生骨料取代为 50%和 70%混凝土的相对动弹性模量损失最少。从图 3.83 可以看出，随着冻融次数的增加，混凝土的相对动弹性模量损失率均呈现逐渐增大的趋势，但其增幅有明显的差别，再生骨料取代率为 30%、50%、70%的混凝土相对动弹性模量损失率整体增幅较为平缓，基本上呈现线性增长趋势。而再生骨料取代为 0%和 100%的混凝土冻融次数在 125 次之前增幅较为平缓，125 次之后相对动弹性模量损失率出现突然增大趋势。

图 3.84～图 3.87 是再生骨料取代率为 0%、30%、50%、70%、100%的各组混凝土冻融循环 0 次、25 次、50 次、125 次的形貌特征。从这几幅图可以看出，随着冻融循环次数的增加，混凝土表面的浆体不断地剥落。最为严重的是取代率为 0%的试件，其次是取代率为 30%和 100%的试件，混凝土表面砂浆脱落，表面疏松，骨料外露，棱角破坏等。而取代率为 50%和 70%的试件相对较为完整，表面只有部分砂浆脱落，有少量的小孔，整体表面较为完整。

图 3.84　不同取代率混合骨料混凝土冻融循环 0 次

图 3.85　不同取代率混合骨料混凝土冻融循环 25 次

图 3.86　不同取代率混合骨料混凝土冻融循环 50 次

图 3.87　不同取代率混合骨料混凝土冻融循环 125 次

原因分析：再生骨料取代率为 0%时混凝土的主要骨料为浮石，混凝土在刚开始冻融时，其内部的独立封闭孔隙尚未连通，孔洞中水通过周期性地膨胀和收缩，迫使混凝土中内部裂纹不断加大。这种物理过程不断重复，导致其变形逐渐增大。当混凝土内部的裂缝不断增大时，其内部的独立封闭孔隙就逐渐减少，导致混凝土内部裂缝不断扩大，混凝土的相对动弹性模量逐渐降低，同时混凝土表面也开始出现剥落。再生骨料和浮石的混合改变了原有的混凝土内部结构，产生出双重效应，水泥浆中的微小孔和浮石中的较大孔使混凝土在冻融循环过程中，外部含水小孔的微膨胀使再生骨料受力由浮石中的较大孔所抵消，使其取代率为50%和70%的混凝土表现出良好的完整性。

混凝土的质量损失和相对动弹性模量是评价混凝土的冻融优劣性能的重要指标，综合混凝土的质量损失、相对动弹性模量损失和混凝土的外观剥落情况，可以发现再生骨料取代率为50%和70%的混凝土表现出了良好的抗冻性。

3.5.5 橡胶粉掺量对 1:1RLC 混合骨料混凝土力学特征影响的研究

1. 橡胶粉掺量对 1:1RLC 混合骨料混凝土的影响分析

本研究选用五种粒径（20 目、60 目、80 目、100 目、120 目）不同掺量（3%、6%、9%）的橡胶粉对 1:1RLC 混合骨料混凝土抗压强度的影响，结果如图 3.88 所示。从图 3.88 可以看出：相对于基准组，废旧橡胶粉的掺入使 1:1RLC 混合骨料混凝土的早期强度降低；在橡胶粒径相同的情况下，随着橡胶粉掺量的增加，混合骨料混凝土早期的抗压强度逐渐降低。

以图 3.88（a）28d 龄期为例，相对于基准组，1:1-XJ-20-3、1:1-XJ-20-6、1:1-XJ-20-9 抗压强度分别降低了 7.8%、11%、16%，由此看出，3%掺量最接近基准组，9%掺量的下降率最大；1:1RLC 混合骨料混凝土在早期 3d、7d 抗压强度发育不稳定，而在 14 d 以后随着胶粉掺量的增加下降趋势明显。

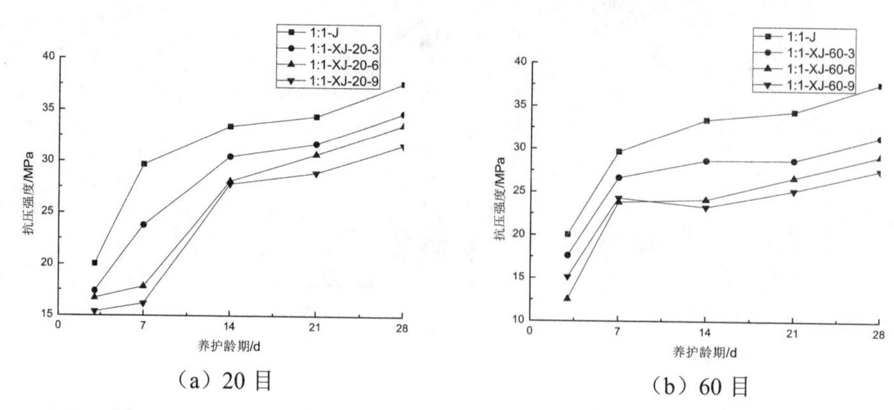

（a）20 目　　（b）60 目

图 3.88　不同橡胶粉掺量对 1:1RLC 混合骨料混凝土抗压强度的影响

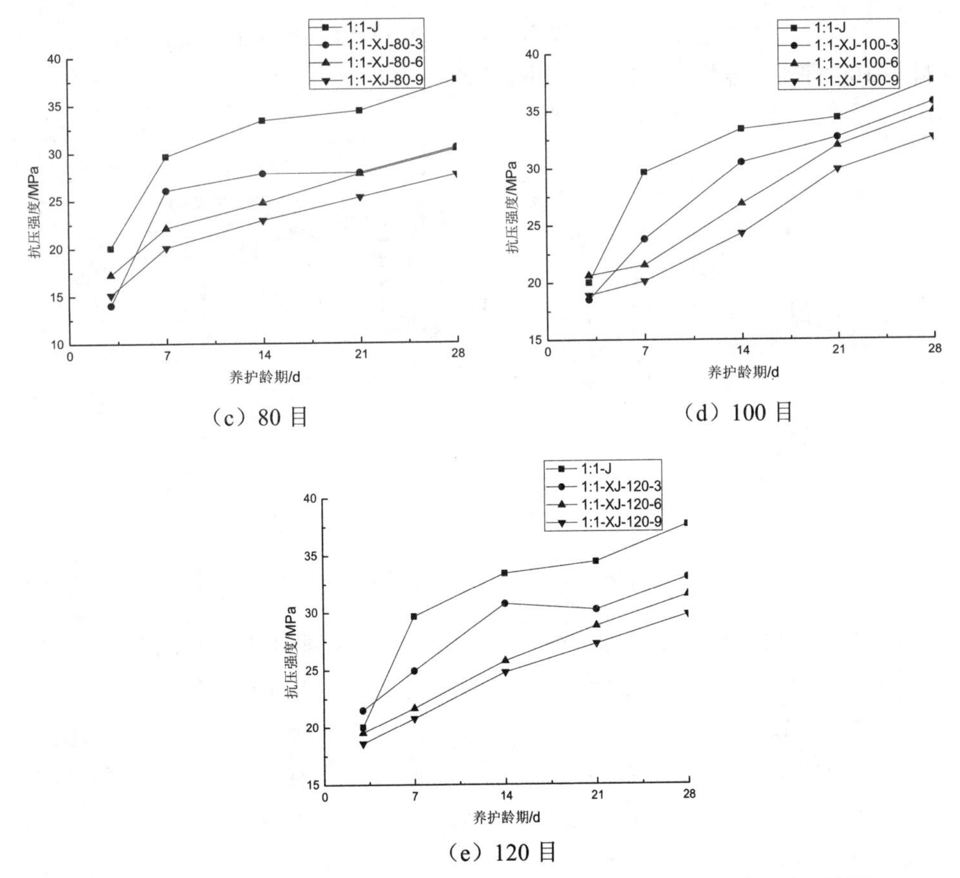

（c）80 目

（d）100 目

（e）120 目

图 3.88 不同橡胶粉掺量对 1∶1RLC 混合骨料混凝土抗压强度的影响（续图）

分析原因，橡胶粉的憎水性质决定了它与水泥石界面黏结性较差，使得混凝土内部产生了大量的薄弱界面，并且薄弱界面随橡胶粉掺量的增加而增多[58]。因此橡胶粉的加入，使 1:1RLC 混合骨料混凝土中出现了这种弱界面（橡胶粉水泥薄弱界面），最终导致外掺橡胶粉的 1:1RLC 混合骨料混凝土的强度降低。而且随着橡胶粉掺量的增加，这种弱界面的增多致使混合骨料混凝土的抗压强度降低率增大。

2. 不同橡胶粒径对 1∶1RLC 混合骨料混凝土的力学性能影响分析

不同橡胶粒径对 1:1RLC（3%掺量）混合骨料混凝土力学性能的影响如图 3.89 所示。从图 3.89 可以看出 1:1RLC 混合骨料混凝土在 3d、7d 时加入不同粒径橡胶粉，抗压强度发育规律不太明显；14d 后混凝土的抗压强度呈现有规律的分布，抗压强度损失以 80 目为分界点，随着橡胶粉目数的增加（粒径减小），整体抗压强度呈现先减小后增大的趋势。混合骨料混凝土的 28d 强度损失率分别为 7.8%、

16.5%、18.9%、5.0%、12.2%，可以看出掺入80目橡胶粉的强度损失率最大，而20目和100目的强度损失率较小，都在10%以内。

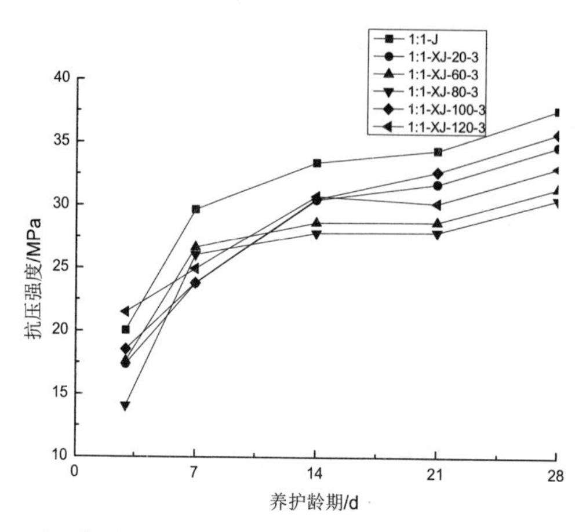

图 3.89　不同橡胶粒径对 1:1RLC 混合骨料混凝土力学性能的影响

分析原因：废旧橡胶粉为有机弹性体，橡胶粉作为细骨料加入到 1:1RLC 混合骨料混凝土中，会从整体上削弱混凝土的强度，致使 1:1RLC 混合骨料混凝土的强度降低。1:1RLC 混合骨料混凝土随着橡胶粉粒径的减小（目数增大），其薄弱面也逐渐增多，致使80目以下的混合骨料混凝土抗压强度逐渐降低。同时赵丽妍指出，混凝土在受力过程中，这些弹性体缓解了微裂缝的产生和发展，因此增加了混凝土的弹性[65]。正是这种弹性作用使得 80 目以上的混合骨料混凝土抗压强度逐渐升高。

3. 水化界面微观分析

1:1-XJ-20-3-28d、1:1-XJ-20-9-28d 橡胶粉界面 SEM 照片分别如图 3.90 和图 3.91 所示。由图 3.90 看出，橡胶粉表面呈现凸起，表面不平整，胶粉跟周边的水泥结合有缝隙，水泥水化结合面不均匀；由图 3.91 可以看出水泥浆表面有较多的小毛刺状胶粉颗粒，胶粉表面粗糙，且带有凹凸形状，胶粉跟水泥的结合面也有较多的缝隙，水化效果面不平整。对比图 3.90 和图 3.91 可以看出，废旧橡胶粉粒径相同的情况下，胶粉掺量越多，水泥跟胶粉水化时出现的缝隙就越多，导致抗压强度越低。这进一步验证了图 3.88 中不同橡胶粉掺量对 1:1RLC 混合骨料混凝土抗压强度的影响。

1:1-XJ-20-3-28d、1:1-XJ-20-3-7d 橡胶粉界面发育 SEM 图分别如图 3.90 和图 3.92 所示。通过对比看到，图 3.92 为水化 7d 的水泥石和界面区，表面松散，缝隙较多；图 3.90 为水化 28d 的水泥石和界面区，混凝土表面较为密实，并且缝隙相对减小，这主要是由于早期水泥水化不充分所造成的。

图 3.93 为 1:1-XJ-80-9-28d 橡胶粉界面 SEM 照片。图 3.91 和图 3.93 中橡胶粉掺量相同，图 3.91 中胶粉有较多的小毛刺状胶粉颗粒，表面粗糙，形状不规则，胶粉跟水泥的结合面也有较多的缝隙。而图 3.93 中的胶粉也是表面不平整，同时其橡胶粉出现的地方有抱团现象，胶粉聚堆周围较为蓬松，有较多的缝隙。对比图 3.91 和图 3.93 可以看出，在胶粉掺量相同的情况下，粒径越小，水泥浆中的胶粉越容易出现聚堆现象，聚堆周围胶粉颗粒越多，缝隙也就越多。

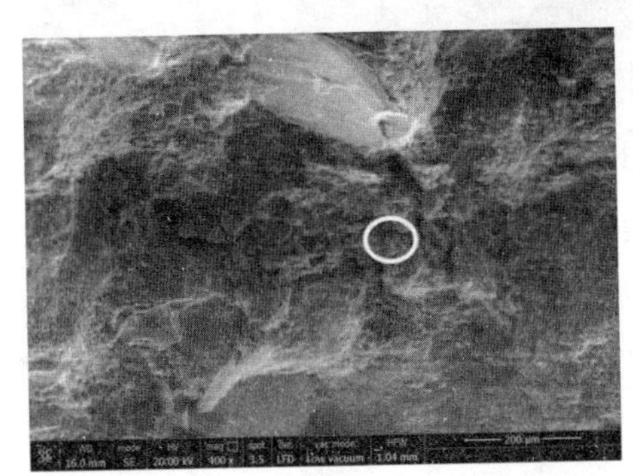
图 3.90 1:1-XJ-20-3-28d 橡胶粉界面 SEM 照片

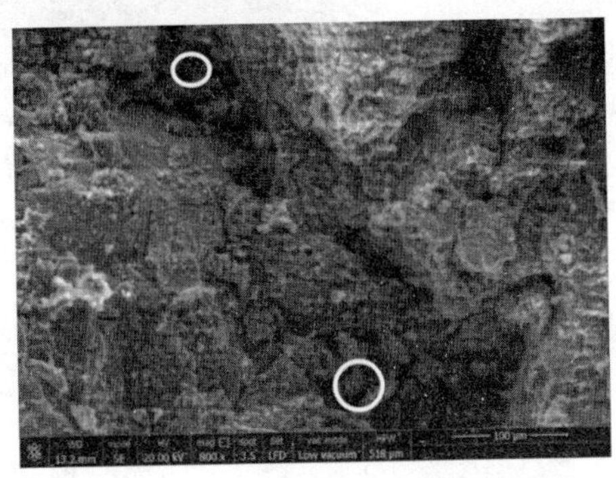
图 3.91 1:1-XJ-20-9-28d 橡胶粉界面 SEM 照片

图 3.92 1:1-XJ-20-3-7 d 橡胶粉界面 SEM 照片

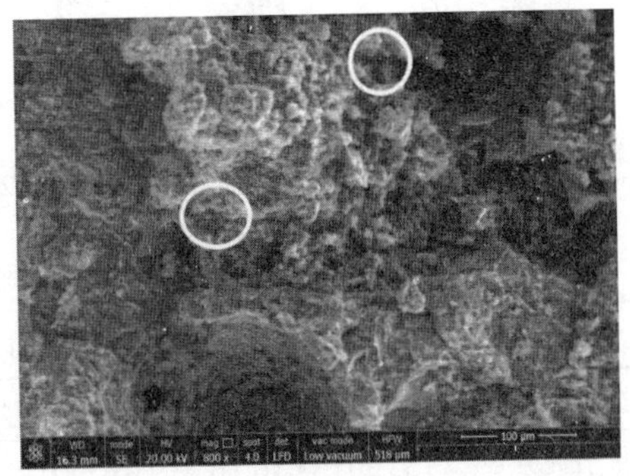
图 3.93 1:1-XJ-80-9-28d 橡胶粉界面 SEM 照片

图 3.94 为 1:1-XJ-80-9-28d 橡胶粉能谱分析区域，图 3.95 为 1:1-XJ-80-9-28d 橡胶粉元素能谱分析，表 3.22 为 1:1-XJ-80-9-28d 橡胶粉能谱成分分析表。从图 3.95 和表 3.22 可以看出，在水泥和橡胶粉的界面区域，C、O、Ca 的质量分数最大，分别为 37.51%、31.09%、23.65%。这些现象符合橡胶粉的能谱分析[56]和水泥化学物质组成。橡胶粉主要化学组成是 C 和 O，而水泥的主要组成是 Ca 和 O，

由此证实橡胶粉界面 SEM 照片中标注部分主要成分是橡胶粉和水泥。

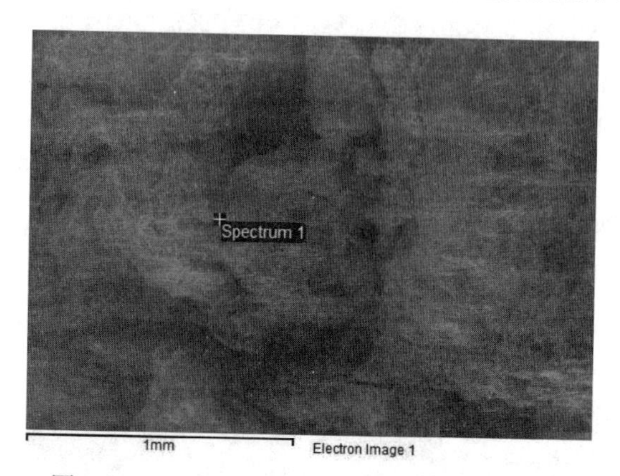

图 3.94　1:1-XJ-80-9-28d 橡胶粉能谱分析区域

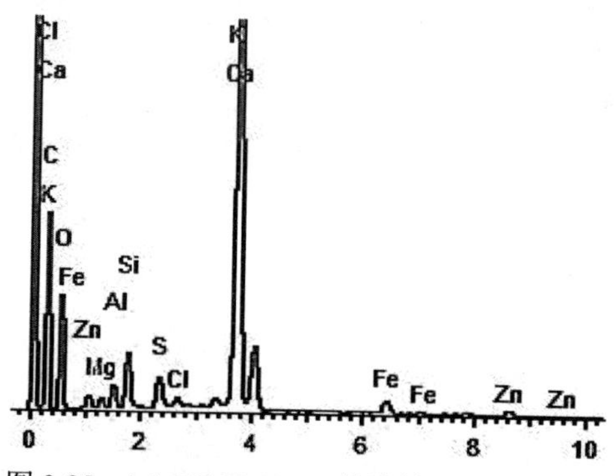

图 3.95　1:1-XJ-20-9-28d 橡胶粉元素能谱分析

表 3.22　1:1-XJ-80-9-28d 橡胶粉能谱成分分析

元素	C	O	Mg	Al	Si	S	Cl	K	Ca	Fe	Zn	总计
质量分数/%	37.51	31.09	0.33	0.66	1.64	1.05	0.31	0.34	23.65	1.76	1.66	100.00
原子数分数/%	53.30	33.16	0.23	0.42	0.99	0.56	0.15	0.15	10.07	0.54	0.43	100.00

4. 再生骨料和浮石内部结构分析

图 3.96 中（a）、（b）、（c）、（d）是基准组再生骨料和浮石的 SEM 照片。图 3.96（a）和图 3.96（c）分别为 3d 和 28d 再生骨料 SEM 照片。从图 3.96（a）中看到，再生表面包裹着一层水泥浆，同时表面有较多的缝隙；图 3.96（c）显示出水化后混凝土表面更加平整密实，但仍有缝隙。由此得出，1:1RLC 混合骨料混凝土的破坏，其中一项原因是再生骨料与胶凝体表面的黏结失效[66]。

图3.96（b）和（d）为3d和28d浮石界面的SEM照片。从图3.96（b）看出，浮石在水泥水化前，表面凹凸不平，同时表面分布很多孔洞；从图3.96（d）可以看出，水泥水化后，浮石表面变得比原来平整许多，其表面的孔洞数量减少了，同时在水泥和浮石的结合面出现较多缝隙。

（a）3d再生骨料界面SEM照片

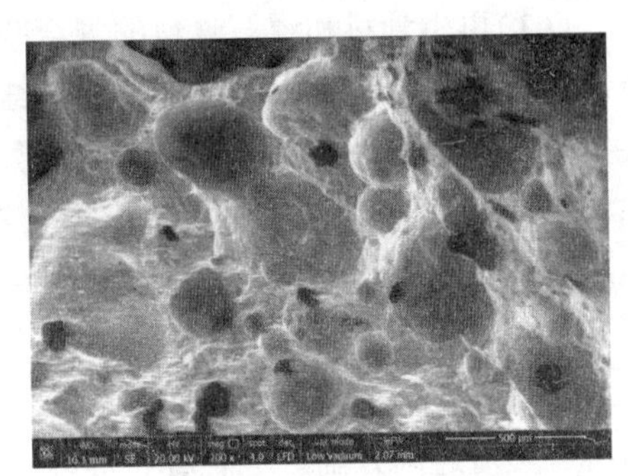

（b）3d浮石界面SEM照片

（c）28d再生骨料界面SEM照片

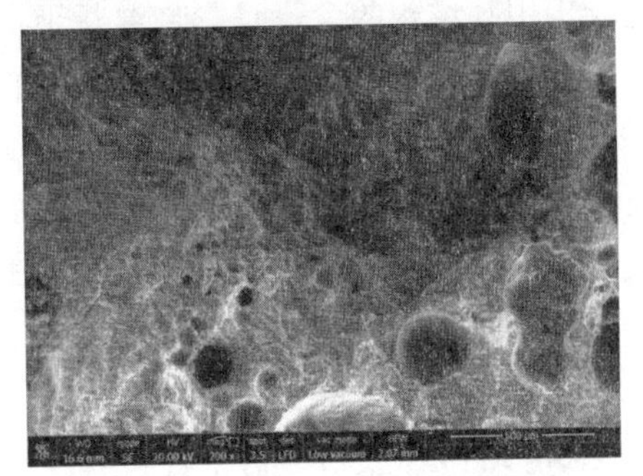

（d）28d浮石界面SEM照片

图3.96　再生骨料和浮石界面的SEM照片

从1:1RLC混合混凝土内部结构的分析中得到，掺入废旧橡胶粉后，胶粉跟水泥之间的弱界面是导致1:1RLC混合骨料混凝土强度降低的主要原因之一，因此如果想要提高1:1RLC混合骨料混凝土的强度，需要改善这种弱界面。同时在1:1RLC混合骨料混凝土中改善再生骨料与胶凝体的黏结失效和浮石与胶凝体之间的黏结失效，也是提高1:1RLC混合骨料混凝土强度的途径。

3.5.6　结论

（1）混合骨料混凝土随着再生骨料取代率的增大，混凝土的立方体抗压强度逐渐在增大。其劈裂抗拉强度呈现先升高后降低的规律，再生骨料取代率为30%和50%的混合骨料混凝土表现出较良好的劈裂抗拉性能。

（2）随着冻融循环次数的增加，各组的动弹性模量在逐渐降低，混凝土表面的浆体不断地剥落，混凝土的质量先升高后降低；综合混凝土的质量损失、相对动弹性模量损失和外观剥落情况，可以发现在试验组中，再生骨料取代率为 50%和 70%的混合骨料混凝土表现出了较好的抗冻性。

（3）再生骨料和浮石骨料的混合改变原有单纯的再生混凝土及浮石混凝土的抗冻性，提高了混凝土的抗冻性能。结合混合骨料混凝土的基本力学性能和抗冻性发现，取代率为 50%的混合骨料混凝土表现较好的综合性能。

（4）随着再生骨料的增加，混合骨料混凝土中的气孔区域分布在逐渐减少，混凝土气孔的平均半径减小，气孔间距系数呈现出先增加后减小的趋势。

（5）再生骨料取代率与混凝土的抗压强度呈现正相关，跟混凝土中的孔隙度呈现负相关。即随着再生骨料取代率的增加，混凝土的孔隙度逐渐减小，混凝土的抗压强度逐渐升高。混合骨料混凝土的孔隙度影响混凝土的抗压强度。

（6）混凝土气孔间距系数和平均半径都呈现先增大后减小的趋势，可以看出混凝土中孔结构的含量是影响混凝土抗压强度的主要因素之一，即浮石骨料的含量是影响混合骨料混凝土的抗压强度的主要因素。

（7）1:1RLC 混合骨料混凝土中加入废旧橡胶粉会使其抗压强度降低，在橡胶粉粒径相同的情况下，随着橡胶粉掺量的增加，其抗压强度下降率逐渐在增大。在橡胶粉掺量相同的情况下，随着废旧橡胶粉粒径的减小，其抗压强度均有损失，但以外掺 80 目橡胶粉损失率最大。

（8）1:1RLC 混合骨料混凝土中，由于橡胶粉的憎水性和再生骨料的损伤裂缝较多，导致橡胶粉、再生骨料和浮石与水泥界面黏结性较差、缝隙较多，是混合骨料混凝土抗压强度降低的主要原因。

3.6 矿渣-胶粉浮石混凝土力学特性及抗冻性研究

通过试验发现矿渣粉具有较高的活性、粉体效应、二次填充效应[67]，提高可泵性[68]、减小水化热、抑制碱集料反应，提高水泥石结构的致密性[69]，提升混凝土的抗渗性和抗氯离子渗透性能[70]，以及提高混凝土耐久性能[71]，同时粒化高炉矿渣粉的使用可以降低 CO_2 排放量，产生良好的经济环境效益[72-73]，因此对于粒化高炉矿渣粉和废旧轮胎橡胶粉的研究具有较高的价值和意义。综上，结合浮石作为粗骨料制作成浮石混凝土，研究其早期力学性能并建立早期抗压强度数学模型，最后运用灰色理论计算其 28d 抗压强度与硬化混凝土气泡参数之间的关联度，分析它们之间的内在规律。

3.6.1 试验概况

1. 试验材料

水泥采用冀东 P·O42.5 普通硅酸盐水泥。砂：普通河砂，中砂，细度模数为 2.7，表观密度为 2619kg/m^3，级配良好。S105 级粒化高炉矿渣粉。废旧轮胎橡胶粉：20 目、60 目、120 目。粗骨料：内蒙古天然浮石，堆积密度为 710kg/m^3，表观密度为 1623kg/m^3，1h 吸水率为 16.76%。减水剂：RSD-8 型高效减水剂，以 β-萘酸钠甲醛聚缩物为主要成分的高效减水剂，掺量为 2%，减水率为 20%。水：自来水。

2. 试件制备与养护

本试验以浮石混凝土为基准组（S0），设计强度为 C40。试验组正交因素-水平表见表 3.23；粒化高炉矿渣粉按设计比例等质量取代水泥，橡胶粉以胶凝材料质量百分比外掺，试验配合比详见表 3.24。试验过程中，为尽可能减少橡胶粉“聚堆”现象的发生，将胶凝材料与橡胶粉预先拌和均匀，并按照《普通混凝土拌合物性能试验方法标准》（GB/T 50080—2002）进行试件成型，将制作好的试件保湿养护 1d 后拆模，养护条件为：水养 14d 后，放入标准养护箱养护到试验龄期。测试状态：3d、7d、14d 抗压强度测试时，将试件从水中取出擦干后测试；28d 抗压强度测试时，从标准养护箱中取出直接测试。

表 3.23 正交因素-水平表

水平	因素		
	A 橡胶粉目数	*B* 橡胶粉掺量/%	*C* 粒化高炉矿渣粉掺量/%
1	20	2	10
2	60	5	20
3	120	8	30

表 3.24 矿渣胶粉浮石混凝土配合比

组别	正交组合	配合比							
		粒化高炉矿渣粉掺量/(kg/m^3)	橡胶粉目数	橡胶粉掺量/(kg/m^3)	天然浮石/(kg/m^3)	水泥/(kg/m^3)	砂子/(kg/m^3)	水/(kg/m^3)	减水剂/(kg/m^3)
S0	-	0	0	0	496.8	480	786.9	206	2
S1	A1B1C1	48	20	9.6	496.8	432	786.9	206	2
S2	A1B2C2	96	20	24	496.8	384	786.9	206	2
S3	A1B3C3	144	20	38.4	496.8	336	786.9	206	2
S4	A2B1C2	96	60	9.6	496.8	834	786.9	206	2

续表

组别	正交组合	配合比							
		粒化高炉矿渣粉掺量/(kg/m³)	橡胶粉目数	橡胶粉掺量/(kg/m³)	天然浮石/(kg/m³)	水泥/(kg/m³)	砂子/(kg/m³)	水/(kg/m³)	减水剂/(kg/m³)
S5	A2B2C3	144	60	24	496.8	336	786.9	206	2
S6	A2B3C1	48	60	38.4	496.8	432	786.9	206	2
S7	A3B1C3	144	120	9.6	496.8	336	786.9	206	2
S8	A3B2C1	48	120	24	496.8	432	786.9	206	2
S9	A3B3C2	96	120	38.4	496.8	384	786.9	206	2

3.6.2 矿渣-胶粉浮石混凝土基本力学性能的试验研究

1. 正交理论极差计算方法理论

本节对正交试验结果（混凝土抗压强度发育速率、混凝土抗压强度、混凝土劈裂抗拉强度和拉压比）采用极差分析，极差分析法是通过对各因素的平均极差进行计算分析，并找出各因素对指标的主次影响、最优方案水平以及分析因素指标间的关系，找到其中的变化规律和趋势。设某正交试验设计为三因素（K、L、M）三水平试验，现以因素 K 对某指标 T 的平均贡献进行举例分析，并简要介绍计算过程和公式。设指标 T 的试验结果为 T_i（i=1,2,3,…,9），按照因素 K 在正交表中的水平（K_1、K_2、K_3）顺序对应的试验结果（假设 K_1 对应结果 T_1、T_2、T_3；K_2 对应结果 T_4、T_5、T_6；K_3 对应结果 T_7、T_8、T_9）进行分组计算，则因素 K 三个水平结果为

$$T_{K_1} = \frac{T_1 + T_2 + T_3}{3} \tag{3-10}$$

$$T_{K_2} = \frac{T_4 + T_5 + T_6}{3} \tag{3-11}$$

$$T_{K_3} = \frac{T_7 + T_8 + T_9}{3} \tag{3-12}$$

设因素 K 不同水平的极差为 $R_K = \text{MAX}(T_{K_1}, T_{K_2}, T_{K3}) - \text{MIN}(T_{K_1}, T_{K_2}, T_{K3})$，因素极差越大表明该因素对试验结果影响也就越大，且每个因素不同水平计算结果最大的为该因素的优水平。

2. 混凝土抗压强度发育速率分析

根据正交理论极差计算方法分别计算因素 A（橡胶粉目数）、因素 B（橡胶粉掺量）、因素 C（粒化高炉矿渣粉取代率）对矿渣-胶粉浮石混凝土的发育影响速率，按照公式（3-13）进行计算：

$$V_T = \frac{f_{\mathrm{cu},t_2}, f_{\mathrm{cu},t_1}}{t_2 - t_1} \tag{3-13}$$

式中：V_T为发育速率；f_{cu,t_1},f_{cu,t_2}分别为t_1和t_2时刻混凝土立方体抗压强度。

因本试验混凝土强度在 7d 时可以达到 28d 抗压强度的 80%左右，故以前 7d 发育速率进行说明，据此为例进行极差计算并绘制正交分析点图，如图 3.97 所示。

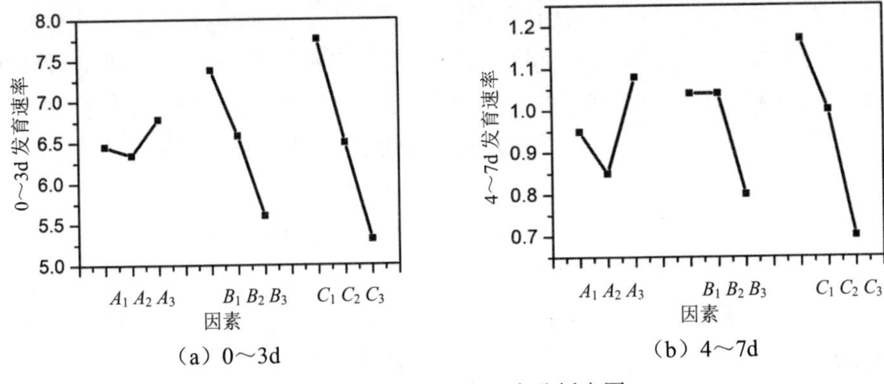

图 3.97　发育速率正交分析点图

由图 3.97 容易看出，粒化高炉矿渣粉的取代率、橡胶粉掺量和橡胶粉粒径对结果产生的极差依次减小，故而影响矿渣-胶粉浮石混凝土 0～3d、3～7d 发育速率的主次顺序是粒化高炉矿渣粉的取代率＞橡胶粉掺量＞橡胶粉粒径。由图 3.97（a）和（b）并通过正交理论极差计算方法理论易得：

（1）图 3.97（a）和（b）均显示 C_1、C_2、C_3 对应的数值逐渐减小，这说明随着粒化高炉矿渣粉取代率的增加，混凝土强度发育速率呈现直线下降的趋势；图 3.97（a）显示为 0～3d 的发育速率，矿渣粉取代率为 10%的组别是取代率为 20%、30%的组别的混凝土发育速率的 1.2 倍和 1.5 倍（按照正交理论极差计算方法计算的 10%水平发育速率与 20%水平发育速率的比率，以下不再赘述）。图 3.97（b）显示为 4～7d 的发育速率，矿渣粉取代率为 10%的组别是取代率为 20%、30%的组别的混凝土发育速率的 1.04 倍和 1.67 倍。这是因为粒化高炉矿渣粉的活性低于水泥活性，粒化高炉矿渣粉的掺入使得真实“水灰比”增加，导致混凝土发育速率降低，并且矿渣在非碱性条件下活性较弱，水化速率缓慢，其作为填充物延缓了浆体的水化反应，故粒化高炉矿渣粉掺量越多，混凝土发育速率降低也就越明显。

（2）从图 3.97（a）的 0～3d 发育速率来看，橡胶粉掺量为 5%、8%的混凝土较掺量为 2%的混凝土发育速率分别降低 0.8MPa/d 和 1.78MPa/d，说明随着橡胶粉掺量的增加，混凝土强度发育速率趋于下降，橡胶粉的憎水性对水泥水化作用产生了“阻隔”的负面影响，且橡胶粉的粒径越大掺量越多，这种“阻隔”作用就越明显，由于橡胶粉弹性模量小，不易与水泥石强度协同增长，因此发育速率也就小，故橡胶粉掺量因素影响较为显著。

（3）从图 3.97（b）的 4～7d 发育速率来看，橡胶粉掺量为 2%和 5%的混凝土强度发育速率基本相同，橡胶粉掺量为 8%的混凝土强度发育速率明显下降。这说明本试验橡胶粉掺量小于 5%时，对混凝土后期强度发育速率影响相同。这是由于 3d 抗压强度已经达到 28d 抗压强度的 67%左右，水泥石的胶凝骨架已经形成，此时橡胶粉作为填充物，对混凝土发育速率影响较小；当大于 5%时，橡胶粉已经“阻隔”水泥水化使得水泥石强度持续增长速率减慢，因此抗压强度增长速率较小。

（4）从图 3.97（a）和（b）可知，无论 0～3d 强度发育速率还是 4～7d 强度发育速率，当掺入 60 目橡胶粉时，混凝土强度发育速率都是最慢的，而掺入 120 目橡胶粉时，混凝土强度发育速率最快。可知 60 目橡胶粉的掺入不利于浮石混凝土的强度发育，故而不建议工程实际中采用 60 目橡胶粉。

3. 混凝土抗压强度分析

表 3.25 显示为矿渣-胶粉浮石混凝土各测试龄期抗压强度及 28d 劈裂抗拉强度，依此进行正交极差计算。

表 3.25 各龄期测试结果

组别	测试参数				
	抗压强度/MPa				劈裂抗拉强度/MPa
	3d	7d	14d	28d	28d
S0	29.70	34.75	39.13	43.80	4.73
S1	25.46	30.35	34.77	38.30	3.62
S2	20.21	24.71	26.69	30.10	3.36
S3	12.31	14.34	16.07	18.30	2.33
S4	20.85	24.63	27.51	31.30	3.20
S5	15.40	17.96	21.12	23.00	2.74
S6	20.79	24.67	29.01	31.20	2.92
S7	20.10	23.92	26.16	29.50	3.41
S8	23.57	28.93	32.44	35.50	3.27
S9	17.39	21.09	22.61	25.90	2.97

根据正交理论极差计算方法，分别计算橡胶粉粒径（A）、橡胶粉掺量（B）和矿渣粉取代量（C）对矿渣-胶粉浮石混凝土的抗压强度的极差值并绘制正交分析点图（以28d为例，图3.98）。

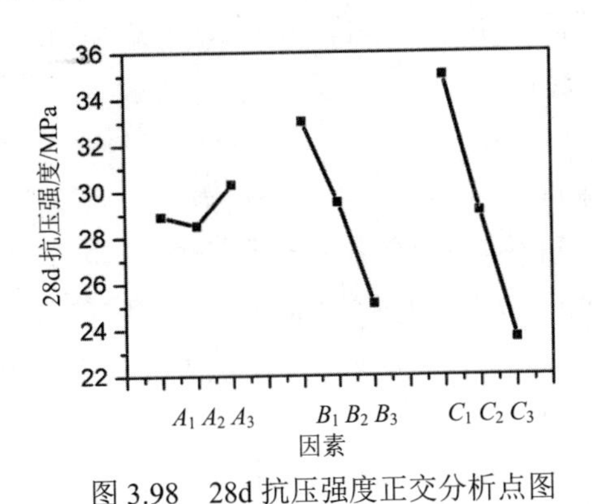

图3.98 28d抗压强度正交分析点图

由图3.98可以看出：

- 影响矿渣-胶粉浮石混凝土28d抗压强度因素的主次顺序为$C>B>A$，即粒化高炉矿渣粉取代率＞橡胶粉掺量＞橡胶粉目数。同时根据正交理论极差计算方法可以确定最佳正交组合为$A_3B_1C_1$，即橡胶粉粒径为120目、掺量为2%、粒化高炉矿渣粉取代率为10%。
- 当粒化高炉矿渣粉取代量为10%、20%、30%时，较未掺入高炉矿渣粉的基准组S0强度折损率分别为20.1%、33.6%、46.1%。
- 橡胶粉掺量因素作用显著，其混凝土强度极差较大，掺量为2%的混凝土较掺量为8%的混凝土强度高7.9MPa。

其中原因主要分为：

- 次于水泥活性的粒化高炉矿渣粉的掺入导致水化作用降低，因此削弱了水泥的“胶体骨架”作用，使得水泥胶体强度降低，从而使混凝土的强度降低；同时粒化高炉矿渣粉取代率越大，对水泥的“胶凝骨架”作用削弱越明显，混凝土强度折损率也就越大。
- 首先，橡胶粉属于非亲水性弹性材料，不能够参与水化，且其强度远低于组成材料的强度，并且其弹性性能导致其在受荷载时与其他组成材料变形不一致；其次，其非亲水性导致其不能够与浆体很好地黏结，使其与水泥浆体结合形成了极为脆弱的“薄弱面”，最终导致混凝土强度降低。与此相匹配，橡胶粉的掺量越大，与水泥浆体结合脆弱界面也越多，混凝土强度降低也越明显。

- 橡胶粉掺量是影响混凝土强度的显著因素，并由图 3.98 可知，随着橡胶粉掺量的增加混凝土强度下降速率呈增加的趋势，这是由于橡胶粉在混凝土中并不能均匀分布且易产生聚堆[72]现象，聚堆使得混凝土产生更为脆弱的“薄弱面”，并且随着橡胶粉掺量的增加聚堆现象越明显，混凝土强度下降速率越快。

4. 强度与拉压比分析

图 3.99 显示为 28d 劈裂抗拉强度正交分析点图。由该图可以看出：

（1）由 28d 劈裂抗拉强度正交分析点图可知，影响矿渣-胶粉浮石混凝土劈裂抗拉强度因素的主次顺序为橡胶粉掺量＞粒化高炉矿渣粉取代率＞橡胶粉目数。影响混凝土拉压比因素的主次顺序为粒化高炉矿渣粉取代率＞橡胶粉掺量＞橡胶粉目数。

（2）由图 3.99（a）可知，随着橡胶粉掺量的增加，矿渣胶粉混凝土劈裂抗拉强度逐渐降低，橡胶粉掺量为 2%、5%、8%时，较基准组 S0 来讲混凝土劈裂抗拉强度分别减少 0.87MPa、1.05MPa 和 1.44MPa。

（3）由图 3.99（b）可知，橡胶粉目数对拉压比的影响较为显著，且橡胶粉粒径越大，混凝土拉压比越大，矿渣-胶粉混凝土塑性变形性能越强，导致这种现象的原因如下：

1）粒径越小的橡胶粉使得混凝土抗压强度较劈裂抗拉强度变化更为敏感。

2）大粒径橡胶粉的变形能力更强，它的加入使得矿渣-胶粉混凝土抵抗变形破坏的能力越强。

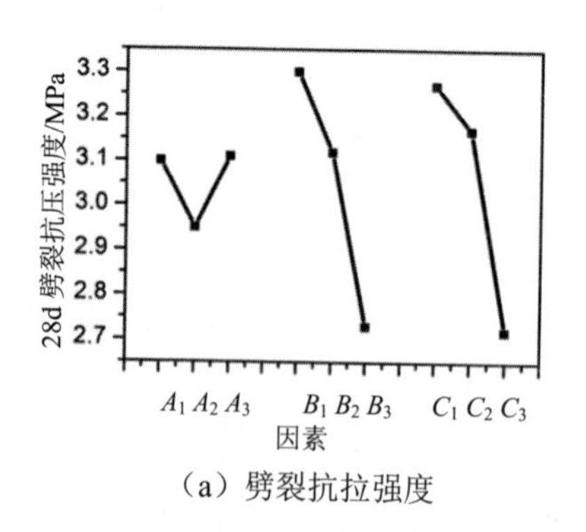

（a）劈裂抗拉强度

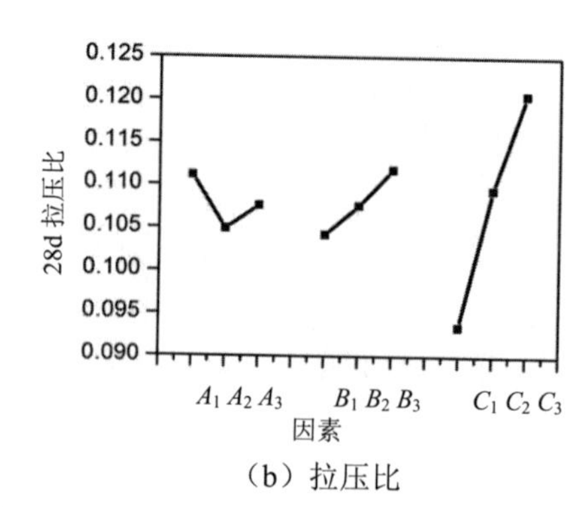

（b）拉压比

图 3.99 28d 劈裂抗拉强度正交分析点图

5. 微观结构分析

对矿渣-胶粉浮石混凝土各龄期进行基本力学性能的测试，并对每个龄期的混凝土进行取样，然后应用扫描电镜对矿渣-胶粉浮石混凝土的内部结构进行详细的分析研究，建立其与宏观力学性能之间的微观解释。

为研究矿渣-胶粉浮石混凝土内部水化发育情况，对试件进行 3d 电镜扫描测试，由图 3.100 和图 3.101 发现：未掺入粒化高炉矿渣粉和橡胶粉的基准组 S0 内部结构密实，裂纹较少，且裂纹宽度小，而掺入粒化高炉矿渣粉和橡胶粉的实验组 S3 内部结构松散，裂纹数量明显增多，裂纹宽度增加，其内部浆体与砂石黏结不紧密从而强度降低，这与抗压测试结果相吻合。为进一步证实该结论，对试件进行单位长度为 100μm 和 50μm 的测试，测试结果如图 3.102～图 3.105 所示，基准组 S0 内部浆体发育较实验组 S3 密实，裂缝小且少。同时发现掺入矿渣粉的混凝土较未掺入橡胶粉的混凝土与橡胶粉黏结面更加平整，证实了粒化高炉矿渣粉的加入使得过渡区界面更加薄弱，这也是造成混凝土强度降低的原因。

图 3.100　S0 组 3d SEM 照片 1

图 3.101　S3 组 3d SEM 照片 1

图 3.102　S0 组 3d SEM 照片 2

图 3.103　S3 组 3d SEM 照片 2

图 3.106 所示为未掺入橡胶粉和粒化高炉矿渣粉的基准组 S0 的 28d SEM 照片，图 3.107～图 3.109 所示为掺入橡胶粉和粒化高炉矿渣粉的实验组 S1、S5、S3 的 28d SEM 照片，且照片精度均为 500μm。又知 S0、S1、S5、S3 强度依次降低，而由图 3.107～图 3.109 可以观察到在相同精度的照片下微裂缝依次增多，结

构水化密实程度依次减弱，这是由于

（1）粒化高炉矿渣粉水化活性弱于水泥，导致水泥结构松散。

（2）橡胶粉的憎水性使得其与水泥和粒化高炉矿渣粉不能很好地黏结，同时生成了较多的裂纹。故而胶凝体裂缝增加和橡胶粉与胶凝体黏结失效导致结构整体失效，从而使得混凝土强度降低。

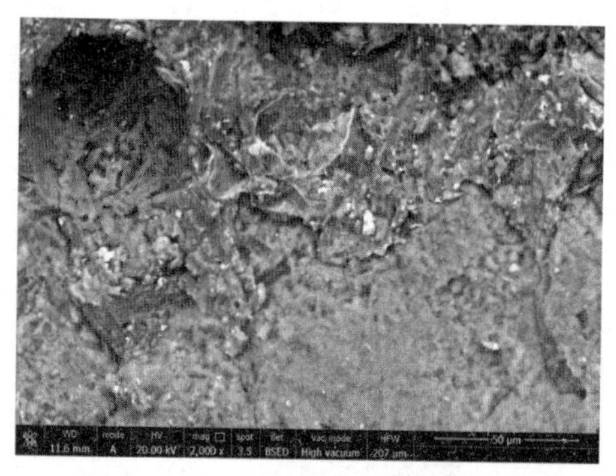

图 3.104　S0 组 3d SEM 照片 3

图 3.105　S3 组 3d SEM 照片 3

图 3.106　28d S0 组 SEM 照片

图 3.107　28d S1 组 SEM 照片

图 3.108　28d S3 组 SEM 照片

图 3.109　28d S5 组 SEM 照片

6. 混凝土早期抗压数学模型

本节拟对矿渣-胶粉浮石混凝土建立早期强度分析数学模型。对于混凝土早期抗压数学模型的建立，我国学者取得了较为丰富的成果。如我国建筑材料规范给出普通混凝土的早期抗压数学模型：

$$f_{\mathrm{cu},t}=f_{\mathrm{cu},28}\left[\frac{\ln t}{\ln 28}\right] \tag{3-14}$$

其中 t 为混凝土龄期。

学者朱伯芳[60]提出普通硅酸盐混凝土的早期抗压模型：

$$f_{\mathrm{cu},t}=f_{\mathrm{cu},28}\left[1+0.1727\ln\left(\frac{t}{28}\right)\right] \tag{3-15}$$

我国学者王海龙等[74]对再生粗骨料胶粉混凝土早期抗压模型做了更为深层次的研究，提出

$$f_{\mathrm{cu},t}=f_{\mathrm{cu},28}\left[1+0.1913\ln\left(\frac{t}{28}\right)\right] \tag{3-16}$$

其中 t 为龄期，并对在再生粗骨料混凝土中加入橡胶粉形成的橡胶粉混凝土的早期抗压强度做了全面的分析。本书讲解主要针对普通硅酸盐水泥胶粉混凝土，但对试验组 S1 进行计算分析，发现无论是公式（3-14）、公式（3-15）还是公式（3-16），其计算结果都偏小，且对浮石混凝土的早期抗压数学模型的研究甚少。因此，结合本试验采用普通硅酸盐水泥并加入橡胶粉的特点，对矿渣-胶粉浮石混凝土早期抗压强度也采用对数函数的方式进行拟合。拟合过程如下（以 S1 组为例）：将 S1 组各龄期强度用 MATLAB 进行对数拟合，拟合过程中设定 x 为某龄期与 28d 的比值即 $\frac{t}{28}$，设定 y 为某一龄期混凝土强度与 28d 混凝土强度的比值，即 $\frac{f_{\mathrm{cu},t}}{f_{\mathrm{cu},28}}$，最终得出

$$y=0.1512\ln(x)+1.0037 \tag{3-17}$$

其判定系数 R^2=0.9988，表明其有极好的拟合度。并将公式（3-17）变形为

$$f_{\mathrm{cu},t}=f_{\mathrm{cu},28}\left[1.0037+0.1512\ln\left(\frac{t}{28}\right)\right] \tag{3-18}$$

对 S0 组和 S2～S9 组的混凝土发育强度进行相同过程的拟合，并计算，发现当采用公式（3-19）

$$f_{cu,t} = f_{cu,28}\left[1+0.1441\ln\left(\frac{t}{28}\right)\right] \tag{3-19}$$

时所有组别混凝土发育强度拟合结果与试验真实值偏差结果见表 3.26。

表 3.26 各组别相对偏差计算表 单位：%

组别	龄期			
	3d	7d	14d	28d
S0	0.00	0.86	0.77	-
S1	2.00	1.00	-0.87	-
S2	1.00	-2.50	1.50	-
S3	0.81	2.10	2.50	-
S4	1.80	1.70	2.40	-
S5	1.30	2.50	-2.00	-
S6	1.80	1.20	-3.40	-
S7	-0.50	-1.30	1.50	-
S8	2.10	-1.80	-1.50	-
S9	1.00	-1.70	3.10	-

注 表中的相对偏差=(计算值－测试值)/测试值×100%

由表 3.26 可知计算值与测试值的相对偏差较小，故而公式（3-19）有较强的工程指导意义，因此建议矿渣-胶粉混凝土早期抗压强度按照公式（3-19）进行计算。

3.6.3 矿渣-胶粉浮石混凝土孔结构与强度的灰色关联度分析

除不同橡胶粉目数和掺量以及不同粒化高炉矿渣粉取代率对混凝土内部孔隙、气泡含量、气泡分布产生影响从而导致混凝土强度变化外，不同范围孔径对28d 抗压强度的影响也有所不同[75]，为细致地研究矿渣-浮石混凝土不同范围孔径含量与抗压强度之间的关系，将试验测试结果划分为 0～100μm、100～200μm、200～500μm、500～1000μm、1000～2000μm、2000～4000μm 6 个孔径范围以及其他气泡参数，见表 3.27，灰色关联分析是考察所研究系统各因素之间的几何接近，根据子序列与母序列的关联度来判断各自代表的因素之间的联系是否紧密，关联度越大表示曲线越接近，反映子序列与母序列的相关性越大，反之越小，正关联表示子序列对母序列起增强作用，负关联则表示起削弱作用。现在以不同配合比混凝土 28d 抗压强度为母序列，不同范围孔径和其他气泡参数为子序列，计算其关联度[76]，见表 3.28。

表 3.27 各组别测试结果

序列号	气泡参数					孔径分布/μm						28d
	1	2	3	4	5	6	7	8	9	10	11	12
S0	0.221	8.18	0.195	0.371	18.14	54.83	21.24	17.65	4.16	1.56	0.42	43.8
S1	0.202	6.80	0.216	0.336	19.78	60.29	20.70	13.86	2.90	1.81	0.38	38.3
S2	0.174	6.80	0.185	0.392	23.05	62.97	18.31	14.87	2.96	0.92	0.00	30.1
S3	0.188	5.35	0.226	0.285	21.30	56.97	21.15	16.81	4.07	1.00	0.00	18.3
S4	0.224	10.72	0.152	0.478	17.82	58.17	19.45	14.87	5.17	1.69	0.48	31.3
S5	0.202	6.89	0.213	0.341	19.76	58.47	20.59	14.75	3.88	1.96	0.23	23.0
S6	0.181	8.57	0.153	0.474	22.13	62.36	22.07	11.56	2.41	0.91	0.40	31.2
S7	0.180	6.20	0.202	0.345	22.24	62.84	17.89	13.73	4.64	0.91	0.00	29.5
S8	0.179	9.02	0.144	0.503	22.31	61.66	20.23	13.91	3.09	0.95	0.07	35.5
S9	0.164	7.01	0.169	0.429	24.45	64.32	19.62	13.07	2.39	0.4	0.12	25.9
	x_i											y_i

注 1 为平均半径；2 为孔隙度；3 为间距系数；4 为气泡频率；5 为比表面积；6 为 0～100；7 为 100～200；8 为 200～500；9 为 500～1000；10 为 1000～2000；11 为 2000～4000；12 为抗压强度。

由灰色关联理论计算结果（表 3.28）可以看出：矿渣-胶粉浮石混凝土的抗压强度与气泡参数的灰色关联度由大到小排序为：平均半径＞孔隙度＞间距系数＞气泡频率＞比表面积。而其与孔径分布之间的灰色关联度由大到小排序为：500～1000μm＞200～500μm＞1000～2000μm＞100～200μm＞2000～4000μm＞100～200μm。据此可知：气泡参数中，平均半径是影响矿渣-胶粉浮石混凝土的抗压强度的主要因素，优化气泡平均半径有利于混凝土强度的提高，孔径参数中，500～1000μm 的孔径是影响矿渣-胶粉浮石混凝土的抗压强度的主要因素，故混凝土内 500～1000μm 的孔径越多越有利于混凝土强度提升。

表 3.28 各序列与抗压强度的关联度计算结果

x_i	平均半径	孔隙度	间距系数	气泡频率	比表面积	0~100 μm	100~200 μm	200~500 μm	500~1000 μm	1000~2000 μm	2000~4000 μm
关联度	0.73234	0.64846	0.63689	0.54494	0.47876	0.507	0.62764	0.73888	0.74093	0.63892	0.58913

3.6.4 矿渣-胶粉浮石混凝土冻融循环的试验研究

本试验依据《普通混凝土长期性能和耐久性能试验方法标准》(GB/T 50082—2009)在清水溶液中进行“快冻法”。在冻融循环过程中，埋设温度传感器位置为防冻液中心与对角线的两段，温度传感器温度测定范围在-20～20℃。冻融循环次数为0、25、50、75、100、125、150、200、225、250、275、300次。然后利用电子秤和NELD-DTV型动弹模量测定仪进行质量称量和动弹模测试，且当矿渣-胶粉浮石混凝土相对动弹性模量下降至60%或者混凝土质量损失达到5%时，视为矿渣-胶粉浮石混凝土破坏，同时设定冻融循环次数达到300次时停止试验。对未冻融和冻融循环后的试件进行核磁共振测试，命名为WS0、WS1、WS2、WS3、WS4、WS5、WS6、WS7、WS8、WS9和DS0、DS1、DS2、DS3、DS4、DS5、DS6、DS7、DS8、DS9。将100mm×100mm×400mm混凝土试件取芯，取芯高度约为50mm，取芯直径为48.2mm，对混凝土芯进行核磁共振前，采用上海纽迈电子科技公司生产的真空饱和装置对试件进行饱和；用Mini MR-60型核磁共振成像分析系统对试件进行核磁共振弛豫测量。为避免测试过程中水分的蒸发对试验结果的影响，将样品从水中取出后，擦干表面水分，用保鲜膜包好后再做核磁共振测试。

1. 试验结果与分析

质量损失率可以反映冻融循环对矿渣-胶粉浮石混凝土表面破坏的情况。由图3.110(a)可知：S0组质量损失率始终为负，即质量始终增加，主要是由于在冻融作用下混凝土内部的微裂缝增加导致孔隙溶液增多所致[77]。S1、S2、S3、S4、S6、S7、S8组质量损失率呈现先下降后上升的趋势，这主要是由于矿渣-胶粉浮石混凝土孔隙度大，初期冻融循环较短，其形成的破坏拉应力小于混凝土本身的强度，反而随着温度的高低交替将孔隙内的空气排出，水溶液进入孔隙[78]，导致混凝土质量增加；后期遭到冻融破坏出现掉渣剥落现象从而质量降低；S5、S9组质量损失率始终为正，即质量始终减小，试验中发现S5、S9组表面前期就迅速剥落，出现掉渣等现象，其原因主要是橡胶粉是非亲水性材料，与水泥浆体黏结性较差，并且S5、S9组橡胶粉掺量最多，粒径小，总表面积大，形成了较多的“脆弱面”导致混凝土浆体较为松散，在冻融过程中极易受到损伤破坏而导致质量减小。

相对动弹性模量反映了矿渣-胶粉浮石混凝土在清水冻融循环作用下微裂缝开展导致内部损伤的状况[79]。由图3.111(a)可知，基准组S0在冻融50次前相对动弹性模量维持在相对平稳的阶段，这可能是由于浮石混凝土的孔隙度大，同时结合图 3.110（a）可知浸泡过程中饱水不足，在冻融过程中含冰量少其产生的冻胀应力小于混凝土强度，从而内部损伤较小；50 次后浮石混凝土内部含水饱和，冻胀应力大于混凝土强度，此时混凝土内部快速损伤，从而反映出相对动弹性模量急剧下降。由图 3.111（b）可知，并没有出现图 3.111（a）中的急剧下降段，其整体下降相对比较平缓，这是由于微裂纹中的橡胶粉缓冲了其中结冰过程中产生的冻胀应力，较好地“保护”了微裂纹。而在图 3.111（c）中，可以发现同为掺入 60 目的橡胶粉，S6 组可达到 300 次冻融循环，S5 组 150 次时即破坏，导致这种现象的原因可能是：

（1）粒化高炉矿渣粉的活性较水泥差，使得浆体的强度降低，粒化高炉矿渣粉取代率越大，强度也就越低，对 S5 来讲冻融前期冻胀应力已经超过混凝土的强度，从而内部损伤严重，弹性模量下降较快。

（2）适量的橡胶粉的“引气作用”类似于加入了引气剂，使得混凝土含气量增加，这有利于提升混凝土的抗冻性能，因此 S6 组较 S5 组抗冻性好。据此也很好地解释了图 3.111（d）中的抗冻性能 S9 好于 S8，S8 好于 S7 的现象。

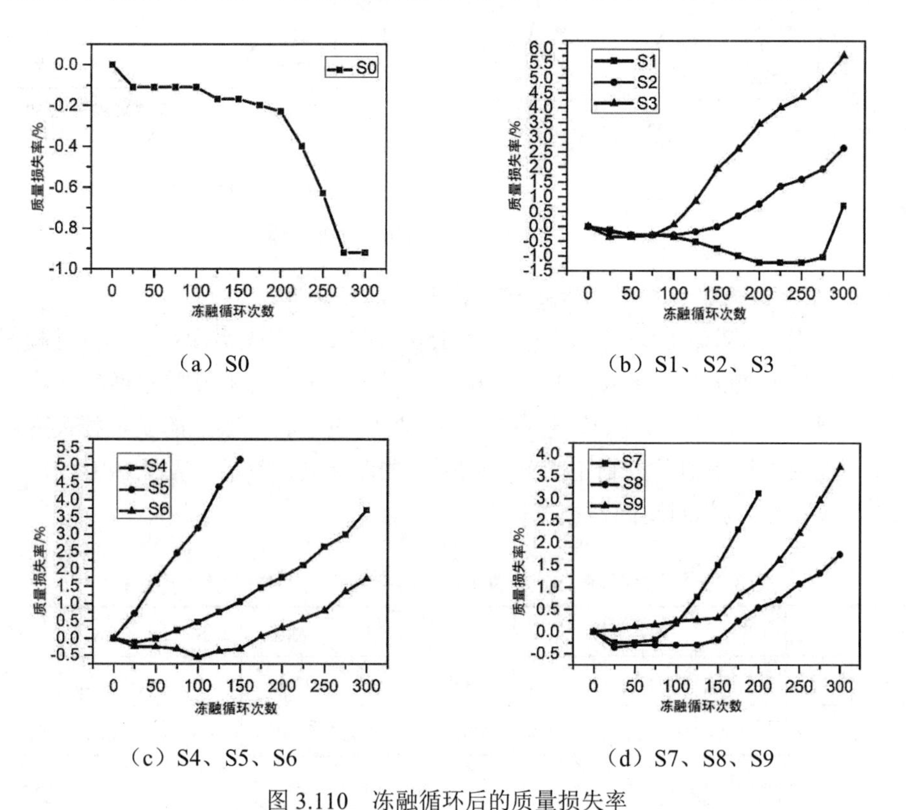

（a）S0

（b）S1、S2、S3

（c）S4、S5、S6

（d）S7、S8、S9

图 3.110　冻融循环后的质量损失率

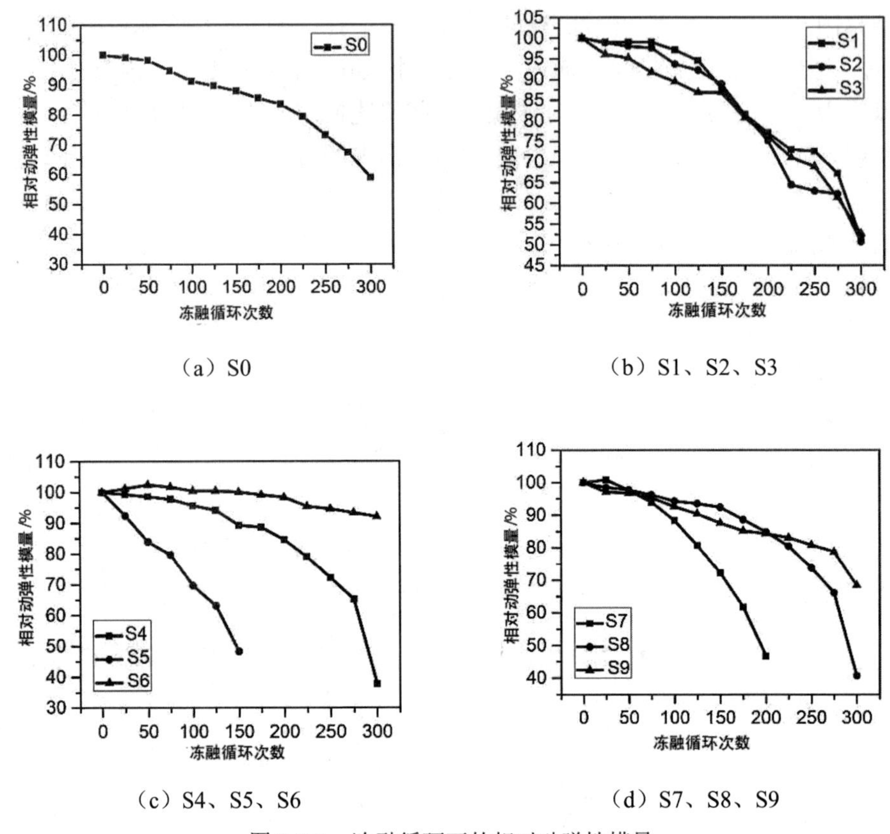

（a）S0

（b）S1、S2、S3

（c）S4、S5、S6

（d）S7、S8、S9

图 3.111 冻融循环下的相对动弹性模量

2. 质量损失率和相对动弹性模量损失率正交分析

本节根据正交试验理论对冻融循环 150 次的质量损失率和相对动弹性模量进行正交分析，测试数据见表 3.29。根据正交理论，分别计算橡胶粉粒径（*A*）、橡胶粉掺量（*B*）和矿渣粉取代量（*C*）对矿渣-胶粉浮石混凝土的质量损失率和相对动弹性模量极差值并绘制正交分析点图，如图 3.112 所示。表 3.29 中 *Mk* 为质量损失率，*Dk* 为相对动弹性模量。

表 3.29 冻融循环 150 次的质量损失率和相对动弹性模量损失率

指标	S0	S1	S2	S3	S4	S5	S6	S7	S8	S9
Mk	0.17%	0.75%	0.00%	-1.94%	-1.06%	-5.16%	0.31%	-1.50%	0.18%	-0.31%
Dk	0.91%	12.10%	11.11%	13.16%	10.68%	51.69%	0.00%	27.82%	7.60%	12.45%

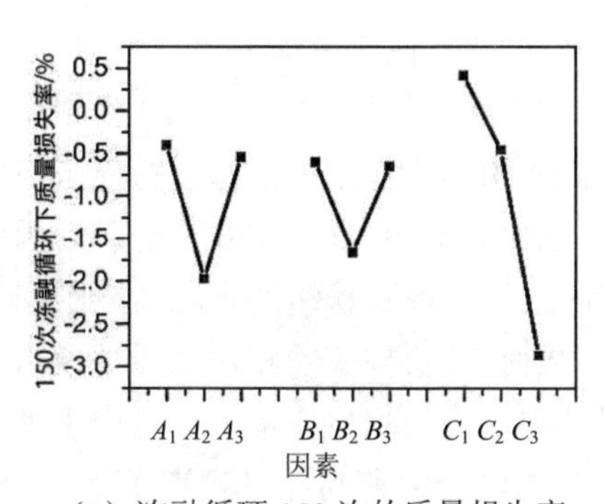

(a) 冻融循环 150 次的质量损失率

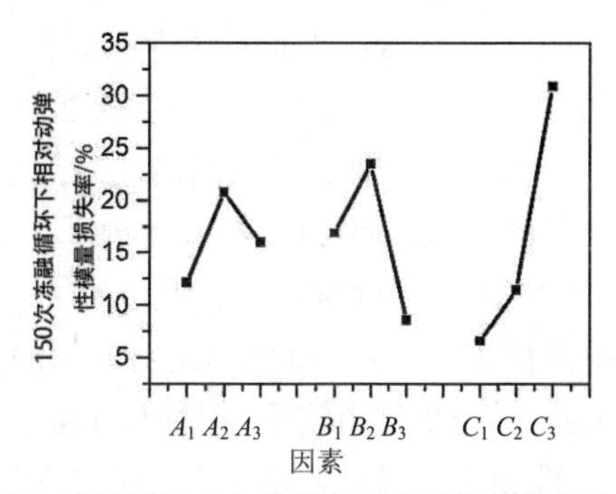

(b) 冻融循环 150 次的相对动弹性模量损失率

图 3.112　冻融循环 150 次正交分析点图

图 3.112（a）显示了冻融循环 150 次的质量损失率，从图中容易看出：

（1）粒化高炉矿渣粉的取代率、橡胶粉粒径和橡胶粉掺量对结果产生的极差依次减小，故而影响矿渣-胶粉浮石混凝土 150 次冻融循环质量损失率的主次顺序是粒化高炉矿渣粉的取代率>橡胶粉粒径>橡胶粉掺量。

（2）由图 3.112（a）中的 A 因素图形可知，橡胶粉为 60 目时的混凝土相较于 20 目和 120 目时，矿渣-胶粉浮石混凝土质量增加更多，这是由于 60 目矿渣-胶粉浮石混凝土强度低、“微裂纹”多，温度的交替使得“微裂纹”空气排出水溶液进入，导致混凝土质量增加。

（3）由图 3.112（a）中的 B 因素图形可知，掺入 5%橡胶粉的混凝土质量增加较掺入 2%和 8%组别的混凝土质量增加更多，且质量增加均大于未掺入橡胶粉的混凝土。这是由于橡胶粉的非亲水性导致其与水泥浆体并不能很好地黏结反而产生了“微裂纹”，冻融前期，孔溶液少结冰产生的冻胀应力小于混凝土本身的强度，但冻胀应力的作用使得橡胶粉与浆体连接的“胶粉水泥纤维”断裂，且反复的作用力使得“微裂纹”扩大，进而水溶液进入孔中，使得混凝土质量增加；同时，浸水饱和时由于胶粉水泥耦合联体与浮石围堵的气泡并未被水充斥，冻融过程中由于上述作用使得气泡被打开并被水充斥，导致质量增加。因此加入橡胶粉的质量增加较未加入橡胶粉的质量增加要大。而掺入 8%橡胶粉的混凝土质量增加并未按照橡胶粉掺量为 0%、2%、5%增加趋势增加，而是增加趋势变缓，这是由于随着掺量的增加，混凝土“微裂纹”增多，在浸水饱和时就基本达到饱和状态，并由于冻融循环作用导致外部损伤逐渐增大，表面混凝土脱落，质量减小。由图 3.112（a）中的 C 因素图形可知，随着粒化高炉矿渣粉的增加，混凝土的质量损失率越来越小，说明粒化高炉矿渣粉的加入产生了更多的“微裂纹”，进而导致混凝土质量增加。

图 3.112（b）显示了冻融循环 150 次的相对动弹性模量损失率，由图 3.112（b）中的 *A* 因素图形可知，加入 20 目橡胶粉的混凝土损伤最小，120 目损伤次之，60 目损伤最大。其原因可能为：橡胶粉的“引气”作用使得橡胶粉周围产生了较多的气泡，而 20 目橡胶粉周围形成的气泡相对于 60 目和 120 目橡胶粉周围形成的气泡，个数少，橡胶粉占比大。在结冰过程中橡胶粉缓冲了冰体膨胀产生的冻胀应力，减小了冻胀作用对内部的损伤，故而 20 目橡胶粉相对动弹性模量损失率最小。60 目相较于 20 目和 120 目相对动弹性模量损失率最大，是由于掺入 60 目橡胶粉的混凝土强度低，冻融前期冻胀应力已经达到或者超越其强度，其内部气孔迅速发育扩大，因此掺入 60 目橡胶粉的混凝土相对动弹性模量损失率最大。由图 3.112（b）中的 *B* 因素图形可知，加入 8%橡胶粉的混凝土相对动弹性模量损失率最小，加入 5%橡胶粉的混凝土相对动弹性模量损失率最大。这可能是由于掺入 8%橡胶粉的混凝土内部形成的小孔隙占比多，形成的冻胀应力小，橡胶粉可以较完全地抵抗冻胀产生的应力，从而极大地保护了“微裂纹”。由图 3.112（b）中的 *C* 因素图形可知，随着粒化高炉矿渣粉掺量的增加，相对动弹性模量损失率越来越大，即内部损伤也越来越大。这是由于粒化高炉矿渣粉在非碱性条件下活性低于水泥，其掺量越大水泥石强度降低越明显，结构越松散，“微裂纹”越多，在结冰冻胀应力的作用下，内部损伤越大。

综合图 3.112（a）和（b）易得，加入橡胶粉和粒化高炉矿渣粉的混凝土冻融循环次数增多，掺入适量的橡胶粉使得内部损伤下降缓慢，明显提高了抗冻融循环能力；粒化高炉矿渣粉在非碱性条件下活性低于水泥，使得结构越松散，“微裂纹”越多，不利于抵抗冻融破坏。

3. 冻融损伤机理分析及模型

作为评价浮石混凝土耐久性之一的抗冻性能，国内外对其做出了大量的研究，也得出了较多的经典理论与模型，但是却没有完全统一、一致的机理，这更加说明了混凝土抗冻性能研究的复杂性，因此抗冻机理和模型是我们应该努力研究的方向。

采用核磁共振的技术手段测试分析试验中混凝土在冻融循环作用后内部孔隙的发育情况。核磁共振是通过测试接收液态水中的氢质子信号来反映信号强度的[80]，对于多孔质材料[81]，主要考虑横向弛豫时间 T_2。对于混凝土来讲，孔径越大，弛豫时间 T_2 越长，孔径越小，弛豫时间 T_2 越短，峰的位置与孔径大小有关，峰面积与对应孔径多少有关[82]。本节选取基准组 S0、抗冻性能最好的 S6 组和 S9 组进行分析。XRD 分析中采用基准组 S0 和 S3 组进行分析（S0～S9 中试验结果与 S3 相一致，为避免阐述赘余，随机采用 S3 进行分析）。

图 3.113 为 S0、S6、S9 组冻融之前核磁共振 T_2 谱分布曲线，冻融前的矿渣-胶粉浮石混凝土核磁共振 T_2 谱表现为 3 个峰，并且这 3 个峰的信号强度存在较大差异，说明橡胶粉和粒化高炉矿渣粉的加入对浮石混凝土孔隙结构产生了一定的影响，S6 和 S9 峰值对应弛豫时间整体较 S0 右移变大，并根据核磁共振原理，孔径大，弛豫时间长，且 S6 组和 S9 组第一个峰对应弛豫时间 T_2 基本一致，这是由于矿渣粉的加入导致浆体微小裂纹增加的缘故，且矿渣粉加入得越多，微小裂纹增加得越多，因此 S9 组的第一个峰值较 S6 组大，且 S6 和 S9 的第一个峰较 S0 靠右；同时由图 3.113 和表 3.30 可知，S9 组的第三个峰峰值和面积比例最小，这可能是由于橡胶粉进入天然浮石中[83]导致浮石的孔变小，橡胶粉掺量越多，粒径越小，越容易进入浮石，大孔径孔也就越少，大孔径峰面积越小。学者王萧萧指出天然浮石混凝土大孔隙优先冻结[82]，大孔内水结冰形成冻胀应力并随着冻融循环作用对混凝土产生损伤，据此 S6、S9 组大孔径的减小有利于保护混凝土，这也合理地解释了这两组混凝土动弹性模量降低较 S0 趋势缓和的现象。

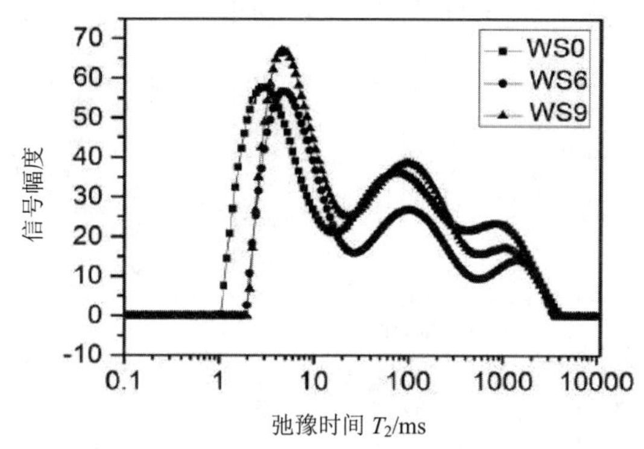

图 3.113 冻融之前核磁共振 T_2 谱分布曲线

表 3.30 冻融之前谱面积比例

组别	第一个峰面积	第二个峰面积	第三个峰面积
S0	44.982	39.245	15.763
S6	55.022	33.977	11.001
S9	47.755	42.109	10.137

经过真空饱和后的浮石混凝土内部大部分被水占据，且其内部自由水存在于浮石孔和裂缝之中，束缚水存在于毛细孔之中，冻融循环过程中由于冻胀应力的反复作用使得混凝土内部损伤，并由图 3.114 可知，冻融循环前后的弛豫时间分布曲线都表现为三个峰，冻融循环后的曲线较冻融之后的曲线向右移动，根据核

磁共振原理，即向大孔径方向偏移，第三个峰面积较冻融前明显增大，说明冻融循环使浮石混凝土内部孔隙发育导致损伤，从而导致混凝土弹性模量的降低。

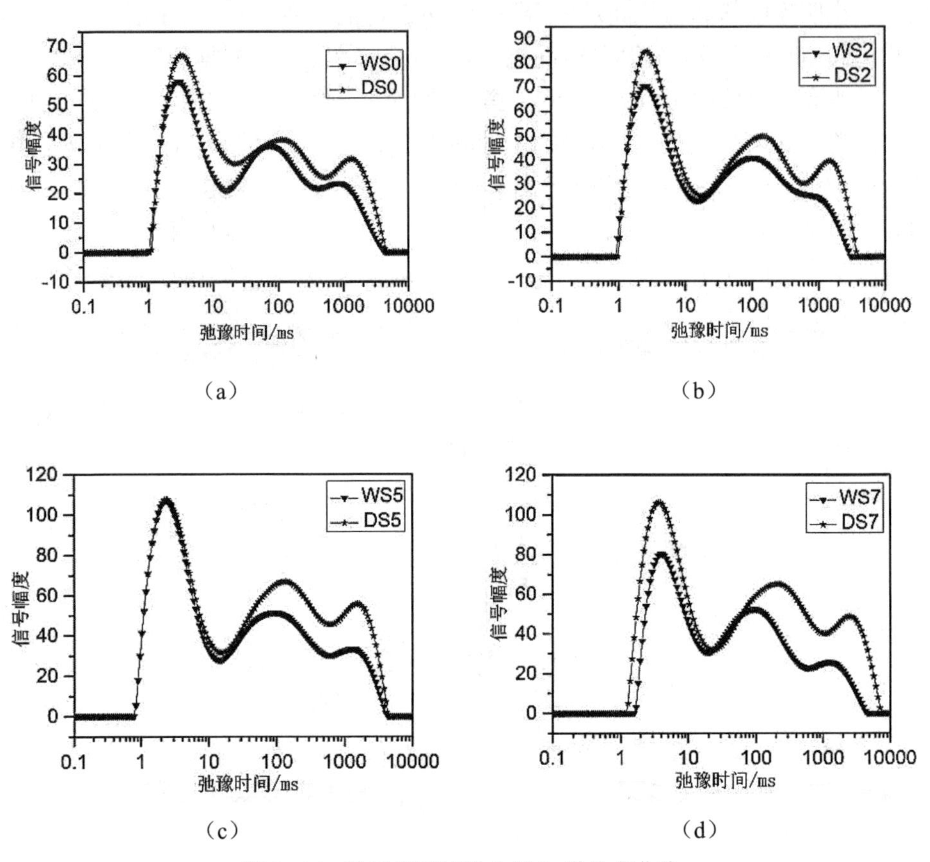

图 3.114 冻融前后核磁共振 T_2 谱分布曲线

图 3.115 为冻融前后的 XRD 物相分析曲线，图 3.116 为基准组 S0 和实验组冻融前后的 SEM 照片。可以看出，冻融循环试验前后均有针棒状物质和片状物质存在，且经过冻融循环前后 XRD 物相分析对比可知，冻融后单硫型水化硫铝酸钙特征峰与标准卡对比较冻融之前不明显，而冻融后试验中钙矾石特征峰与标准卡对比较冻融前明显，即钙矾石含量增加，单硫型水化硅酸钙减少，而钙矾石是一种体积膨胀又难溶的络合物[84]，富集在微裂纹和孔洞中，使混凝土结构致密，这有效地缓解混凝土在冻融过程中孔隙被冰晶体填充产生的冻胀作用力导致的冻融损伤，表现为 S6、S9 组动弹性模量下降较 S0 缓慢。

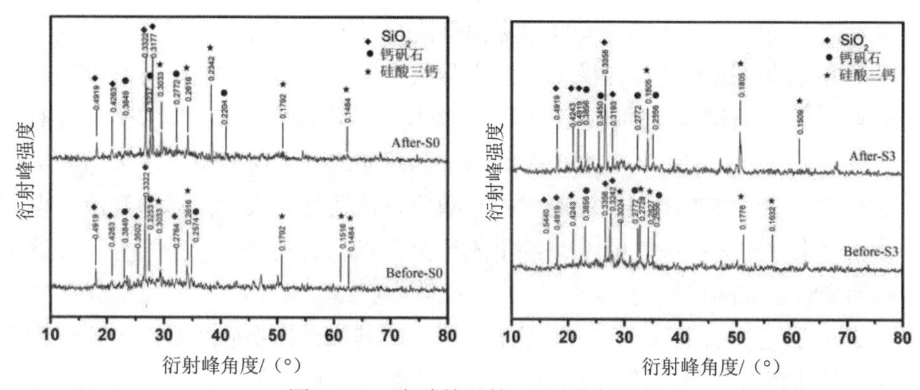

图 3.115　冻融前后的 XRD 物相分析

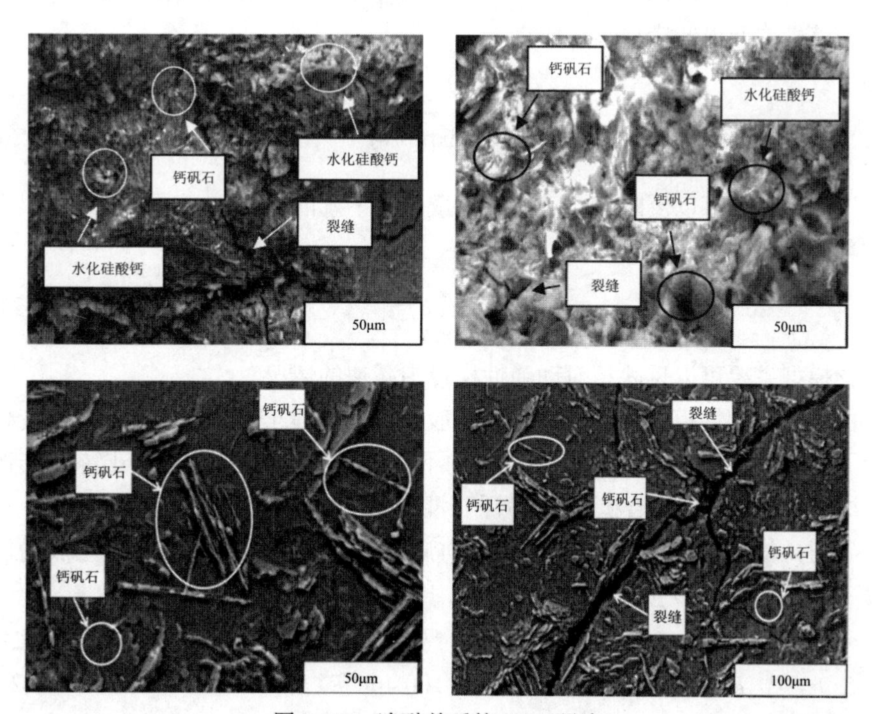

图 3.116　冻融前后的 SEM 照片

4. 冻融损伤模型及寿命预测

目前对于冻融损伤模型，损伤指标主要有：质量损失率指标、强度损失率指标、超声波和共振频率指标、相对动弹性模量指标等。浮石混凝土的冻融破坏是由其内部的微小损伤在冻融循环过程中逐步积累导致材料性能劣化所致的破坏，其过程可表示为：无损伤→微裂缝→宏观裂缝→基体破坏[85]，而对于矿渣-胶粉浮石混凝土，在此过程中，出现材料吸水导致材料质量增加的现象，质量损失指标模型偏差较大。而相对动弹性模量指标模型既可以反映混凝土内部的损伤程度，也可以很方便地测试出动弹性模量，但实际服役的混凝土动弹性模量难以测试。由于矿渣-胶粉浮石混凝土的冻融过程是一个复杂的物理变化和化学变化，混凝土内部环境处于一个多因素、多水平的状态，为建立冻融损伤模型，本节用未经冻融的 S0、S2、S5、S7 组别的混凝土的孔隙度、渗透率、束缚流体饱和度、自由流体饱和度来评定其抗冻性能[86]，综上本节分别以相对动弹性模量指标和核磁数据指标为变量建立损伤模型。

由矿渣-胶粉浮石混凝土冻融损伤机理可知，其冻融损伤破坏是一个连续积累的过程，又知相对动弹性模量是表征混凝土冻融损伤程度的一种良好方式，据此本节根据相对动弹性模量拟建立出矿渣-胶粉浮石混凝土冻融损伤模型，针对相对动弹性模量冻融损伤模型，主要有：

指数模型

$$Y=\frac{E_n}{E_0}a=\exp(bN) \tag{3-20}$$

该模型主要可以反映相对动弹性模量匀速下降的情况。

幂函数模型

$$Y=\frac{E_n}{E_0}=ab^N \tag{3-21}$$

该模型主要可以反映相对动弹性模量匀减速的情况。

由相对动弹性模量图形可知，矿渣-胶粉浮石混凝土相对动弹性模量的变化呈现出了匀加速的过程，以上两种模型均不符合矿渣-胶粉浮石混凝土冻融损伤规律。综上所述，建立符合矿渣-胶粉浮石混凝土的相对动弹性模量衰减模型，用二次函数对矿渣-胶粉浮石混凝土的相对动弹性模量进行拟合，建立矿渣-胶粉浮石混凝土冻融损伤模型 $E=aN^2+bN+c$，其中 a、b、c 是参数。

S0 $$E=-0.0004N^2-0.0159N+99.074,\ R^2=0.9837 \tag{3-22}$$

S1 $$E=-0.0005N^2-0.003N+100.46,\ R^2=0.9693 \tag{3-23}$$

S2 $$E=-0.0005N^2-0.0267N+100.79,\ R^2=0.9764 \tag{3-24}$$

S3 $$E=-0.0004N^2-0.0371N+98.053,\ R^2=0.9894 \tag{3-25}$$

S4 $$E=-0.0009N^2+0.1101N+96.524,\ R^2=0.9386 \tag{3-26}$$

S5 $$E=-0.0007N^2-0.2175N+98.876,\ R^2=0.9901 \tag{3-27}$$

S6 $$E=-0.0002N^2+0.0187N+100.79,\ R^2=0.9663 \tag{3-28}$$

S7 $$E=-0.0015N^2+0.0299N+100.19,\ R^2=0.9989 \tag{3-29}$$

S8 $$E=-0.0009N^2+0.1104N+95.776,\ R^2=0.9342 \tag{3-30}$$

S9 $$E=-0.0001N^2-0.047N+99.106,\ R^2=0.9583 \quad (3\text{-}31)$$

式中：S0～S9 分别代表 S0～S9 组的矿渣-胶粉浮石混凝土；E 为矿渣-胶粉浮石混凝土的相对动弹性模量；N 为矿渣-胶粉浮石混凝土的冻融循环次数；R^2 为函数相关系数的平方，其值越大表示数学模型拟合越好，反之变差。根据拟合 R^2 可知二次函数与试验结果吻合程度较好，可以作为矿渣-胶粉浮石混凝土的相对动弹性模量冻融损伤模型。

学者李金玉提出抗冻循环次数与服役寿命之间的预测关系，如公式（3-32）所示：

$$t=\frac{kN}{M} \quad (3\text{-}32)$$

学者麻海舰[87]通过大量的数据模拟得出室内外冻融循环次数转化系数 k，董伟等[88]指出实验室快速冻融系数 k 一般取值为 1:8～1:7，本书取 1:7，也就是快速冻融试验冻融 1 次相当于大自然冻融 7 次，公式（3-32）中 M 为大自然环境下混凝土一年冻融循环的次数，在我国西部地区 M 一般取值为 84 次，根据公式（3-22）～公式（3-31）建立的矿渣-胶粉浮石混凝土相对动弹性模量计算各组的最大循环次数，见表 3.31（计算最大循环次数时，以达到混凝土相对动弹性模量 60%为破坏标志），并通过公式 3-32 预测矿渣-胶粉浮石混凝土的服役寿命，见表 3.32。

表 3.31 矿渣-胶粉浮石混凝土的最大循环次数

组别	S0	S1	S2	S3	S4	S5	S6	S7	S8	S9
循环次数	293	281	260	265	271	126	500	173	269	433

表 3.32 矿渣-胶粉浮石混凝土的冻融使用寿命

组别	S0	S1	S2	S3	S4	S5	S6	S7	S8	S9
寿命	24	23	22	22	23	11	42	14	22	36

3.6.5 结论

（1）粒化高炉矿渣粉的活性低于水泥的活性，掺入粒化高炉矿渣粉越多导致真实“水灰比”越大，混凝土强度发育速率越低，混凝土强度越小。橡胶粉的掺入使得浮石混凝土形成较多的“微小裂缝”，从而导致混凝土强度下降。同时工程实际中橡胶粉掺量建议小于 5%，不易采用 60 目橡胶粉。橡胶粉的掺入可以提高浮石混凝土的塑性性能。

（2）水养条件下，矿渣-胶粉浮石混凝土早期抗压强度计算建议采用公式

$$f_{\mathrm{cu},t}=f_{\mathrm{cu},28}\left[1+0.1441\ln\left(\frac{t}{28}\right)\right]$$

进行计算。

（3）气泡参数中，平均半径是影响矿渣-胶粉浮石混凝土抗压强度的主要因素；孔径参数中，500～1000μm 的孔径是影响矿渣-胶粉浮石混凝土抗压强度的主要因素，混凝土内 500～1000μm 的孔径越多越有利于混凝土强度提升。

（4）橡胶粉掺量过多，粒径小，总表面积大，形成了较多的“脆弱面”导致混凝土浆体较为松散，在冻融过程中极易受到损伤破坏而导致质量减小。

（5）粒化高炉矿渣粉在非碱性条件下活性低于水泥，其掺量越大水泥石强度降低越明显，结构越松散，“微裂纹”越多，随着粒化高炉矿渣粉掺量的增加，相对动弹性模量损失率越来越大，在结冰冻胀应力的作用下，内部损伤越大。

（6）钙矾石的生成可以使混凝土结构致密，这有效地缓解混凝土在冻融过程中孔隙被冰晶体填充产生的冻胀作用力导致的冻融损伤。

（7）质量损失率不适合做矿渣-胶粉浮石混凝土的抗冻耐久性指标，相对动弹性模量可以很好地评定矿渣-胶粉浮石混凝土的抗冻性能。

（8）通过浮石混凝土的损伤机理分析，建立了矿渣-胶粉浮石混凝土的二次函数相对动弹性模量的冻融损伤模型，为其在寒区应用提供了理论试验依据。

3.7 矿渣-胶粉浮石混凝土力学及耐久性能研究

目前将橡胶粉、浮石和矿渣粉分别作为混凝土单一掺合料配制出如胶粉混凝土等不同性能的混凝土，并对其力学性能、耐久性能进行了研究。但将三者按照一定配比制成矿渣-胶粉浮石混凝土，同时结合微观孔隙变化等手段对其力学性能和耐久性能方面的研究还较少，因此本节对矿渣-胶粉浮石混凝土的力学性能、抗冻性能和抗盐冻性能进行研究，借助气泡间距分析仪、环境扫描电子显微镜、核磁共振仪、能谱分析仪等微观方式，分析混凝土力学性能和耐久性能的宏观表现与微观变化之间的联系。

3.7.1 试验概况

1. 试验材料

水泥：冀东 P·O42.5 普通硅酸盐水泥。粉煤灰：内蒙古呼和浩特金桥热电厂Ⅱ级粉煤灰。矿粉：S95 级矿粉。粗骨料：内蒙古地区浮石，表观密度为 1590kg/m^3，堆积密度为 700kg/m^3，1h 吸水率为 16.44%（质量分数）。细骨料：天然河砂，最大粒径为 5mm，连续级配，细度模数为 2.56，含泥量为 1.98%，表观密度为 2630kg/m^3，堆积密度为 1510kg/m^3，含水率为 1.3%。外加剂：萘系高效减水剂，黄褐色粉末，易溶于水，掺量为 1%，减水率为 20%。拌合用水：普通自来水。橡胶粉：天津市某橡胶材料厂生产的粒径为 20 目的废旧轮胎橡胶粉。

2. 试验设计

试验采用 LC40 强度等级胶粉浮石混凝土作为基准混凝土，矿粉替代水泥的质量分数分别为 0%、5%、10%、15%、20%、25%、30%（对应试件标号分别为 B-0、B-5、B-10、B-15、B-20、B-25、B-30），其配合比见表 3.33。利用 WHY-3000 微机控制压力试验机测试不同组别的混凝土的力学性能，结合环境扫描电子显微镜进行微观结构分析，并利用 MesoMR-60 型核磁共振仪和 RapidAir 475 气泡间距仪进行孔隙结构分析；选取 100mm×100mm×400mm 混凝土试件进行快速冻融循环试验，对冻融前试件和结束冻融循环后试件进行钻芯取样后，采用 MesoMR-60 型核磁共振（NMR）分析系统测定孔隙特征。

表 3.33 矿渣-胶粉浮石混凝土配合比设计

组别	水泥/（kg/m^3）	矿粉/（kg/m^3）	浮石/（kg/m^3）	砂/（kg/m^3）	胶粉/（kg/m^3）	水/（kg/m^3）	减水剂/%
B-0	370.0	0.0	570	720	11.1	160	3.7
B-5	346.5	23.5	570	720	11.1	160	3.7
B-10	323.0	47.0	570	720	11.1	160	3.7
B-15	299.5	70.5	570	720	11.1	160	3.7
B-20	276.0	94.0	570	720	11.1	160	3.7
B-25	252.5	117.5	570	720	11.1	160	3.7
B-30	229.0	141.0	570	720	11.1	160	3.7

3.7.2 矿渣-胶粉浮石混凝土的力学性能试验研究

1. 混凝土立方体抗压强度试验结果与分析

将试件在标准条件下养护，按照《普通混凝土力学性能试验方法标准》（GB/T 50081—2002）规范，在龄期 3d、7d、14d、21d、28d 时，对矿渣-胶粉浮石混凝土试件进行立方体抗压强度试验。

图 3.117 为不同矿粉掺量下矿渣-胶粉浮石混凝土立方体抗压强度与龄期的关系曲线，从图 3.117 可知，随着养护龄期的增加，矿渣-胶粉浮石混凝土的抗压强度呈增长趋势；掺入一定量的矿粉可以提高矿渣-胶粉浮石混凝土的抗压强度，矿粉掺量低于 15%的矿渣-胶粉浮石混凝土保持着较好的抗压强度，但相较于未掺矿

粉的基准组，28d 抗压强度基本持平或小幅增长，这是由于水泥熟料首先水化形成一定量的 $Ca(OH)_2$，在碱性条件下，矿粉活性被激发参与二次水化反应，在此过程中稳定性较差的氢氧化钙被大量吸收，生成更稳定的 C-S-H 等水化产物[89]，使水泥与骨料界面黏结加强，进一步填充了混凝土内部的孔隙，使得密实度增大，强度增大，力学性能有所增强。但当矿粉掺入量高于 15%时，随着矿粉掺入量的增加，抗压强度会有一定程度的降低，其原因可能是由于过多矿粉替代了水泥用量，水泥含量相对减少，导致为矿渣-胶粉浮石混凝土提供主要强度的 C-S-H 减少，所以矿粉掺量超过 15%抗压强度逐渐降低。

图 3.118 为不同矿粉掺量与矿渣-胶粉浮石混凝土抗压强度的关系曲线。从图 3.118 可知，在 7d 前矿渣-胶粉浮石混凝土的立方体抗压强度均小于基准组抗压强度，其原因在于矿粉的掺入使得水泥的相对含量减少，进而减缓了水化反应的进行，导致水泥的早期水化产物减少，前期参与水化的主要是水泥，从而 7d 前的抗压强度较基准组有较大幅度的降低，矿渣-胶粉浮石混凝土 14d 之后的抗压强度快速增加，其原因在于随着水泥水化的进行，生成的 $Ca(OH)_2$ 可激发矿粉的潜在活性进行二次水化反应，从而消耗了 $Ca(OH)_2$ 生成了 C-S-H 凝胶等水化产物，对界面过渡区起到了增强作用，同时降低了孔隙度，优化了孔级配，从而使得抗压强度快速增加。

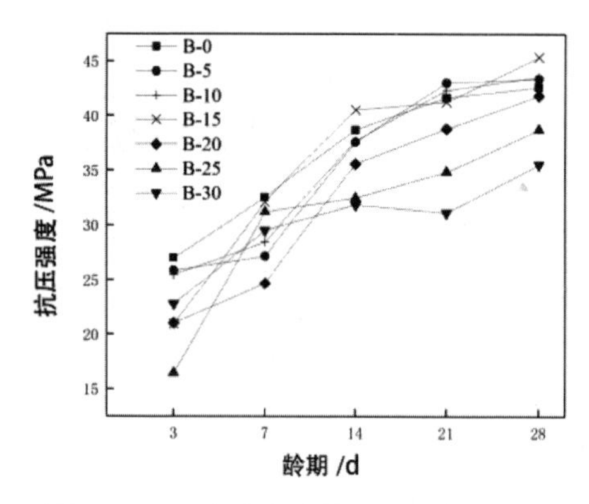

图 3.117 混凝土立方体抗压强度与龄期的关系曲线

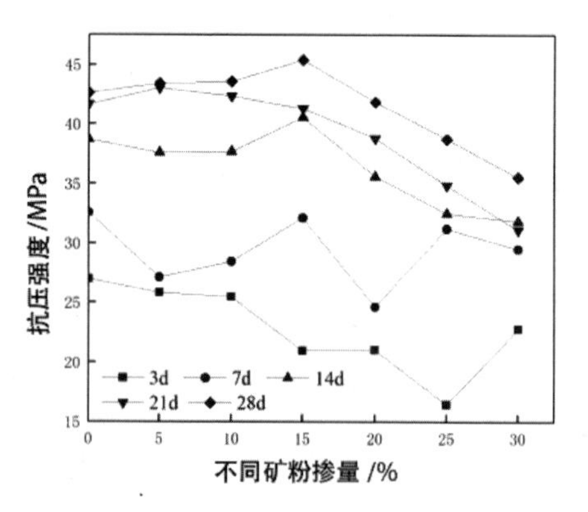

图 3.118 不同矿粉掺量与混凝土抗压强度的关系曲线

2. 核磁共振孔隙分析

横向弛豫时间 T_2 值越小，代表的孔隙越小，孔隙越大，T_2 值越大，所以 T_2 分布反映了孔隙的分布情况，峰的位置与孔径大小有关，峰的面积大小与对应孔径的多少有关。孔隙会直接影响混凝土的宏观物理力学性能，本节选取养护至 28d

的矿渣-胶粉浮石混凝土 B-0、B-10、B-15、B-20、B-30 组试件，通过核磁共振数据来进行对比分析，研究不同矿粉掺量下矿渣-胶粉浮石混凝土孔隙变化，进一步解释孔隙变化对宏观力学性能的影响。

（1）核磁共振 T_2 谱分布。不同矿粉掺量下矿渣-胶粉浮石混凝土的 T_2 谱、孔隙度和渗透率变化如图 3.119 和图 3.120 所示。

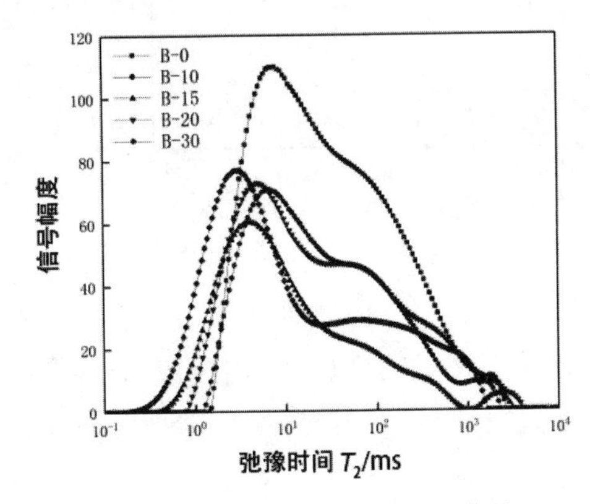

图 3.119 核磁共振 T_2 谱分布曲线

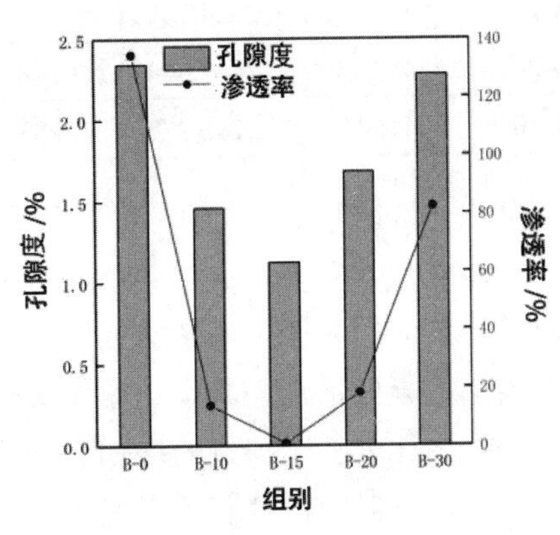

图 3.120 孔隙度和渗透率变化

从图 3.119 可知各组的峰的形状基本一致，与基准组 B-0 相比，掺入矿粉使得峰面积减小，而且峰位置也出现了左移，说明矿粉的掺入使得矿渣-胶粉浮石混凝土内部的孔隙明显细化，图 3.120 中掺入矿粉组孔隙度分别较基准组降低了 37.6%、51.9%、28.2%、2.7%，渗透率降低了 89.7%、99.3%、86.5%、38.8%，当矿粉掺量小于 15%时，孔隙度和渗透率随着矿粉掺量的增加而降低，当矿粉掺量大于 15%时，孔隙度和渗透率随着矿粉掺量的增加而增加，因此可以解释矿粉掺量小于 15%时，矿渣-胶粉浮石混凝土表现出较好的力学性能，当掺量超过 15%时，矿渣-胶粉浮石混凝土的力学性能随着掺量的增加而下降的现象。

（2）核磁共振谱面积分析。由图 3.119 可知 T_2 谱分为 3 个特征峰，从左至右依次为第一特征峰、第二特征峰、第三特征峰。核磁共振弛豫时间谱积分面积的大小与混凝土中所含流体的多少成正比，总 T_2 谱面积可以视为核磁共振孔隙度，它等于或略小于混凝土的有效孔隙度。因此 T_2 谱分布积分面积的变化可以反映混凝土孔隙体积的变化。表 3.34 为 5 个试验组的核磁共振 T_2 谱面积和各特征峰所占比例值。

表 3.34 核磁共振谱面积

组别	谱面积	第一峰		第二峰		第三峰	
		面积	占比/%	面积	占比/%	面积	占比/%
B-0	6493.851	6433.941	99.077	59.910	0.923	—	—
B-10	4013.325	3903.567	97.265	70.272	1.751	39.486	0.984
B-15	2948.322	2904.169	98.502	44.153	1.498	—	—
B-20	4501.329	2662.444	59.148	1838.885	40.852	—	—
B-30	4160.740	2786.972	66.983	1373.767	33.017	—	—

从表 3.34 可知基准组谱面积最大，且第一峰占比最多，说明矿渣-胶粉浮石混凝土中小尺寸孔隙占大多数，当掺入一定量的矿粉后，谱面积先减小后增大，同时第一类峰面积会随着掺量的增加而呈现减小趋势，但在各组内第一类峰所占比例会随掺量的增加而减小；第二类峰面积会随掺量的增加而增大，但在各组内第二类峰占比会随着掺量的增加而增大，通过对比可知矿粉掺量为 15%时谱面积达到最小，同时第一峰和第二峰占比达到最优，说明在掺入一定量的矿粉后，可以优化孔隙结构，且掺量在 15%以内，尺寸较小的孔隙可以得到很好的填充，同时尺寸较大的孔隙不会有较大扩张，使得矿渣-胶粉浮石混凝土宏观力学性能随着掺量的增加而提高，但掺量超过 15%时，由于水泥的相对含量降低，骨料得不到良好的包裹，使得矿渣-胶粉浮石混凝土内部较大尺寸的孔隙增多，进一步导致宏观力学性能随着掺量的增加而下降。

（3）环境扫描电镜分析。对矿渣-胶粉浮石混凝土试件进行 28d 龄期的环境扫描电镜试验，选取 B-0、B-10、B-15、B-20、B-30 组的试验数据来进行分析，结果如图 3.121 所示，研究微观结构变化与矿渣-胶粉浮石混凝土宏观力学性能之间的联系。

从图 3.121（a）和（f）可知 B-0 组试件的水化产物 C-S-H 呈现明显的纤维状或网状，同时在 C-S-H 凝胶中有可以明显地观察到呈六角薄板层状的 $Ca(OH)_2$，其特征是凡露出的角必然是 120°，从图中可知试件中有较多的孔隙未得到很好的填充，结构较松散，但未见裂缝。

从图 3.121（b）可知 B-10 组试件的孔隙较少，可以看到层状结构的水化产物且未见 $Ca(OH)_2$，结构较为密实，无明显裂缝，同时可以看到界面过渡区明显改善，说明孔隙被水化产物有效填充，而且矿粉参与了二次水化，使得 $Ca(OH)_2$ 被有效地消耗生成了更稳定的 C-S-H 凝胶等水化产物，对界面过渡区起到了增强作用。

从图 3.121（c）可知 B-15 组试件结构更加致密，可以看到尺寸近乎相等的球状颗粒，也有扁平碟状的 C-S-H 凝胶，未见明显裂缝。

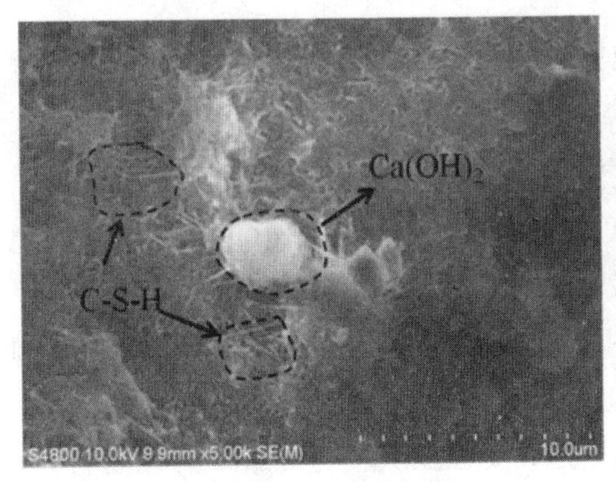

（a）B-0-28d 电镜照片

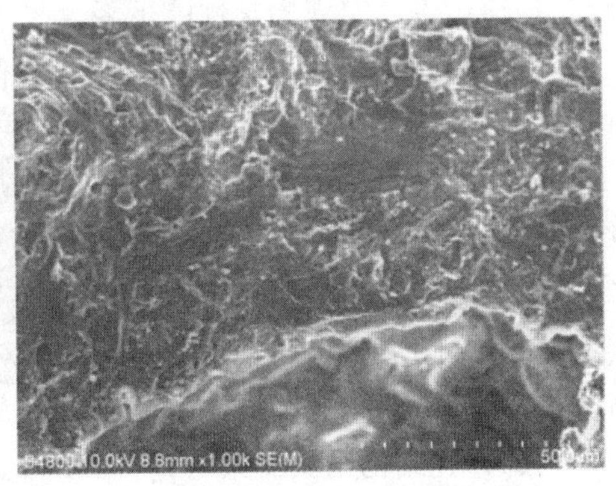

（b）B-10-28d 电镜照片

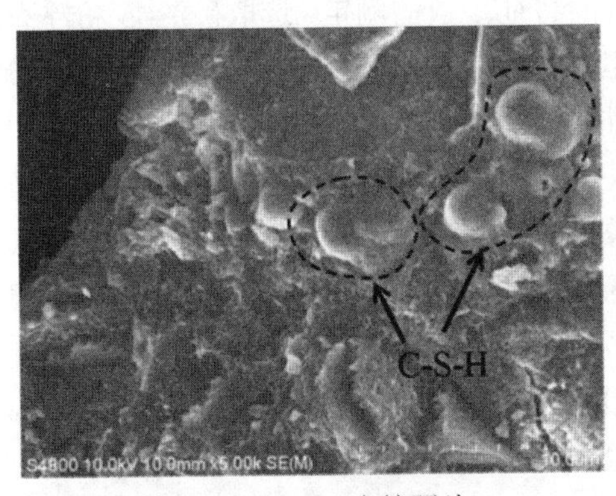

（c）B-15-28d 电镜照片

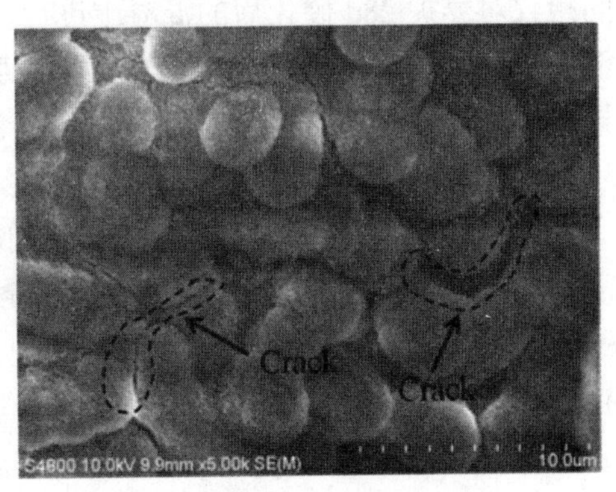

（d）B-20-28d 电镜照片

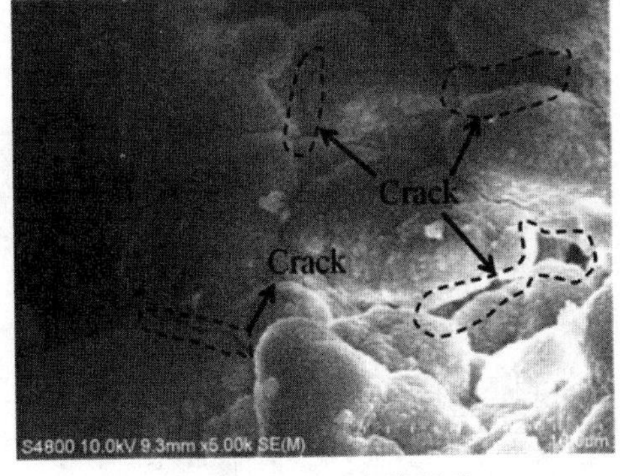

（e）B-30-28d 电镜照片

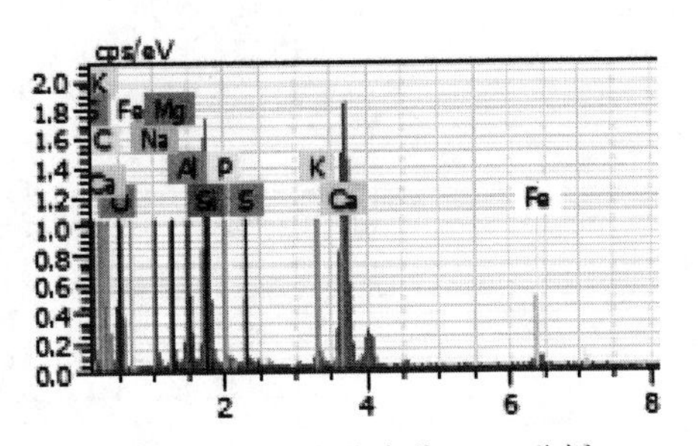

（f）B-0-28d 水化产物 EDS 分析

图 3.121　28d 混凝土电镜及能谱试验结果

从图 3.121（d）可知 B-20 组试件虽然有胶凝物质产生，但是可以看到结构中出现了明显的 4～6μm 裂缝和较大的孔隙，较大孔隙的出现对强度起到负面的影响，使得试件的宏观力学性能下降。

从图 3.121（e）可知 B-30 组试件孔隙进一步增大，裂缝进一步增多，长度可达到 8～10μm，结构的密实程度降低，导致试件的强度下降。

综上所述，从电镜分析中可知，当矿粉掺量小于 15%时，混凝土的内部孔隙结构得到改善，同时矿粉确实参与了二次水化反应，消耗了 $Ca(OH)_2$ 产生了更稳定的 C-S-H 凝胶，使得矿渣-胶粉浮石混凝土的力学性能得到一定程度的提升，但当矿粉掺量超过 15%时，由于水泥的相对质量减少，导致混凝土内部出现裂缝和较大孔隙，内部结构不再致密，使得矿渣-胶粉浮石混凝土的力学性能下降。

（4）孔结构试验结果与分析。研究表明不仅总孔隙度与混凝土的强度有关，而且孔尺寸的分布也会对强度产生重要的影响[90]。故利用丹麦 RapidAir 475 气泡间距仪对养护 28d 硬化后的混凝土进行气泡特征参数的测定，选取矿渣-胶粉浮石混凝土 B-0、B-10、B-15、B-20、B-30 组的试验数据来进行分析，研究不同矿粉掺量下，微观孔隙结构与矿渣-胶粉浮石混凝土宏观力学性能之间的联系。

混凝土的含气量与强度之间呈负相关，孔隙度增加使得混凝土中的含气量增大，从而导致强度降低。气孔的平均弦长反映的是混凝土中气孔的半径大小，气泡平均弦长越大，表明混凝土中的气孔越大。从图 3.122 可知混凝土的含气量和气泡平均弦长随着掺量的增加都呈现出先减小后增大的趋势，当矿粉掺量小于 15%时，含气量和气泡平均弦长随着掺量的增加逐渐减小，当矿粉掺量大于 15%时，含气量和气泡平均弦长随着掺量的增加逐渐增大，即可从含气量和气泡平均弦长的角度，解释矿粉掺量的变化对矿渣-胶粉浮石混凝土抗压强度的影响。

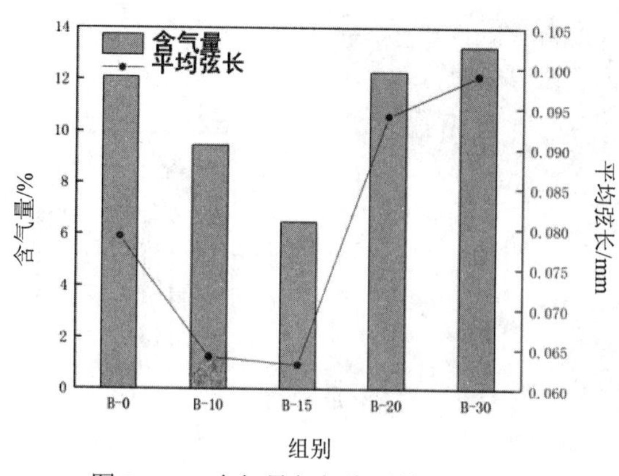

图 3.122 含气量与气泡平均弦长变化

混凝土的强度与孔尺寸分布也有重要联系，从图 3.123 可知气泡弦长频率的分布，各组气泡弦长小于 100μm 的气泡占大多数，出现频率分别为 78.4%、81.6%、83.5%、73.5%、69.4%，气泡弦长大于 100μm 频率分别为 21.6%、18.4%、16.5%、26.5%、30.6%，可知较小孔隙的分布趋势是先增加后减小，且以 15%矿粉掺量为分界，这与不同矿粉掺量下矿渣-胶粉浮石混凝土的抗压强度趋势是一致的，图中同时也反映了大于 100μm 的气泡弦长随着矿粉掺量的增加先减小后增大，这也同样验证了矿粉参与二次水化填充了一部分小孔隙，但矿粉掺量为 15%以上时，会导致混凝土内部产生较大孔隙，使得矿渣-胶粉浮石混凝土的抗压强度降低。

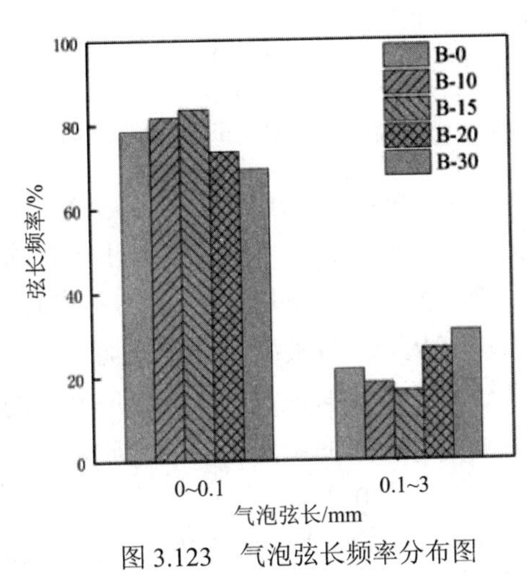

图 3.123　气泡弦长频率分布图

3.7.3　矿渣-胶粉浮石混凝土的冻融循环耐久性试验研究

抗冻性能是对混凝土耐久性评价的重要指标，对我国北方地区而言，冻融循环对混凝土的破坏极大，混凝土经受长期的冻胀破坏，会使服役寿命大幅缩短，为此需要对混凝土的冻融循环耐久性进行研究。因此本节通过室内快速冻融循环试验研究其抗冻性能，同时借助气泡间距仪和核磁共振技术分析矿渣-胶粉浮石混凝土的硬化气泡结构与抗冻性的关系，以及冻融循环前后孔隙变化与抗冻性能之间的联系。

1. *矿渣-胶粉浮石混凝土的冻融循环耐久性试验结果与分析*

质量损失率可以反映混凝土的吸水情况和表面剥落破坏情况，进一步确定混凝土是否在冻融循环作用下丧失了工作性能。对于不同矿粉替代率的矿渣-胶粉浮石混凝土，冻融循环后的质量损失率变化如图 3.124 所示。

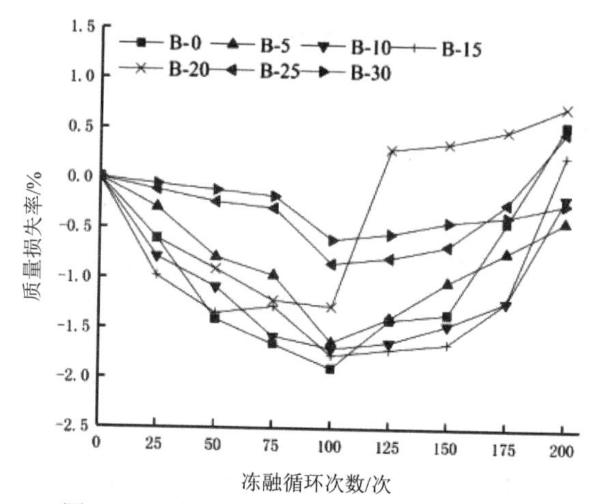

图 3.124 冻融循环后混凝土的质量损失率变化

由图 3.124 可知，7 组混凝土的质量损失率随着冻融次数的增加都呈现出先降后升的变化规律，标志混凝土开始劣化的“拐点”均出现在冻融循环 100 次时。这是因为前期混凝土由于冻胀所产生的破坏应力较小，同时随着冻融的循环交替混凝土孔隙内会被溶液所填充从而导致混凝土质量增加；随着冻融循环的继续进行，根据 Powers 静水压假说和渗透压假说混凝土内部所产生的破坏应力大于抗拉强度导致混凝土逐渐发生破坏[91]，表面出现剥落导致质量减少。经过 200 次冻融循环试验混凝土质量损失率最大为 0.73%，小于破坏所要求的 5%，从质量损失的角度来看所有组都满足抗冻性要求。当矿粉替代率小于 10%以及替代率为 30%时，混凝土的质量损失率明显小于 B-0 组，其抗冻性能更优；当矿粉替代率大于 10%时，混凝土的质量损失率与 B-0 组基本持平或略高，其抗冻性能较差，替代率为 5%时抗冻性能最优，替代率小于 10%时混凝土抗冻性能高于 B-0 组，进一步增加矿粉替代率时，混凝土的抗冻性反而降低。

相对动弹性模量衰减规律可以反映混凝土在冻融循环时内部裂缝和孔隙发展的损伤状况，反映混凝土在冻融循环作用下，其内部结构的变化情况。不同矿粉替代率的矿渣-胶粉浮石混凝土，经冻融循环后的相对动弹性模量变化如图 3.125 所示。

由图 3.125 可知，各组混凝土随冻融循环次数的增加变化规律基本一致，冻融循环初期动弹性模量变化较平缓，当冻融循环达 50 次时混凝土的相对动弹性模量随冻融循环次数的增加衰减速率逐步加快，从相对动弹性模量变化角度来看混凝土开始裂化出现在冻融循环 50 次时，从而相对动弹性模量变化能更精确地反映损失情况。当矿粉替代率小于 10%时，B-5 和 B-10 组相对动弹性模量变化曲线较 B-0 组更加平缓，经 200 次冻融循环后相对动弹性模量分别衰减为66.5%和 62.8%；当矿粉替代率大于 10%时，相对动弹性模量变化曲线较 B-0 组更加剧烈，相对动弹性模量经过冻融循环 175 次后均衰减至 60%以下，说明试件已经发生破坏。通过相对动弹性模量变化可知，相对动弹性模量变化比质量损失率能更精确地反映混凝土的劣化和破坏情况，单从表面剥落情况分析不能真实反映混凝土的破坏情况。矿粉替代率为5%时抗冻性能最优，替代率小于10%时，矿粉可以有效提高矿渣-胶粉浮石混凝土的抗冻性能，但进一步增加替代率反而会降低混凝土的抗冻性。

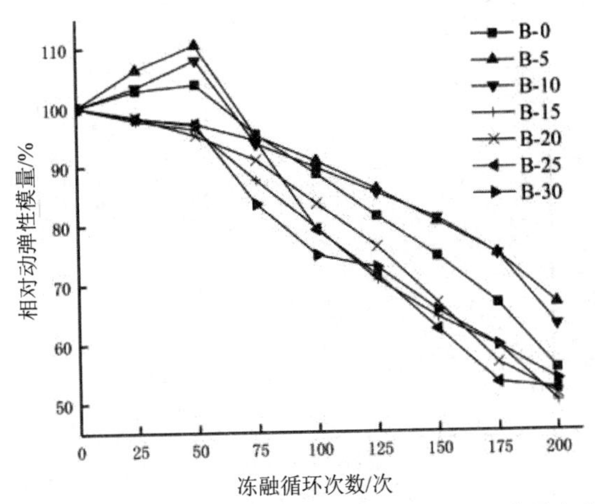

图 3.125 冻融循环后混凝土的相对动弹性模量变化

2. 硬化混凝土气泡结构试验分析

硬化后的混凝土内部气泡结构与混凝土的抗冻性有密切联系，气泡特征参数可以在一定程度上表征抗冻性能的优劣。由于矿粉替代了混凝土中的部分水泥，导致混凝土气泡结构产生变化。故利用 RapidAir 475 气泡间距分析仪（AVS）测定硬化混凝土气泡特征参数。其硬化混凝土气泡特征参数见表 3.35。

表 3.35 硬化混凝土气泡特征参数

组别	气泡间距系数/μm	比表面积/mm^{-1}	含气量/%	气泡频率/mm^{-1}	气泡平均弦长/μm
B-0	47	50.75	12.08	1.53	79
B-5	33	52.02	17.07	2.22	77
B-10	44	57.67	11.33	1.63	69
B-15	99	35.05	8.32	0.73	114

续表

组别	气泡间距系数/μm	比表面积/mm^{-1}	含气量/%	气泡频率/mm^{-1}	气泡平均弦长/μm
B-20	65	33.94	12.98	1.12	118
B-25	63	47.32	9.73	1.15	85
B-30	61	39.33	7.90	0.84	99

通过对 7 组矿渣-胶粉浮石混凝土进行气泡结构试验，测定其主要气泡特征参数，见表 3.35，并计算经 200 次冻融循环后，混凝土相对动弹性模量与硬化气泡间距系数的变化关系如图 3.126 所示。

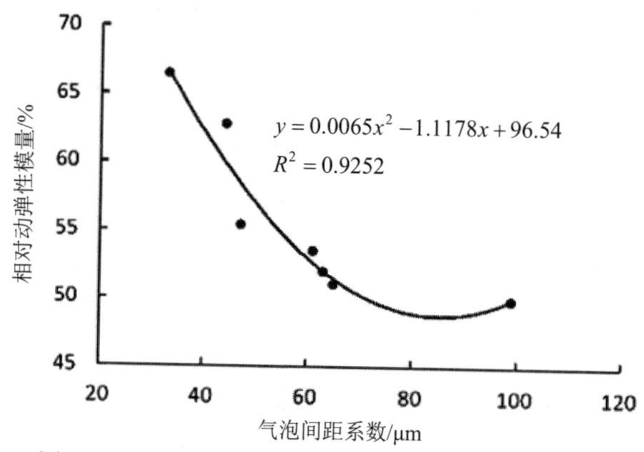

图 3.126　相对动弹性模量与气泡间距系数的变化关系

由图 3.126 和表 3.35 可知，混凝土的抗冻性与气泡间距系数的关系最为密切且存在一定程度的相关性，矿粉替代率小于 10%时，B-5、B-10 组气泡间距系数较 B-0 组分别降低了 29.79%和 6.4%，表现出良好的抗冻性能；矿粉替代率大于 10%时，B-15、B-20、B-25、B-30 组气泡间距系数较 B-0 组分别增加了 110.64%、38.3%、34.04%、29.78%，表现出较差的抗冻性能。这是由于矿粉等质量替代水泥，混凝土的孔隙结构得到了优化，同时界面和凝胶结构得到了改善，憎水性的胶粉与水泥浆体之间所产生的薄弱面[92]因矿粉的加入也得到了增强，使得混凝土气泡间距系数减小，但矿粉替代率超过 10%时，矿粉用量增多，水泥用量进一步减少，混凝土内部的含气量整体呈现减少趋势降低至 7.9%且气泡平均弦长增大至 118μm，表明混凝土内部不仅含气量降低而且内部气泡孔径逐渐增大，气泡与气泡间的间距随之增大。混凝土受冻融破坏时，较大孔隙由于孔径大、冰点低，其内部水往往先受冻凝结成冰，在结冰产生的膨胀压作用下未结冰的水会向外部迁移，进一步产生静水压和渗透压，在冻融循环反复作用下，当混凝土内部孔隙无法抵御膨胀压力时形成裂缝和缝隙并逐步扩展、贯通，最终导致混凝土发生冻融破坏。混凝土内部的水压力会随硬化气泡间距系数的平方成正比地增长，气泡间距越小所产生的静水压和渗透压越小，混凝土受冻融的破坏也越小。故气泡间距系数的大小可以很好地表征矿渣-胶粉浮石混凝土抗冻性的优劣，气泡间距越小，抗冻性能越好，气泡间距越大，抗冻性能则越差。

混凝土抗冻性能与其气泡的孔径分布情况也有紧密联系，混凝土的气泡数与含气量分布如图 3.127 所示。

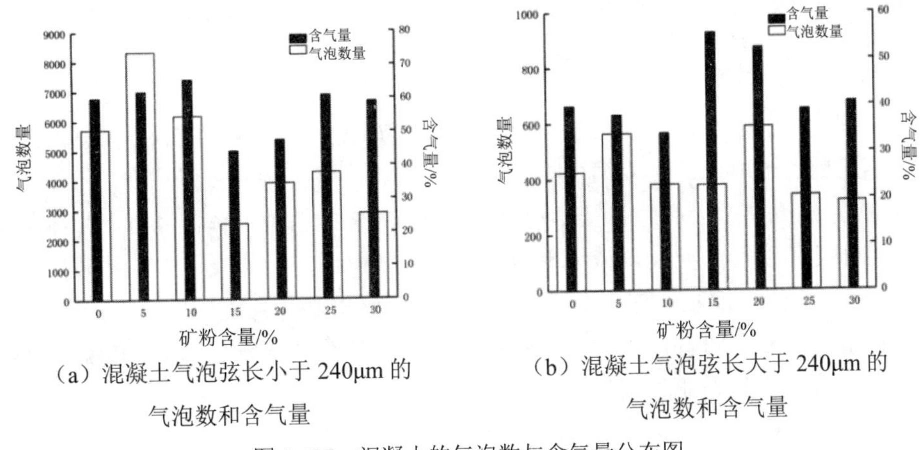

（a）混凝土气泡弦长小于 240μm 的气泡数和含气量

（b）混凝土气泡弦长大于 240μm 的气泡数和含气量

图 3.127　混凝土的气泡数与含气量分布图

由图 3.127 可知，当矿粉替代率小于 10%时，B-5 和 B-10 组气泡弦长小于 240μm 的气泡数分别达到了 8317 和 6155，分别占各组气泡总数的 93.65%和 94.17%，比 B-0 组气泡数量增加了 45.68%和 7.81%，对含气量的贡献为 62.04%和 65.67%，而气泡弦长大于 240μm 的气泡数量仅为 564 和 381，分别占各组气泡总数的 6.35%和 5.83%，对含气量的贡献为 37.96%和 34.33%；当矿粉替代率大于 10%时，B-15、B-20、B-25、B-30 气泡弦长小于 240μm 的气泡数分别降低至 2538、3907、4263、2866，比 B-0 组气泡数量降低了 55.54%、31.56%、25.33%、49.8%，对含气量的贡献为 44.35%、47.55%、60.95%、59.24%，而气泡弦长大于 240μm 的气泡数量为 379、590、343、322，分别占各组气泡总数的 12.99%、13.12%、7.45%、10.1%，对含气量的贡献为 55.65%、52.45%、39.05%、40.76%。通过对比矿渣-胶粉浮石混凝土的气泡数和含气量分布可知，少量替代矿粉时混凝土内部弦长小于 240μm 的微小且分布均匀的气泡数量进一步增加，这是由于矿粉的微集料效应填充和细化了内部孔隙，使内部连通孔减少从而改善孔隙结构，这些微小气泡由于封闭且分布均匀很难被水填充，从而缓解了冻融过程中静水压和渗透压对混凝土的破坏，矿粉也同时提高了混凝土的抗渗性，使外界的自由可冻水不易渗入，故混凝土抗冻性能提高，但矿粉替代率超过10%后，混凝土内部弦长小于240μm的微小气泡数量大幅减少，在受冻融循环的情况下大孔隙内的可冻水难以迁移，静水压和渗透压得不到有效的释放，在压力作用下混凝土酥化、破坏。因此增加气泡弦长小于240μm的微小气泡数量可以提高矿渣-胶粉浮石混凝土的抗冻性能，且微小气泡数量越多对提高抗冻性能越有利，矿粉替代率小于10%时可以有效增加混凝土内微小气泡数量从而增强抗冻性能，且替代率为5%时微小气泡数量最多，混凝土抗冻性能最优。

3. 核磁共振试验分析

为研究矿渣-胶粉浮石混凝土的抗冻性与其内部孔隙结构的关系，根据抗冻性能优劣程度，选取B-0组、抗冻性能优组B-5和抗冻性能劣组B-15进行具体分析，研究冻融前后混凝土的孔隙演变规律。

（1）核磁共振的孔隙特征参数分析。从NMR的自由流体饱和度、束缚流体饱和度和孔隙度等主要孔隙特征参数来分析冻融循环前后混凝土内部孔隙变化情况，图3.128给出混凝土冻融前后NMR饱和度和孔隙度。

冻融前随着矿粉替代率的增加混凝土的孔隙度进一步降低，B-5和B-15的孔隙度较B-0组分别降低了41.8%和51.9%，说明矿粉细化和填充孔隙进一步增加混凝土的密实程度，结合各组抗冻性可以表明在一定范围内提高混凝土的密实度可以增强其抗冻性能，但密实度过高反而会对抗冻性产生不利影响，这是由于致密性过高时，混凝土内部的可冻水难以迁移，在冻融循环作用下产生静水压和渗透压得不到有效释放，从而混凝土更易破坏。经过200次冻融循环后，3组混凝土孔隙度都呈增大趋势，孔隙度增加到了冻融前的1.25～1.58倍，这是由于在冻融循环的反复作用下，混凝土内部的孔隙无法抵御由静水压和渗透压所产生的膨胀压力，使得混凝土内部孔隙扩张和连通，从而混凝土孔隙度增大。

自由流体饱和度和束缚流体饱和度可以表征混凝土内部的较小孔隙和较大孔隙在总孔隙中的分布情况，由图3.128可知，各组混凝土经过200次冻融循环后其束缚流体饱和度和自由流体饱和度呈现出相同的变化趋势，各组的束缚流体饱和度增大同时自由流体饱和度减少，B-0、B-5、B-15束缚流体饱和度分别增加了33.58%、17.91%、11.46%，自由流体饱和度分别减少了15.89%、13.51%、15.59%，表明冻融循环后虽然混凝土的孔隙度增大，但其中较小孔隙的占比相对冻融前有所增长，较大孔隙的占比相对冻融前有所降低，这可能是由于在冻融循环过程中，混凝土内部存在着前期一部分未参与水化反应的水泥，随着冻融循环的进行会产生进一步水化反应，与此同时混凝土内的一部分矿粉也会产生二次水化反应产生凝胶产物进而填充了较大孔隙[93]，同时在冻融过程中，孔隙在应力作用下进一步扩张，使周围水泥石结构中也产生一部分孔隙。

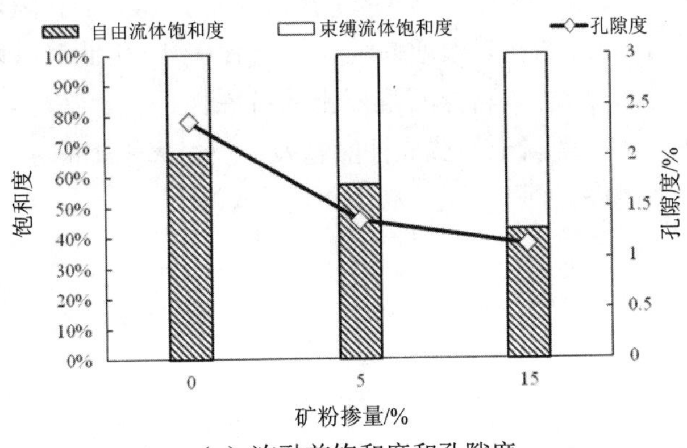

（a）冻融前饱和度和孔隙度

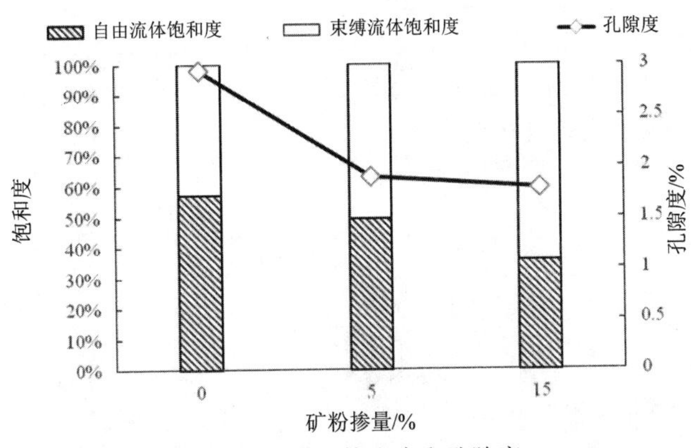

（b）冻融后饱和度和孔隙度

图 3.128 混凝土冻融前后核磁共振饱和度和孔隙度

（2）核磁共振 T_2 谱分析。核磁共振 T_2 谱图积分面积与孔隙数量有关，T_2 弛豫时间与孔隙尺寸对应，孔隙 T_2 弛豫时间越短，孔隙越小，反之孔隙越大[94]。混凝土冻融循环前后核磁共振 T_2 谱如图 3.129 所示。

由图 3.129 可知，经 200 次冻融循环后各组的 T_2 谱面积较冻融前有一定程度的增大，冻融循环前 B-0、B-5、B-15 组的 T_2 谱面积分别为 6493.851、3624.697、2948.322，经过 200 次冻融循环试验后 B-0、B-5、B-15 组的谱面积分别为 8679.318、5790.254、5400.814，可知 B-0、B-5、B-15 谱面积分别增大了 33.65%、59.74%、

83.18%，这表明冻融循环会使混凝土内部的孔隙增多；同时由图 3.129 可知，冻融后各 T_2 弛豫时间所对应的谱面积均增大，说明冻融循环使各尺寸的孔隙均增多，其中 B-0、B-5、B-15 冻融后 T_2 弛豫时间大于 100ms（对应孔径＞1nm）的孔隙谱面积分别增加了 14.83%、9.97%、98.41%，B-5 组大于 1nm 的孔隙数增幅小于 B-0 组，而 B-15 组大于 1nm 的孔隙数增幅远远大于 B-0 组。由此可以表明，大于 1nm 孔隙数增幅的大小对矿渣-胶粉浮石混凝土的抗冻性优劣存在一定的影响，大于 1nm 孔隙数增幅越大，混凝土的抗冻性能越差，反之大于 1nm 孔隙数增幅越小，混凝土的抗冻性能越好。

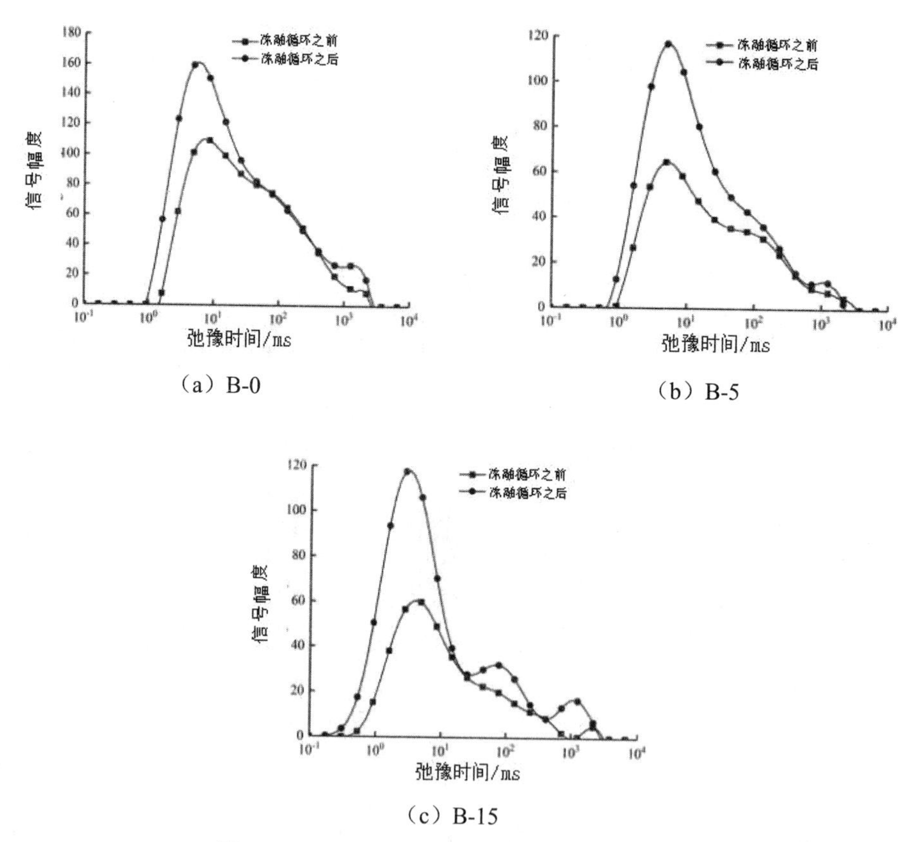

图 3.129　混凝土冻融循环前后核磁共振 T_2 谱

（3）孔隙演变分析。根据相关文献[95-97]，通过计算可将矿渣-胶粉浮石混凝土冻融前后孔隙尺寸分为 0～0.1μm、＞0.1～1μm、＞1～10μm 和＞10μm 这四个区间，同时统计各区间孔隙所占比例，进一步对孔隙进行划分，结果如图 3.130 所示。由图 3.130 可知，经 200 次冻融循环后，B-0、B-5、B-15 组 0～0.1μm 孔隙占比分别增多 33.64%、17.9%、15.1%；＞0.1～1μm 孔隙占比分别减少了 22.94%、28.33%、6.67%，＞1～10μm 孔隙占比分别减少了 16.86%、5.22%、32%；而＞10μm 的孔隙区间 B-0 和 B-15 组占比分别增多了 68.18%、120%，但 B-5 的占比减少了 29.63%。说明冻融循环都会使混凝土的 0～0.1μm 小孔隙数量增多，＞0.1～10μm 的中间孔隙减少，但少量替代矿粉后＞10μm 的大孔隙会减少，混凝土的抗冻性能提升；替代率达到一定值时，＞10μm 的大孔隙会大幅增加，混凝土的抗冻性能降低。因此，冻融循环前后的孔隙变化率与矿渣-胶粉浮石混凝土抗冻性能存在一定程度的关联，冻融前后大于 10μm 孔隙的孔隙变化率在一定程度上可以反映混凝土的抗冻性能优劣，大于 10μm 孔隙的孔隙变化率越小，混凝土抗冻性能越好，经冻融循环后的损伤程度越小；反之，混凝土抗冻性能越差，经冻融循环后的损伤程度越大。

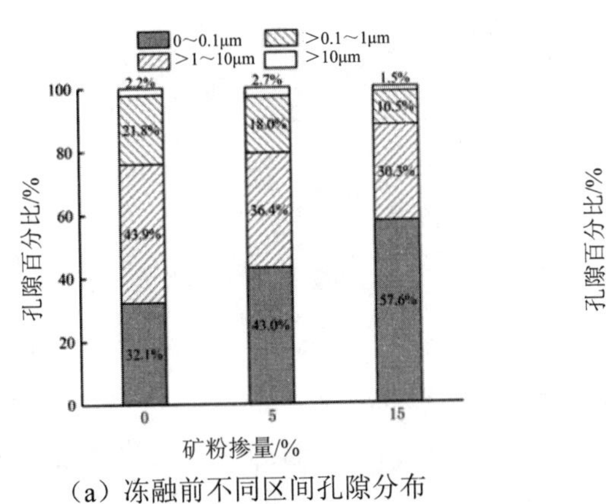

（a）冻融前不同区间孔隙分布

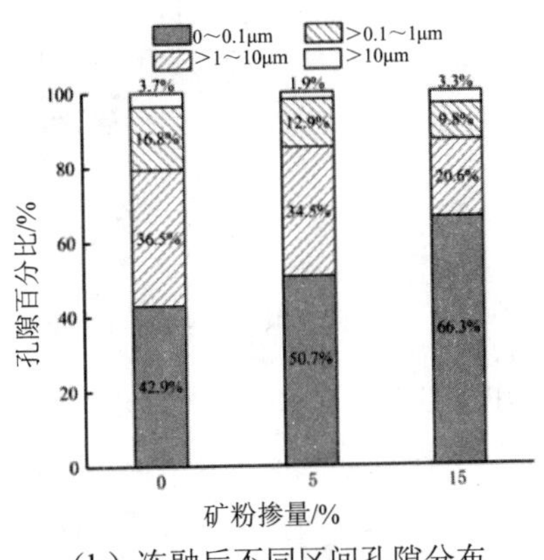

（b）冻融后不同区间孔隙分布

图 3.130　混凝土冻融前后不同区间孔隙分布

3.7.4　矿渣-胶粉浮石混凝土的盐蚀-冻融循环耐久性试验研究

在实际工程当中，混凝土结构所服役的环境是复杂多样的，因此在试验中，需要根据实际情况，对混凝土结构服役状况做出更真实的模拟，充分考虑在双重甚至多重因素作用下混凝土的耐久性能，只有在多因素作用下混凝土表现出的耐久性能才具有更实际的意义。在内蒙古等我国北方严寒地区服役的混凝土不仅要经受长期的冻胀破坏，同时也经受在盐渍环境中盐类的长期侵蚀作用，在二者共同作用下会引起混凝土的破坏，缩减混凝土的服役时间，造成较大的经济损失，所以需要对混凝土在盐蚀-冻融循环的双因素作用下的耐久性能进行研究。故本节利用 5%的 Na_2SO_4 溶液对矿渣-胶粉浮石混凝土进行快速冻融循环试验，研究矿渣-胶粉浮石混凝土在盐蚀-冻融双因素作用下的抗冻耐久性能，分析其质量损失率和相对动弹性模量变化规律，进一步结合核磁共振试验分析孔隙的演变规律。

1. 矿渣-胶粉浮石混凝土的盐蚀-冻融循环耐久性试验结果与分析

对于7组不同矿粉替代率的矿渣-胶粉浮石混凝土，在5%的 Na_2SO_4 溶液中经盐蚀-冻融循环后的质量损失率变化规律如图3.131所示。

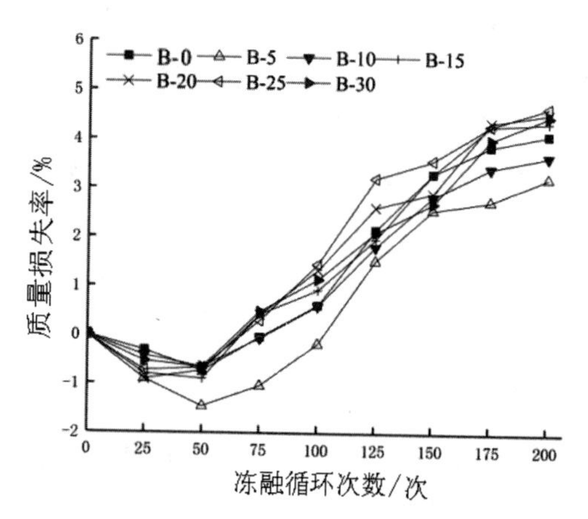

图3.131 Na_2SO_4 溶液冻融循环后混凝土的质量损失率变化

由图3.131可知，7组矿渣-胶粉浮石混凝土在5%的 Na_2SO_4 溶液中经200次冻融循环后的质量损失变化规律基本一致，标志混凝土开始劣化的“拐点”均出现在盐蚀-冻融循环50次时，7组混凝土的质量损失率随着冻融次数的增加都呈现出先降低后升高的变化规律，即混凝土质量先增加后减小的变化规律。这是由于冻融循环开始时，混凝土由于冻胀所产生的破坏应力较小，此时内部的破坏应力小于混凝土本身的抗拉应力，因此混凝土表面浆体没有发生脱落的现象，与此同时混凝土内部的微小裂纹由于冻融循环的原因发生一定发展，外部 Na_2SO_4 溶液通过混凝土表面进入到混凝土内部，并进一步填充孔隙和由于初期冻融所产生的微裂纹，使得进入混凝土内的 Na_2SO_4 溶液增加，另一方面混凝土的水化产物中含有 $Ca(OH)_2$ 等产物，$Ca(OH)_2$ 既会和矿粉发生二次水化反应生成C-S-H凝胶等水化产物，也会与 Na_2SO_4 发生反应生成钙矾石和石膏结晶，从而导致混凝土的质量增加。随着混凝土冻融循环次数的不断增加，Na_2SO_4 溶液中的离子反复在混凝土内进行置换，使得混凝土的表面发生膨胀，根据静水压假说和渗透压假说，随着冻融循环的增加混凝土内部所产生的破坏应力大于抗拉强度，使得混凝土内部产生了不可逆的孔隙和裂缝，加速了离子进出混凝土内部的速率，导致混凝土侵蚀速度加快，表面剥落导致质量减少逐渐发生破坏，经 200 次 5%的 Na_2SO_4 溶液盐蚀-冻融循环后，混凝土表面浆体明显脱落，基本不能保持原有形貌。

由图 3.131 可以看出，7 组矿渣-胶粉浮石混凝土经 200 次 5%的 Na_2SO_4 溶液盐蚀-冻融循环后质量损失率曲线上升明显，各组质量损失率分别达到 4.11%、3.23%、3.67%、4.36%、4.55%、4.67%、4.49%，均小于混凝土冻融破坏所要求的 5%，从质量损失的角度来看所有组抗盐蚀-冻融性能都满足要求。经 200 次 5%的 Na_2SO_4 溶液盐蚀-冻融循环后，当矿粉替代率小于 10%时，各组混凝土的质量损失率明显小于基准组 B-0，表现出更好的抗盐蚀-冻融性能；当矿粉替代率大于 10%时，各组混凝土的质量损失率明显高于基准组 B-0，表现出更差的抗盐蚀-冻融性能。其中矿粉替代率为 5%时，经 200 次 5%的 Na_2SO_4 溶液盐蚀-冻融循环后，其质量损失率较基准组 B-0 降低了 0.88%，所以其抗盐蚀-冻融性能最优；矿粉替代率为 30%时，经 200 次 5%的 Na_2SO_4 溶液盐蚀-冻融循环后，其质量损失率较基准组 B-0 增加了 0.38%，所以其抗盐蚀-冻融性能最差。矿粉替代率小于 10%时混凝土抗盐蚀-冻融性能高于 B-0 组，进一步增加矿粉替代率时，矿渣-胶粉浮石混凝土的抗盐蚀-冻融性能反而降低。

对于 7 组不同矿粉替代率的矿渣-胶粉浮石混凝土，在 5%的 Na_2SO_4 溶液中经冻融循环后的相对动弹性模量变化如图 3.132 所示。

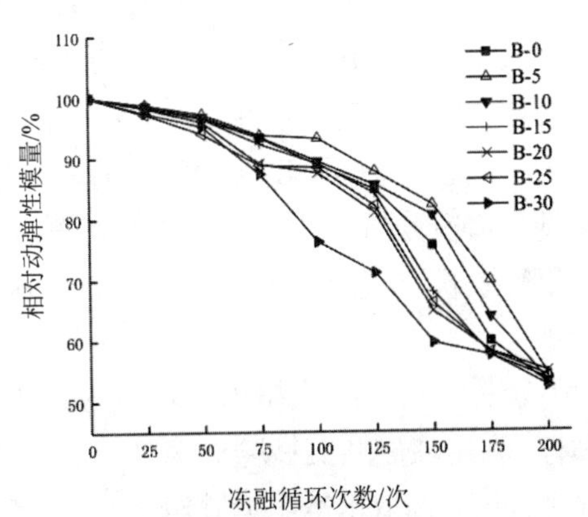

图 3.132　Na_2SO_4 溶液冻融循环后混凝土的相对动弹性模量变化

由图 3.132 可知，各组混凝土在 5%的 Na_2SO_4 溶液中，经 200 次冻融循环后的相对动弹性模量变化规律基本一致，变化规律可大致分为两个阶段，第一阶段为混凝土相对动弹性模量下降平缓段，冻融循环初期混凝土的相对动弹性模量变化不大，相对动弹性模量曲线下降速率比较平缓，第二阶段为混凝土相对动弹性模量快速下降段，当冻融循环达 125 次时，除 B-30 外的各组混凝土相对动弹性模量下降速率进一步加快，而B-30组混凝土相对动弹性模量快速下降发生在冻融循环100次时，说明B-30受到盐蚀-冻融循环作用时劣化程度较其他组更快。从各组的相对动弹性模量整体变化来看，当矿粉替代率小于10%时，B-5和B-10组相对动弹性模量变化曲线较基准组B-0更加平缓，且能承受的冻融循环次数也高于B-0组，说明矿渣-胶粉浮石混凝土的抗盐蚀-冻融耐久性能较基准组B-0更优，其中当矿粉替代率为5%时，相对动弹性模量变化曲线变化最平缓，同时能承受的最大冻融循环次数最大，所以其抗盐蚀-冻融性能最优；当矿粉替代率大于10%时，各组混凝土的相对动弹性模量变化曲线较B-0组更加剧烈，能承受的冻融循环次数也低于或持平基准组B-0次数，说明当矿粉替代率过大时，矿渣-胶粉浮石混凝土的抗盐蚀-冻融耐久性能反而会降低，其中当矿粉替代率为30%时，相对动弹性模量变化曲线变化最为剧烈，同时能承受的最大冻融循环次数最小，所以其抗盐蚀-冻融性能最劣。从冻融循环后的相对动弹性模量变化角度与从质量损失率角度得出的结论保持一致。

但从各组不同矿粉替代率的矿渣-胶粉浮石混凝土的相动弹性模量变化来看，在5%的Na_2SO_4溶液中经200次冻融循环后，各组混凝土的相对动弹性模量分别衰减至52.62%、54.17%、53.05%、53.41%、54.77%、53.98%、52.33%，均衰减至60%以下，按照冻融循环标准相对动弹性模量衰减60%即为发生破坏的要求，各组在5%的Na_2SO_4溶液中所能承受的最大冻融循环次数分别为175次、200次、200次、175次、175次、175次、150次，把各组混凝土相对动弹性模量变化曲线与质量损失率曲线相对比，可以发现在5%的Na_2SO_4溶液盐蚀-冻融作用下相对动弹性模量变化比质量损失率能更精确地反映混凝土的劣化和破坏情况，单从矿渣-胶粉浮石混凝土表面剥落情况分析不能真实反映混凝土的破坏情况，使用相对动弹性模量变化来衡量矿渣-胶粉浮石混凝土的抗盐蚀-冻融耐久性能更加精确。

2. 核磁共振试验分析

为了进一步研究矿渣-胶粉浮石混凝土在5%的Na_2SO_4溶液中盐蚀-冻融双因素作用下的孔隙演变规律，利用核磁共振试验对混凝土进行微观测试。根据抗盐蚀-冻融性能耐久性的优劣程度，选取基准组B-0组、抗盐蚀-冻融性能最优组B-5和抗盐蚀-冻融性能最劣组B-30的0次、100次、200次核磁共振数据进行具体分析，研究盐蚀-冻融前后混凝土的孔隙演变规律。

（1）核磁共振的孔隙特征参数分析。混凝土的核磁共振孔隙特征参数包括孔隙度、自由流体饱和度、束缚流体饱和度等特征指标，通过这些指标可以反映出混凝土内部的孔隙分布和演变情况。矿渣-胶粉浮石混凝土在5%的Na_2SO_4溶液中冻融循环前后的孔隙度和饱和度变化如图3.133所示。

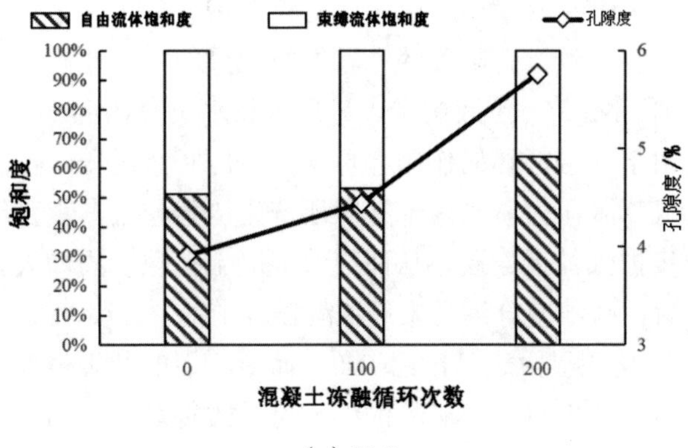

（a）B-0

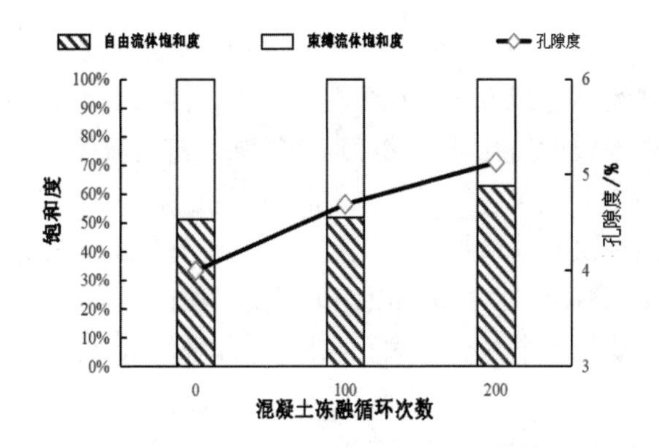

（b）B-5

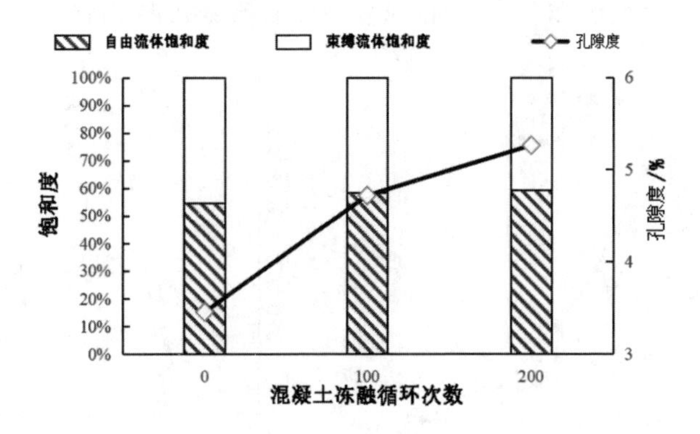

（c）B-30

图 3.133　混凝土 Na_2SO_4 溶液冻融前后核磁共振饱和度和孔隙度

由图 3.133 可以看出，矿渣-胶粉浮石混凝土经过 200 次盐蚀-冻融循环后，各组的孔隙度变化趋势一致，孔隙度随冻融循环次数的增加逐渐增大，这是因为随着冻融循环的增加，Na_2SO_4 溶液携带大量离子和水反复在混凝土内外置换，混凝土内的孔隙之间由于冻融循环的作用会形成静水压和渗透压，在静水压和渗透压的作用下内部形成膨胀压力，当内部孔隙所产生压力超过其承受能力时，混凝土内部孔隙会进一步扩张甚至连通，从而导致混凝土孔隙度的增大。3 组混凝土经 200 次冻融循环后，孔隙度分别是未经冻融循环前的 1.47、1.28、1.52 倍，其中 B-30 组的孔隙度变化明显大于基准组 B-0，而 B-5 组的孔隙度变化明显小于基准组 B-0，说明矿粉替代率较低时矿粉的掺入可以改善混凝土的孔隙内部结构，提高矿渣-胶粉浮石混凝土的抗盐蚀-冻融性能，但进一步增加矿粉替代率时，反而会使抗盐蚀-冻融性能降低。

图 3.133 中也反映出，矿渣-胶粉浮石混凝土经过 200 次盐蚀-冻融循环后自由流体饱和度和束缚流体饱和度的变化情况。混凝土内部的小孔隙会储存运动较弱的束缚流体，而内部较大的孔隙会储存运动较强的自由流体，所以通过束缚流体饱和度和自由流体饱和度可以表征各类孔隙在总孔隙中的占比情况。由图 3.133 可知，随着冻融循环次数的增加，各组混凝土试件整体上呈现相似的变化规律，束缚流体饱和度逐渐减小，自由流体饱和度逐渐增加，说明盐蚀-冻融循环会使混凝土内部的小孔隙比例逐渐减少，大孔隙比例逐渐增加，体现了小孔隙会随着盐蚀-冻融循环的进行逐渐向大孔隙过渡。

（2）核磁共振 T_2 谱分析。核磁共振 T_2 谱图积分面积可以反映孔隙数量，T_2 谱的弛豫时间可以反映孔隙尺寸，T_2 谱的峰值位置可以反映孔隙的孔径大小。矿渣-胶粉浮石混凝土经过 200 次盐蚀-冻融循环后核磁共振 T_2 谱如图 3.134 所示。

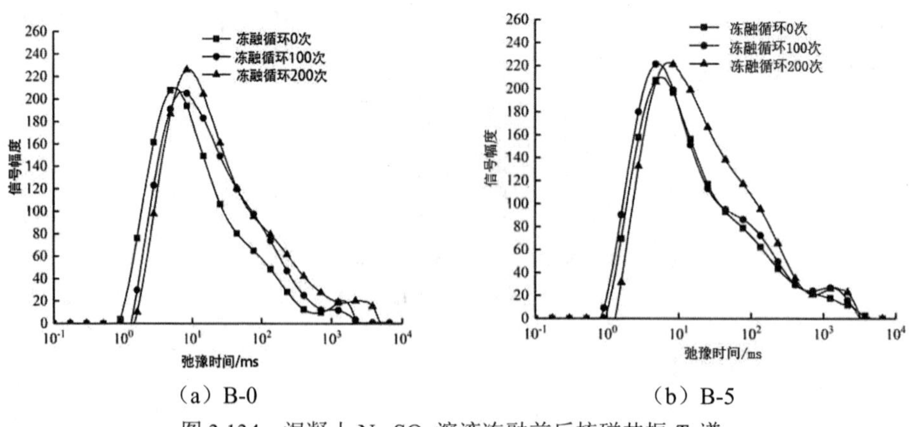

（a）B-0　　（b）B-5

图 3.134　混凝土 Na_2SO_4 溶液冻融前后核磁共振 T_2 谱

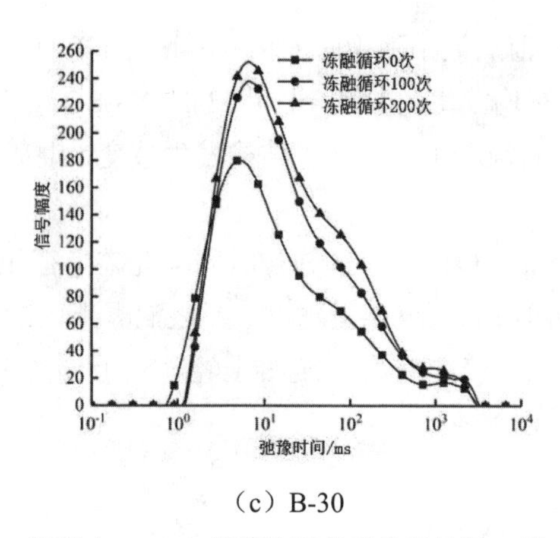

（c）B-30

图 3.134 混凝土 Na_2SO_4 溶液冻融前后核磁共振 T_2 谱（续图）

由图 3.134 的（a）、（b）、（c）可以看出，在 5%的 Na_2SO_4 溶液中经过 200 次冻融循环后，矿渣-胶粉浮石混凝土的 T_2 谱峰面积较冻融循环前都有一定程度的增大，说明盐蚀-冻融循环对混凝土内孔隙结构产生了不可逆的影响，使混凝土内的孔隙数量增多。B-0 组盐蚀-冻融循环 0 次、100 次、200 次的峰面积分别为 9372.888、10180.54、10939.297，经过 100 次冻融循环后峰面积增加了 8.62%，从 100 次冻融循环到 200 次冻融循环峰面积增加了 7.45%，B-0 组从开始进行冻融循环到冻融循环结束峰面积共增加了 16.7%；B-5 组盐蚀-冻融循环 0 次、100 次、200 次的峰面积分别为 10151.137、10932.648、11805.137，经过 100 次冻融循环后峰面积增加了 7.7%，从 100 次冻融循环到 200 次冻融循环峰面积增加了 7.98%，B-5 组从开始进行冻融循环到冻融循环结束峰面积共增加了 16.3%；B-30 组盐蚀-冻融循环 0 次、100 次、200 次的峰面积分别为 8889.673、11642.739、12994.722，经过 100 次冻融循环后峰面积增加了 30.9%，从 100 次冻融循环到 200 次冻融循环峰面积增加了 11.6%，B-30 组从开始进行冻融循环到冻融循环结束峰面积共增加了 46.2%。经过 200 次盐蚀-冻融循环试验，不同矿粉替代率下前 100 次即冻融初期，盐蚀-冻融下混凝土峰面积随着冻融次数的增加呈增大趋势，从各组的 200 次盐蚀-冻融循环前后峰面积增加情况来看，抗盐蚀-冻融性能最优的 B-5 组峰面积增加最少，抗盐蚀-冻融性能最劣的 B-30 组峰面积增加最多。

从图 3.134 也能看出，在 5%的 Na_2SO_4 溶液中经过 200 次冻融循环后，各组的 T_2 谱图整体出现了右移。B-0 组盐蚀-冻融循环前后最小弛豫时间由 0.912ms 演变为 0.977ms，B-5 组盐蚀-冻融循环前后最小弛豫时间由 0.977ms 演变为 1.383ms，

B-30 组盐蚀-冻融循环前后最小弛豫时间由 0.74ms 演变为 1.203ms，经盐蚀-冻融循环各组混凝土峰位置均发生了右移，说明 5%的 Na_2SO_4 溶液的盐蚀-冻融循环作用，会使矿渣-胶粉浮石混凝土中的孔隙结构发生改变，混凝土内的小孔隙会向大孔隙发生演变。

（3）孔隙半径分布。核磁共振的弛豫时间与孔隙半径相互关联，混凝土内的孔隙弛豫时间越短所对应的孔隙孔径越小，反之混凝土内的孔隙弛豫时间越长所对应的孔隙孔径越大。矿渣-胶粉浮石混凝土经过 200 次盐蚀-冻融循环，核磁共振孔隙半径分布如图 3.135 所示。

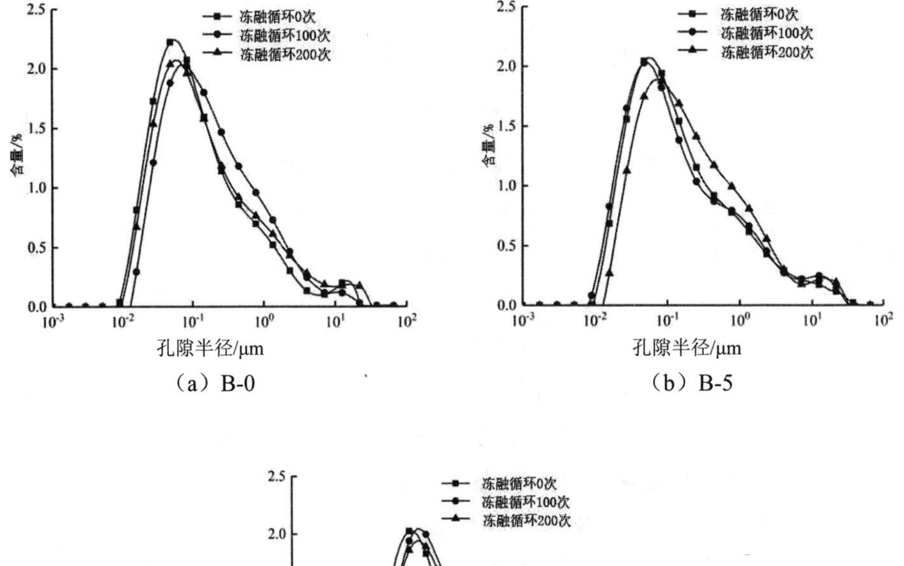

（a）B-0

（b）B-5

（c）B-30

图 3.135 混凝土 Na_2SO_4 溶液冻融前后孔隙半径分布

由图 3.135 可知，矿渣-胶粉浮石混凝土在 5%的 Na_2SO_4 溶液中经过 200 次冻融循环后，B-0 组混凝土的最小弛豫时间相对应的最小孔隙半径由初始的 0.009μm

增加至 0.01μm，B-5 组混凝土的最小弛豫时间相对应的最小孔隙半径由初始的 0.01μm 增加至 0.014μm，B-30 组混凝土的最小弛豫时间相对应的最小孔隙半径由初始的 0.007μm 增加至 0.012μm，三组混凝土的最小孔隙半径发生了右移。最可几孔径是指混凝土孔隙分布中占比最大的孔隙所对应的孔径，即为孔隙半径分布图中峰值所对应的横坐标的孔径值，矿渣-胶粉浮石混凝土在 5%的 Na_2SO_4 溶液中经过 200 次冻融循环后，B-0 组混凝土的最可几孔径由初始的 0.055μm 增加至 0.064μm，B-5 组混凝土的最可几孔径由初始的 0.059μm 增加至 0.078μm，B-30 组混凝土的最可几孔径由初始的 0.052μm 增加至 0.064μm，三组混凝土的最可几孔径也发生了右移。矿渣-胶粉浮石混凝土在 5%的 Na_2SO_4 溶液中经过 200 次冻融循环后，整体的孔隙发生了变化，说明随着冻融循环的进行矿渣-胶粉浮石混凝土的小孔隙逐步向大孔隙演变。

（4）孔隙演变分析。根据核磁共振的孔隙半径分布情况，通过计算将矿渣-胶粉浮石混凝土在 5%的 Na_2SO_4 溶液中冻融循环前后的孔隙尺寸分为 0～0.1μm、>0.1～1μm、>1～10μm 和>10μm 这四个区间，同时统计各区间孔隙所占比例，进一步对孔隙进行划分，结果如图 3.136 所示。

由图 3.136 可知，矿渣-胶粉浮石混凝土在 5%的 Na_2SO_4 溶液中经冻融循环后，0～1μm 的孔隙随冻融循环次数的增加逐步递减，而>1μm 的孔隙随冻融循环次数的增加逐步递增。B-0 组在冻融循环 0 次、100 次、200 次时 0～1μm 的孔隙占比分别为 89%、85.6%、84.8%，>1μm 的孔隙占比分别为 11%、14.6%、15.2%，经历 Na_2SO_4 溶液 200 次冻融循环后，0～1μm 的孔隙占比减少了 4.72%，>1μm 的孔隙占比增加了 38.18%; B-5 组在冻融循环 0 次、100 次、200 次时 0～1μm 的孔隙占比分别为 84.7%、83.5%、81.5%，>1μm 的孔隙占比分别为 15.3%、16.5%、18.5%，经历 Na_2SO_4 溶液 200 次冻融循环后，0～1μm 的孔隙占比减少了 3.78%，>1μm 的孔隙占比增加了 20.92%；B-30 组在冻融循环 0 次、100 次、200 次时 0～1μm 的孔隙占比分别为 85.3%、83.0%、82.3%，>1μm 的孔隙占比分别为 14.7%、17.0%、17.7%，经历 Na_2SO_4 溶液 200 次冻融循环后，0～1μm 的孔隙占比减少了 3.52%，>1μm 的孔隙占比增加了 20.4%。因此，矿渣-胶粉浮石混凝土在 5%的 Na_2SO_4 溶液中的盐蚀-冻融损伤情况与孔隙演变存在一定的联系，当 0～1μm 的孔隙减少且>1μm 的孔隙增加时，矿渣-胶粉浮石混凝土的盐蚀-冻融损伤加剧，反之 0～1μm 的孔隙增加且>1μm 的孔隙减少时，矿渣-胶粉浮石混凝土的盐蚀-冻融损伤延缓。

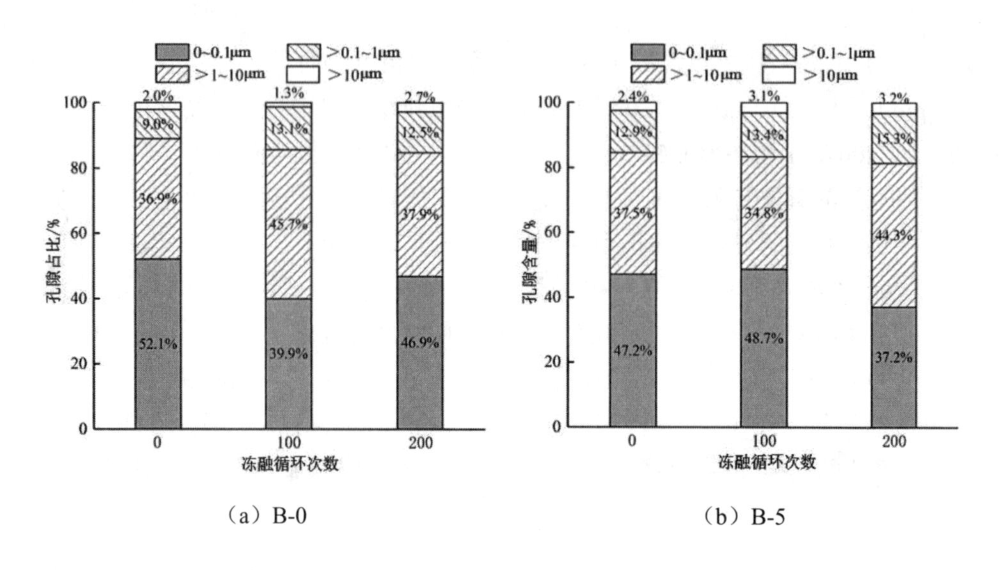

（a）B-0　　（b）B-5

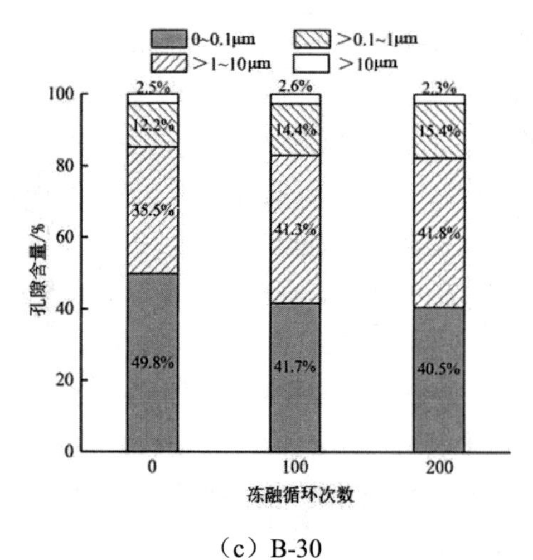

（c）B-30

图 3.136　混凝土 Na_2SO_4 溶液冻融前后不同区间孔隙分布

3.7.5 基于灰色系统理论的矿渣-胶粉浮石混凝土力学性能和耐久性能研究

灰色系统理论和灰色关联分析可以研究在小数据和贫信息下各子系统之间的关联度大小情况，基于灰色系统理论和灰色关联分析的特点，在矿渣-胶粉浮石混凝土力学性能、耐久性能的宏观性能与孔隙特征参数、孔径区间等微观数据之间建立关系，分析不同的孔隙特征参数、孔径区间对混凝土力学性能、耐久性能的影响规律。

1. 基于灰色系统理论的孔隙特征对力学性能的影响分析

选取矿渣-胶粉浮石混凝土 B-0、B-10、B-15、B-20、B-30 组的 28d 的抗压强度作为主序列，记作 y_i。选取 RapidAir 475 测得的含气量、比表面积、气泡间距系数、气泡频率、气泡平均弦长以及 0～0.1mm、0.1～0.2mm、0.2～0.3mm、0.3～0.5mm、0.5～1.0mm、1.0～2.0mm、2.0～4.0mm 的孔径频率为子序列，记作 x_i。具体数据见表 3.36。

表 3.36 混凝土 28d 抗压强度和孔结构参数数据表

参数		组别						
		编号	B-0	B-10	B-15	B-20	B-30	
气泡参数	含气量	1	12.08	9.44	6.48	12.28	13.25	x_i
	比表面积	2	50.75	62.04	62.54	42.45	40.33	
	气泡间距系数	3	0.047	0.050	0.070	0.056	0.091	
	气泡频率	4	1.533	1.464	1.014	1.303	0.797	
	气泡平均弦长	5	0.079	0.064	0.063	0.094	0.099	
孔径分布/%	0～0.1mm	6	78.41	81.63	83.53	73.49	69.35	
	0.1～0.2mm	7	12.16	11.25	10.34	13.57	16.90	
	0.2～0.3mm	8	4.59	3.83	3.29	5.77	7.31	
	0.3～0.5mm	9	2.97	2.25	1.80	4.73	4.49	
	0.5～1.0mm	10	1.53	0.97	0.81	2.09	1.79	
	1.0～2.0mm	11	0.29	0.08	0.22	0.35	0.16	
	2.0～4.0mm	12	0.03	0.00	0.02	0.00	0.00	
28d 抗压强度/MPa		13	42.63	43.58	45.4	41.86	35.54	y_i

求解关联度，计算结果见表 3.37。

表 3.37 混凝土关联度

名称	关联度	名称	关联度
含气量	0.764845	0.1～0.2mm	0.774435
比表面积	0.845167	0.2～0.3 mm	0.689299
气泡间距系数	0.710565	0.3～0.5 mm	0.628824
气泡频率	0.782530	0.5～1.0 mm	0.660883
气泡平均弦长	0.737867	1.0～2.0 mm	0.687869
0～0.1mm	0.961431	2.0～4.0 mm	0.537685

矿渣-胶粉浮石混凝土的气泡特征参数与28d抗压强度关联度大小关系为：比表面积>气泡频率>含气量>气泡平均弦长。

矿渣-胶粉浮石混凝土的气孔分布与28d抗压强度关联度大小关系为：0～0.1mm>0.1～0.2mm>0.2～0.3mm>1～2.0mm>0.5～1.0mm>0.3～0.5mm>2.0～4.0mm。

2. 基于灰色系统理论的孔隙特征对清水冻融损伤度的影响分析

选取3组矿渣-胶粉浮石混凝土B-0、B-5、B-15，以它们经历200次清水冻融循环后的相对动弹性模量损伤度作为主序列，记作 y_i。选取经核磁共振试验测得的孔隙度、束缚流体饱和度、自由流体饱和度、渗透率、谱面积以及各孔隙半径区间0～0.1μm、＞0.1～1μm、＞1～10μm和＞10μm占比作为子序列，记作 x_i。具体数据见表3.38。

表3.38 混凝土清水冻融损伤度和孔结构参数数据表

参数		组别				
		编号	B-0	B-5	B-15	
孔隙参数	孔隙度	1	2.936	1.898	1.784	x_i
	束缚流体饱和度	2	42.920	50.686	64.233	
	自由流体饱和度	3	57.080	49.314	35.767	
	渗透率	4	131.423	12.284	3.140	
	谱面积	5	8679.318	5790.254	5400.814	
孔径区间/%	0～0.1μm	6	42.900	50.700	66.300	
	＞0.1～1μm	7	36.500	34.500	20.600	
	＞1～10μm	8	16.800	12.900	9.800	
	＞10μm	9	3.700	1.900	3.300	
损伤度		10	0.450	0.340	0.510	y_i

求解关联度，计算结果见表3.39。

表3.39 混凝土关联度

名称	关联度	名称	关联度
孔隙度	0.783023	0～0.1μm	0.713069
束缚流体饱和度	0.723421	＞0.1～1μm	0.746293
自由流体饱和度	0.786381	＞1～10μm	0.826811
渗透率	0.596401	＞10μm	0.797650
谱面积	0.794327		

矿渣-胶粉浮石混凝土的孔隙特征参数对清水冻融循环耐久性损伤度的影响程度大小关系为：谱面积>自由流体饱和度>孔隙度>束缚流体饱和度>渗透率。

矿渣-胶粉浮石混凝土的孔径区间分布对清水冻融循环耐久性损伤度的影响程度大小关系为：1～10μm>大于10μm>0.1～1μm>0～0.1μm。

3. 基于灰色系统理论的孔隙特征对盐蚀-冻融损伤度的影响分析

选取3组矿渣-胶粉浮石混凝土B-0、B-5、B-30，以它们在5%的Na_2SO_4溶液中经历200次冻融循环后的相对动弹性模量损伤度作为主序列，记作y_i。选取经核磁共振试验测得的孔隙度、束缚流体饱和度、自由流体饱和度、渗透率、谱面积以及各孔隙半径区间0～0.1μm、＞0.1～1μm、＞1～10μm和＞10μm占比作为子序列，记作x_i。具体数据见表3.40。

表3.40 混凝土Na_2SO_4溶液冻融损伤度和孔结构参数数据表

参数		组别				
		编号	B-0	B-5	B-30	
孔隙参数	孔隙度	1	5.756	5.122	5.263	
	束缚流体饱和度	2	36.065	37.160	40.531	
	自由流体饱和度	3	63.935	62.840	59.469	
	渗透率	4	3449.757	1968.245	1651.734	
	谱面积	5	10939.297	11805.137	12994.722	x_i
孔径区间/%	0～0.1μm	6	46.900	37.200	40.500	
	＞0.1～1μm	7	37.900	44.300	41.800	
	＞1～10μm	8	12.500	15.300	15.400	
	＞10μm	9	2.700	3.200	2.300	
损伤度		10	0.470	0.450	0.480	y_i

求解关联度，计算结果见表3.41。

表3.41 混凝土关联度

名称	关联度	名称	关联度
孔隙度	0.839254	0～0.1μm	0.751701
束缚流体饱和度	0.837923	＞0.1～1μm	0.776882
自由流体饱和度	0.887604	＞1～10μm	0.689046
渗透率	0.581821	＞10μm	0.719705
谱面积	0.769916		

矿渣-胶粉浮石混凝土的孔隙特征参数对 5%的 Na_2SO_4 溶液中盐蚀-冻融循环耐久性损伤度的影响程度大小关系为：自由流体饱和度>孔隙度>束缚流体饱和度>谱面积>渗透率。

矿渣-胶粉浮石混凝土的孔径区间分布对 5%的 Na_2SO_4 溶液中盐蚀-冻融循环耐久性损伤度的影响程度大小关系为：0.1～1μm>0～0.1μm>大于 10μm>1～10μm。

3.7.6 结论

本节以矿渣-胶粉浮石混凝土为研究对象，配置了矿粉掺量分别为 0%、5%、10%、15%、20%、25%、30%的混凝土，通过利用混凝土压力机、混凝土快速冻融循环试验机、动弹性模量测定仪、环境扫描电子显微镜、核磁共振仪、气孔间距分析仪等先进实验仪器，并结合灰色系统理论，将混凝土的宏观力学性能、耐久性能与微观分析相关联，得到以下结论：

（1）适量掺入矿粉可以提高矿渣-胶粉浮石混凝土的力学性能。混凝土的力学性能随矿粉掺量的增加呈现先增大后减小的趋势，当矿粉掺量小于 15%时，混凝土力学性能随着掺量的增加而增大，当掺量大于 15%时，混凝土的力学性能随着掺量的增加而减小，矿粉掺量为 15%时混凝土力学性能最优。

（2）微观分析研究发现，适量矿粉的掺入能够有效细化矿渣-胶粉浮石混凝土内部孔结构，使其内部结构更加致密，但随着矿粉掺量的增加，由于矿粉活性低于水泥活性，反而会使混凝土内的微裂缝和大孔隙增多，结构致密性降低。

（3）适量掺入矿粉可以提高矿渣-胶粉浮石混凝土的抗冻耐久性能。当矿粉掺量小于 10%时，混凝土抗冻耐久性能提高，但当掺量超过 10%时，混凝土抗冻耐久性能反而降低，矿粉掺量为 5%时，混凝土抗冻性能最优。在冻融循环过程中，相对动弹性模量变化能更精准地反映混凝土抗冻耐久性的劣化程度。矿粉能够改善混凝土的硬化气泡结构，增加硬化气泡弦长小于 240μm 的气泡数量可以提高混凝土的抗冻耐久性能。混凝土冻融循环前后孔隙度会产生变化，通过大于 10μm 的孔隙变化率可以对混凝土冻融损伤程度进行简单判断，大于 10μm 的孔隙变化率越小，冻融损伤程度越小，反之冻融损伤程度越大。

（4）适量掺入矿粉可以提高矿渣-胶粉浮石混凝土的抗盐蚀-冻融耐久性能。当矿粉掺量小于 10%时，混凝土抗盐蚀-冻融耐久性提高，当掺量超过 10%时，混凝土抗盐蚀-冻融耐久性降低，矿粉掺量为 5%时，混凝土抗盐蚀-冻融耐久性最优。从质量损失率和相对动弹性模量变化来看，混凝土盐蚀-冻融耦合作用下的损伤比单冻融作用下损伤更严重，相对动弹性模量变化能更真实地反映混凝土在盐蚀-冻融条件下的损伤情况。盐蚀-冻融循环会使混凝土内部的小孔隙逐步向大孔隙演变。当 0～1μm 的孔隙减少且＞1μm 的孔隙增加时，混凝土的盐蚀-冻融损伤加剧，反之混凝土的盐蚀-冻融损伤延缓。

（5）基于灰色系统理论分析可知：影响矿渣-胶粉浮石混凝土的 28d 抗压强度的最主要因素为比表面积和 0～0.1mm 的孔径区间分布。影响矿渣-胶粉浮石混凝土冻融循环耐久性损伤度的最主要因素为谱面积和 1～10μm 的孔径区间分布。影响矿渣-胶粉浮石混凝土盐蚀-冻融循环耐久性损伤度的最主要因素为自由流体饱和度和 0.1～1μm 的孔径区间分布。

（6）综合力学性能、抗冻融循环耐久性能和抗盐蚀-冻融循环耐久性能，采用矿粉掺量小于 10%的矿渣-胶粉浮石混凝土为宜。

第 4 章　改性橡胶浮石混凝土力学及抗冻性能的试验研究

4.1　改性橡胶水泥基复合材料工作性能及力学性能的试验研究

本节从橡胶粉自身的特点出发，利用改性方式的变换、掺量多少的调整、粒径大小的变化三个因素改变的橡胶粉掺入混凝土的试验设计，从不同的角度分析橡胶粉工作性能和力学性能，并以此为依据，探索橡胶粉掺入混凝土的微观机理。

4.1.1　橡胶粉的改性及表征

1. 胶粉改性

试验用橡胶颗粒选用河北唐山海维胶粉厂生产的废旧轮胎胶粉，粒径选用 20 目、40 目、60 目、80 目、100 目、120 目六种大小，拉伸强度为 15MPa，拉断伸长率为 508%。氧化改性剂采用具有强氧化性的强碱氢氧化钠（NaOH），表面活性剂采用非离子表面活性剂山梨糖醇单棕榈酸酯（Span 40）以及阴离子表面活性剂十二烷基苯磺酸钠（SDBS）和阳离子表面活性剂二氯异氰尿酸钠（SD）。对胶粉的改性过程，见 2.2.8 节。橡胶粉改性方式见表 4.1。

表 4.1　橡胶颗粒改性方式

组别	NaOH 改性	二次改性
XN_0	—	—
XN_5	5%NaOH	—
XN_{10}	10%NaOH	—
XN_{15}	15%NaOH	—
AN_0	—	Span 40
BN_0	—	SDBS
AN_5	5%NaOH	Span 40
AN_{10}	10%NaOH	Span 40
AN_{15}	15%NaOH	Span 40
BN_5	5%NaOH	SDBS
BN_{10}	10%NaOH	SDBS
BN_{15}	15%NaOH	SDBS

2. 改性橡胶粉微观表征

利用扫描电子显微镜放大2000倍观测胶粉表面形态。其试验结果如图4.1和图4.2所示。

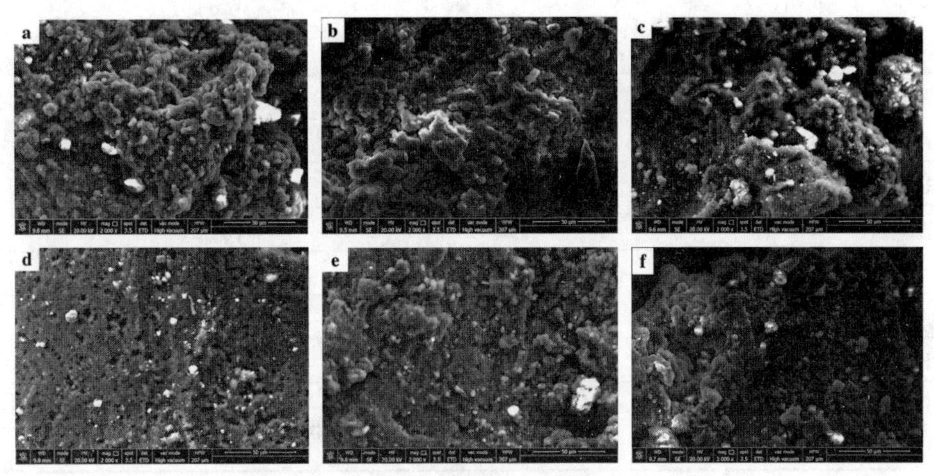

图4.1 一次改性方式橡胶颗粒表面SEM图像

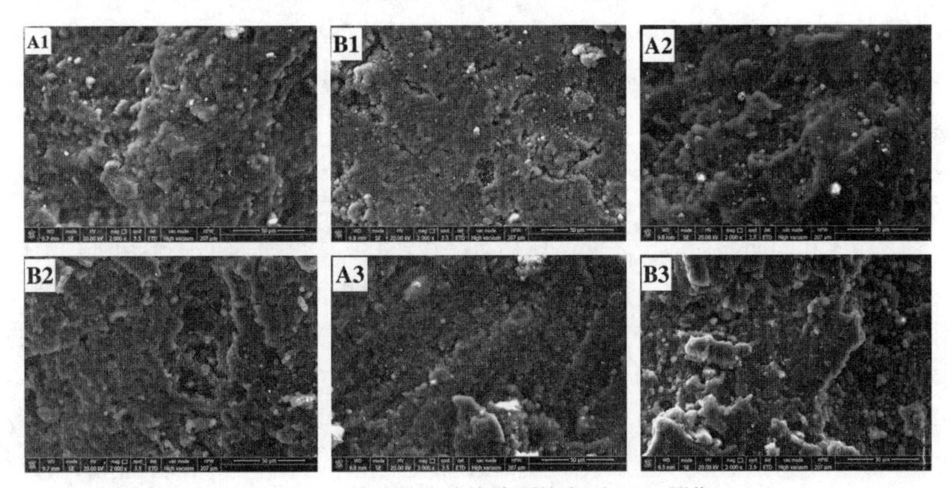

图4.2 二次改性方式橡胶颗粒表面SEM图像

（1）视频接触角表征及修正。由于轮胎废旧橡胶粉为弹性材料，进行接触角测试较为困难，本试验将不同改性方式处理过的废橡胶粉在相同反应条件下进行压片，制作橡胶片进行测试。利用OCA40视频光学接触角测量仪测试改性前后胶粉与水的表征接触角θ'，试验结果见表4.2。

表 4.2 改性橡胶粉接触角及其水泥胶砂工作性能

组别	接触角 θ'/°	接触角 θ/°	流动性指数/mm
XN_0	139.2	146.38	164.2
XN_5	121.5	125.08	179.8
XN_{10}	123.0	126.81	176.1
XN_{15}	142.0	150.09	153.2
AN_0	128.8	133.57	172.5
BN_0	126.5	130.87	168.6
AN_5	123.3	127.15	181.2
AN_{10}	131.2	136.43	169.8
AN_{15}	138.2	145.09	155.3
BN_5	122.0	125.66	175.1
BN_{10}	129.0	133.81	170.1
BN_{15}	143.0	151.46	152.6

依据接触角的试验结果 θ'，60 目未改性胶粉接触角为 139.2°，改性后的胶粉根据改性方式的不同有不同程度的改变。NaOH 随溶液浓度的增加，接触角逐步增大；对于相同的二次改性剂改性后的不同浓度 NaOH 溶液处理后的胶粉表现出一致的规律。

结合图 4.1 一次改性 SEM 微观图像，5%浓度的 NaOH 溶液处理过的橡胶粉较未改性胶粉凸起明显减少、表面更加圆滑，10%浓度的 NaOH 溶液处理后的胶粉与之相比孔隙明显增多、表面凸起略有减少，15%浓度的 NaOH 溶液处理后的胶粉表面凹洞进一步增多。由于 NaOH 溶液对胶粉表面硬质酸锌等杂质的侵蚀作用，胶粉表面憎水有机物得到了分解，浓度越高，分解的作用越明显，而过高的溶液浓度不仅和胶粉表面的硬脂酸锌发生反应，同时和胶粉主体的硬脂酸锌反应导致更高浓度处理过的表面出现较多的凹洞。过多的凹洞阻碍了水的扩散，导致接触角增加。5%浓度的 NaOH 溶液处理过的胶粉由于表面更加圆润、光滑，有益于水与胶粉表面的亲水基团结合，从而减小接触角。

Span 40、SDBS 的单一改性可减小接触角，观察微观结构可看到胶粉表面存在孔隙的同时也存在一定量的凸起，这些凸起一部分是表面残余的杂质，另一部分则是活性剂自身的官能团附着在了胶粉的表面。非离子表面活性剂（Span 40）不存在离子键，但基团亲水性较强，附着了较多的含氧官能团；阴离子表面活性剂（SDBS）通过自身电离出的阴离子可以增强与水的亲和性。正是这样的作用，使胶粉亲水性增强，接触角减小。

5%浓度的 NaOH 溶液处理后的胶粉接触角小于 Span 40、SDBS 改性后的胶粉接触角，从客观上说明了 NaOH 单一改性的效果好于表面活性剂单一改性的效果。

经过不同浓度 NaOH 溶液先处理之后的二次改性胶粉接触角与单独使用不同浓度 NaOH 溶液的变化趋势基本一致，AN_5、BN_5 接触角各自介于 5%的 NaOH 和表面活性剂之间，AN_{10}、BN_{10}、AN_{15}、BN_{15} 则分别低于各自的一次改性剂，NaOH 单一改性相比二次改性，对水的亲和性更强。对比图 4.2 二次改性 SEM 微观图像和图 4.1 一次改性 SEM 微观图像可以发现，二次改性后的胶粉表面凸起和孔隙与单一改性相比会发生不同的变化，表面凸起、孔隙越少、表面越圆润的改性胶粉具有越小的接触角。官能团的引入会增加接触角，一方面是因为引入官能团增加了表面的凸起，圆润度变差，另一方面是因为一次改性残留的强碱和反应残余的 Na^+会对表面活性剂的性能产生影响，强碱对亲水基产生一定的破坏，影响其化学结构稳定性；阴阳离子结合，减弱阴离子表面活性剂的亲水基团。这些都说明表面圆润程度、亲水基团的数量等对湿润性产生了影响。

在理想的固体表面上（结构、组成均一），接触角具有特定的值并由表面张力决定，满足 Young's 方程[98]。但是，由于测试用橡胶片由大量的橡胶粉压片而成，表面粗糙，与掺加在水泥基复合材料中的分散状态有很大不同，与胶粉实际的湿润性有一定差别，因此，根据 Wenzel 方程[99-100]在 20 世纪 40 年代对 Young's 方程进行修正的成果，将表征接触角 θ'转化为与实际更为接近的接触角，该方程的表达为 $\cos\theta=r\cos\theta'$，r 是表示粗糙程度的因子，$r\geqslant 1$。

由 Wenzel 的研究发现，表面的粗糙结构可增强表面的浸润性，认为这是由于粗糙表面上的固液实际接触面积大于表观接触面积的缘故。如图 4.3 所示，表征接触角 $\theta'>90°$，表面疏水性随表面粗糙程度的增强而增强，即 $\theta>\theta'$。

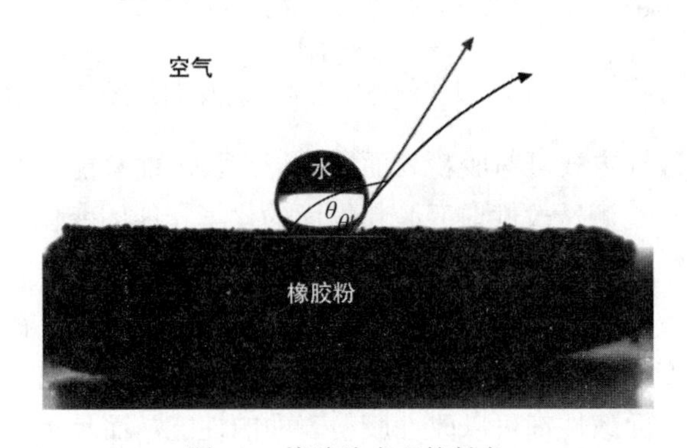

图 4.3　橡胶片表观接触角

Nakajima[101]研究了在具有规则微观结构的粗糙表面上结构尺寸与疏水性之间的关系（图 4.4），研究表明当 1.00＜r＜1.10 时，水与整个表面都接触，接触角与 Wenzel 公式计算值相吻合。近似取值 r=1.10。转换后的实际接触角 θ 见表 4.2。

600μm

水接触角 θ'（°）	114	138	155	151	153
粗糙系数 r	1.0	1.1	1.2	2.0	3.1
高度 C/μm	0	10	36	148	282

图 4.4　接触角与粗糙度因子之间的关系

（2）傅里叶红外光谱（FTIR）表征。红外光谱分析利用的是 MAGNA-IR760 型傅里叶红外光谱仪（FTIR），采用 KBr 压片对改性胶粉进行红外分析，测试条件：分辨率为 4，波数范围为 4000～400cm^{-1}，扫描次数为 32 次。通过红外光谱法对各橡胶粉表面吸收的特征化学官能团测试胶粉界面的红外光谱，对胶粉界面的改性状况进行定性分析。测试结果如图 4.5 所示。

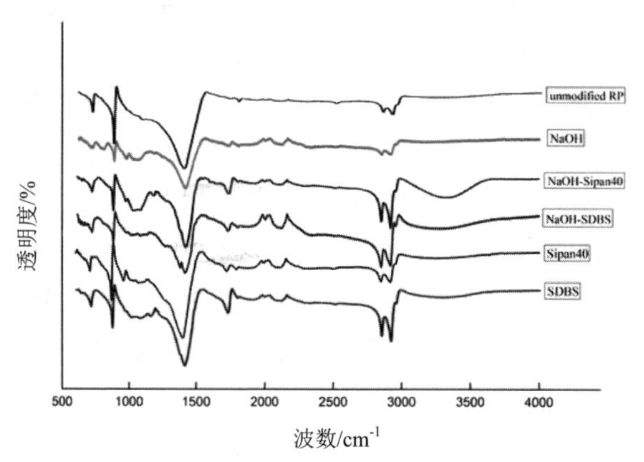

图 4.5　基于红外光谱的不同改性胶粉

通过不同的改性方式可对胶粉表面结构形态、表面官能团的种类以及数量产生影响，利用 FTIR 测试改性前后胶粉表面的化学官能团变化，定性分析不同的改性试剂对胶粉微观界面的作用。通过观察对比图 4.5 中每一种胶粉的红外光谱可以发现，五种改性方法和未改性胶粉光谱的整体形态一致，在几个强吸收峰的位置没有明显的变化，但在局部出现了不同强度的、能够反映各自改性效果的特征峰，这说明了表面改性剂可以改性胶粉表面的性能，而且不会破坏胶粉的整体结构。

由图 4.5 可以看出，未改性胶粉在 $2850cm^{-1}$ 和 $2918cm^{-1}$ 产生的峰为-CH_3 基的伸缩振动峰，在 $870cm^{-1}$ 和 $1396cm^{-1}$ 是天然橡胶的特征谱带。然而，与未改性胶粉相比，NaOH 改性胶粉除了在天然橡胶粉的特征谱带有明显的特征峰外，在 $710cm^{-1}$ 的附近出现了代表丁苯橡胶的单取代苯的谱带，在 $960cm^{-1}$ 出现了反式不饱和基团的 C-H 面外弯曲振动特征谱带，在 $792cm^{-1}$ 产生了顺丁橡胶的特征谱带。在橡胶的生产过程中，常常需要加入硬脂酸锌等外加剂。硬脂酸锌的化学式为 $(C_{17}O_{35}COO)_2Zn$，能够与酸碱反应。

现有研究表明，硬脂酸锌是降低橡胶颗粒和水泥石之间结合力的主要原因[102]。用 NaOH 溶液浸泡橡胶颗粒能够去除橡胶颗粒表面的硬脂酸锌，反应方程式为

$$(C_{17}O_{35}COO)_2Zn+4NaOH=2Na(C_{17}H_{35}COO)+Na_2(Zn(OH)_4)$$

这证明了经过 NaOH 溶液的处理，胶粉表面去除了硬脂酸锌等杂质，使胶粉成分中含量较少的丁苯橡胶以及顺丁橡胶的成分裸露了出来。经过 NaOH 处理后的橡胶粉，在胶粉表面基本不会改变胶粉的化学成分，而是通过其强腐蚀性处理了胶粉表面的杂质，NaOH 的这种侵蚀作用对胶粉性能的改变有着重要的影响。

观察分析 Span 40、SDBS 单改性胶粉，在 1000～$1300cm^{-1}$ 出现了 C-O 单键特征峰、$1720cm^{-1}$ 附近出现了 C=O 双键特征峰，这些含氧官能团的出现表明了表面活性剂对胶粉表面的活化作用，在表面附着的氧元素有益于亲水性能的提升。经过表面活性剂处理后的橡胶粉，能给胶粉表面附着更多的含氧官能团，这种氧化作用对胶粉性能的改变同样有重要影响。

二次改性后的胶粉同时出现了各自的特征谱带，体现了 NaOH 的侵蚀作用和活性剂的氧化作用这两种改性途径的综合作用效果。

（3）粒形、粒度分析。橡胶颗粒的细观形状因素与水泥基复合材料的形成机制和力学性能有直接的关系，本节利用 BT-1800 动态粒形粒度分析仪，对未改性橡胶颗粒的形状、尺寸等因素进行观察研究。图 4.6 为 80 目未改性橡胶颗粒分别为橡胶颗粒球形度和长径比的测试结果。

由于橡胶颗粒形状不规则，宏观的描述无法真实反映这些颗粒的形状特征，所以本节从整体形貌和细观特征上进行描述，对于其特征可以量化成直径、球形度、长径比表示。从图 4.6 中可以看到，橡胶颗粒的累积球形度在 0.7 以下时仅为 5.08%，平均圆形度为 0.88，长径比为 1 左右的颗粒占总体的 66.81%，平均长径比为 1.20，同样测得的 80 目 Span 40 改性橡胶颗粒的累积球形度在 0.7 以下时仅为 1.07%，平均圆形度为 0.95，长径比为 1 左右的颗粒占总体的 87.84%，平均长径比为 1.06，可以看出改性橡胶粉颗粒比未改性橡胶颗粒更加近似球体，这为计算改性橡胶粉砂-胶骨料比表面积提供了理论基础。

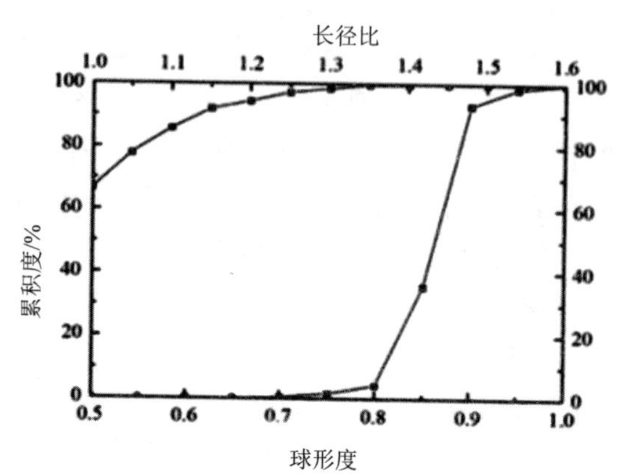

图 4.6　未改性橡胶颗粒球形度和长径比

（4）比表面积建模表征。假设橡胶粉和砂子均为规则的球体，每个颗粒的外表面积和体积分别为

$$s_i = 4\pi r_i^2 \tag{4-1}$$

$$v_i = \frac{4}{3}\pi r_i^3 \tag{4-2}$$

式中：颗粒的半径 r_i 取第 i 个筛分区间颗粒的上界值，且假设橡胶颗粒与砂子彼此之间始终紧密排列，则在单位体积 v_0 下第 i 个筛分区间的总颗粒数 n_i 为

$$n_i = \frac{v_0 - \mathrm{mod}(v_0, v_i)}{v_i} \tag{4-3}$$

因此，根据砂子和橡胶粉表观密度 ρ_{sand}、 ρ_{RP} 的不同，第 i 个筛分区间的砂子比表面积 $S_i^{(1)}$和橡胶粉的比表面积 $S_i^{(2)}$分别为

$$S_i^{(1)} = \frac{n_i \times s_i}{\rho_{\mathrm{sand}}} \tag{4-4}$$

$$S_i^{(2)} = \frac{n_i \times s_i}{\rho_{\mathrm{RP}}} \tag{4-5}$$

根据集料粒径与表面积关系法则，得到河砂比表面积 S_{w} 为

$$S_{\mathrm{w}} = \sum S_i^{(1)} a_i \tag{4-6}$$

则相对未掺橡胶粉细骨料，第 i 个筛分区间的橡胶粉内掺 $j\%$后的砂-胶骨料比表面积 $S_{i\times j}$ 为

$$S_{i\times j} = S_{\mathrm{w}}(1 - j\%) + S_i^{(2)} \times j\% \tag{4-7}$$

4.1.2 胶粉水泥基复合材料试验研究

1. 配合比设计及试验材料

水泥采用呼和浩特产冀东 P·O42.5 普通硅酸盐水泥。水泥胶砂细骨料采用国家定点生产的标准砂。水泥砂浆细骨料选用天然河砂，中砂，细度模数为 2.61，表观密度为 2573kg/m^3，堆积密度为 1365kg/m^3，颗粒级配良好。粗骨料采用内蒙古地区天然浮石，表观密度为 1593kg/m^3，堆积密度为 690kg/m^3。拌合水为自来水。减水剂采用 RSD-8 型高效减水剂，减水率为 20%。

水泥胶砂采用橡胶粉等质量替代砂子的方法，利用国家定点生产的标准砂与表 4.1 中 12 种 60 目改性方式处理过的橡胶粉制作水泥胶砂试件，橡胶粉水泥胶砂试件编号对应 A1～A12，按照以下配合比制作水泥胶砂试件：

水泥:标准砂:水:橡胶粉=450g:1323g:225g:27g（表 4.3）

水泥砂浆：同样采用橡胶粉等质量替代砂子的方法，使用河砂制作水泥砂浆试件组 X、Y、Z，其中 X 为未改性橡胶粉水泥砂浆试件，Y 组为 5%浓度 NaOH 溶液改性橡胶粉水泥砂浆试件，Z 为未掺加橡胶粉的基准试验组，配合比见表 4.3。

表 4.3 水泥浆试件配合比

组别	水泥/g	水/g	砂/g	橡胶粉/g
A1～A12	450	225	1323	27（60 目）
Z	450	225	1350	-
X1/Y1	450	225	1323	27（20 目）
X2/Y2	450	225	1296	54（20 目）
X3/Y3	450	225	1269	81（20 目）
X4/Y4	450	225	1242	108（20 目）
X5/Y5	450	225	1323	27（60 目）
X6/Y6	450	225	1296	54（60 目）
X7/Y7	450	225	1269	81（60 目）
X8/Y8	450	225	1242	108（60 目）
X9/Y9	450	225	1323	27（80 目）
X10/Y10	450	225	1296	54（80 目）
X11/Y11	450	225	1269	81（80 目）
X12/Y12	450	225	1242	108（80 目）
X13/Y13	450	225	1323	27（120 目）

续表

组别	水泥/g	水/g	砂/g	橡胶粉/g
X14/Y14	450	225	1296	54（120 目）
X15/Y15	450	225	1269	81（120 目）
X16/Y16	450	225	1242	108（120 目）

混凝土依据国家标准《浮石混凝土技术规章》（JGJ 51—2002）的相关规定进行配合比计算和试配。以未掺加橡胶粉的浮石混凝土为基准，试配强度为 C30，水胶比为 43%，砂率为 0.43，所有混凝土试件严格保持水、水泥、砂、浮石的配比完全相同，唯一变化的是橡胶粉外掺质量。橡胶粉改性方式采用阳离子表面活性剂二氯异氰尿酸钠 SD 改性。未改性橡胶粉混凝土（RC）及改性橡胶粉混凝土（MRC）的配合比见表 4.4。

表 4.4　混凝土试件配合比

编号	水泥	砂	水	未改性胶粉	改性胶粉	粗骨料	减水剂
RC60-1	2960	5760	1280	88.8	0	4080	6.4
RC60-2	2960	5760	1280	177.6	0	4080	6.4
RC60-3	2960	5760	1280	266.4	0	4080	6.4
MRC20-1	2960	5760	1280	0	88.8	4080	6.4
MRC20-2	2960	5760	1280	0	177.6	4080	6.4
MRC20-3	2960	5760	1280	0	266.4	4080	6.4
MRC60-1	2960	5760	1280	0	88.8	4080	6.4
MRC60-2	2960	5760	1280	0	177.6	4080	6.4
MRC60-3	2960	5760	1280	0	266.4	4080	6.4
MRC80-1	2960	5760	1280	0	88.8	4080	6.4
MRC80-2	2960	5760	1280	0	177.6	4080	6.4
MRC80-3	2960	5760	1280	0	266.4	4080	6.4
MRC100-1	2960	5760	1280	0	88.8	4080	6.4
MRC100-2	2960	5760	1280	0	177.6	4080	6.4
MRC100-3	2960	5760	1280	0	266.4	4080	6.4
MRC120-1	2960	5760	1280	0	88.8	4080	6.4
MRC120-2	2960	5760	1280	0	177.6	4080	6.4
MRC120-3	2960	5760	1280	0	266.4	4080	6.4

2. 改性胶粉对水泥胶砂工作性能影响研究

流动度测试结果见表 4.2。建立实际接触角与砂浆流动度一元线性回归模型，如图 4.7 所示，可以看出，随着接触角的增大，砂浆流动度线性逐渐减弱，由于胶粉表面湿润性的增强，胶粉表面亲水基增多，与浆体中颗粒表面的水分子产生更多的联结，形成更稳定的水膜，这层水膜具有很好的润滑作用，能有效减少水泥颗粒间的物理缠结，降低粒子间滑动阻力，从而使水泥基复合材料的流动性进一步提高。得到的湿润度-流动度线性回归方程为

$$y = -0.96102x + 298.93878 \tag{4-8}$$

回归系数 R^2=0.88315，表明橡胶粉与水的接触角与砂浆流动度密切相关，二者拟合程度较好，进一步表明了胶粉表面湿润性与砂浆流动性相关性关系的合理性和准确性。

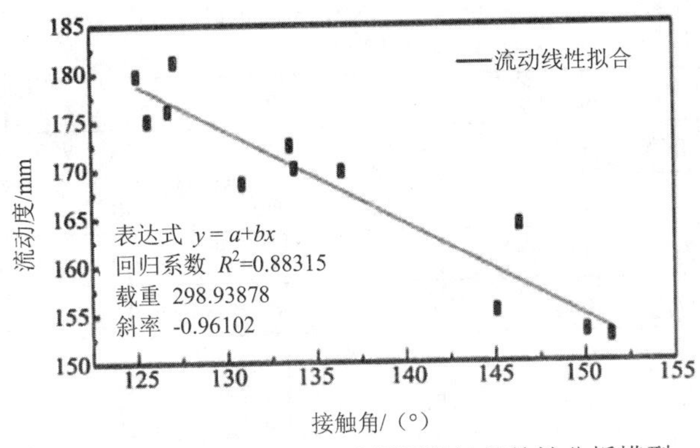

图 4.7 砂浆流动性和胶粉湿润性相关性分析模型

结合前文对接触角分析的研究以及前人对橡胶粉改性机理的探索，通过对胶粉表面微观结构和流动度的直接对照可以发现，对于不使用 Span 40、SDBS 的胶粉（图 4.1 中的 a、b、c、d），凸起或孔隙过多或过少都会对砂浆流动度产生损失，这是由于胶粉表面粗糙多孔，易包含较多水分，影响了砂浆的工作性能。经过 Span 40、SDBS 改性的胶粉（图 4.1 中的 e、f）的砂浆流动度有明显改善，说明表面活性剂使胶粉表面发生了变化。一方面胶粉表面亲水性增加，变得更圆滑；另一方面由于活性基团存在，使得改性后胶粉易吸附在水泥粒子表面，减小了粒子间的摩擦，有利于粒子的滑移，从而提高了水泥浆的分散性和稳定性。图 4-1 中的 b 所示的橡胶粉表面凸起及孔隙分配更为均衡，因此，胶粉表面的光滑、平整、圆润会对砂浆工作性能产生有利的影响。对于 NaOH 先处理、Span 40 以及 SDBS 两种改性剂处理过的胶粉，可以发现，它们在胶粉表面不同程度地附着其特有的极性化学键，其中对于非离子表

面活性剂 Span 40，NaOH 等强酸强碱会对其化学稳定性产生一定的影响，因此依据不同浓度的 NaOH 溶液会对侵蚀作用和化学官能团引入产生一个合适的度，这个度在本次试验中是采用的 5%浓度的 NaOH 溶液先处理以及 1%浓度的 Span 40 溶液二次改性达到的与水泥基体的亲和效果。

砂浆流动度和胶粉接触角之间存在很大的相关性，其能反映出二者之间的关联，通过赋予改性剂的变量，可进一步揭示橡胶粉的改性机理。NaOH 依据浓度的不同，每增加 5%的浓度，即增加一份 NaOH 的变量，变量取值见表 4.5。回归系数 R^2=0.9617，流动度和各系数之间存在紧密的相关性。拟合后的相关模型如下：

$$y = 233.89093 - 0.4735X_1 + 5.06925X_2 - 3.67549X_3 - 10.4731X_4 + 0.65055X_5 - 2.50153X_6 \tag{4-9}$$

表 4.5 砂浆工作性能模型

组别	接触角 θ/°（X_1）	5%NaOH（X_2）	10%NaOH（X_3）	15%NaOH（X_4）	司班（X_5）	十二烷基苯磺酸钠（X_6）
XN_0	146.38	0	0	0	0	0
XN_5	125.08	1	0	0	0	0
XN_{10}	126.81	1	1	0	0	0
XN_{15}	150.09	1	1	1	0	0
AN_0	133.57	0	0	0	1	0
BN_0	130.87	0	0	0	0	1
AN_5	127.15	1	0	0	1	0
AN_{10}	136.43	1	1	0	1	0
AN_{15}	145.09	1	1	1	1	0
BN_5	125.66	1	0	0	0	1
BN_{10}	133.81	1	1	0	0	1
BN_{15}	151.46	1	1	1	0	1
值	-0.47350	5.06925	-3.67549	-10.47310	0.65055	-2.50153
标准误差	0.13607	2.18160	1.81209	2.75460	1.39272	1.39503

由于 y 与 X_1 之间负相关，对比三份 NaOH 的系数可知，第一份 NaOH 对胶粉亲水性起着积极的作用，而随着 NaOH 浓度的增加，亲水性逐步减小，结合胶粉表面微观结构（图 4.1 中的 a、b、c、d）可知，杂质过多增大接触角，导致流动度流失，适量的 NaOH 有利于胶粉达到合适的湿润度，减少流动度的流失，但过大的浓度使胶粉表面增加了过多的粗糙孔洞，易包含较多水分，影响了砂浆的工作性能。

y 与 X_5 之间正相关，表明 Span 40 有益于提升砂浆工作性能。一方面胶粉表面亲水性增加，变得更圆滑；另一方面由于活性基团存在，使得改性后胶粉易吸附在水泥粒子表面，减小了粒子间的摩擦，有利于粒子的滑移，从而提高了水泥浆的分散性和稳定性。结合图 4.2 中的 A1、A2、A3，橡胶粉表面凸起及孔隙分配更为均衡，因此，胶粉表面的光滑、平整、圆润会对砂浆工作性能产生有利的影响。同时，由于 Span 40 是非离子表面活性剂，NaOH 等强酸强碱会对其化学稳定性产生一定的影响，以及根据实验测试结果，化学官能团的引入并不能大幅度提升其亲水性能，因此 Span 40 化学官能团的引入对亲水性的提升不如 NaOH 的侵蚀作用。

y 与 X_6 之间负相关，表明 SDBS 的改性整体上会造成流动度的流失。SDBS 单独改性对接触角减少有利，但二次改性时，由于阴离子表面活性剂 SDBS 在砂浆的碱性环境中电离后以负离子的形式存在，负离子 SO^{3-} 与砂浆中的 Ca^{2+}、残留的 Na^{+} 等正离子发生作用，从而使水泥粒子由于带同种负电荷而发生相互间的排斥，彼此之间相互分散开来，所以在 NaOH 用量较少时，砂浆的流动度随着改性剂用量的增大而增大。NaOH 的用量达到一定数值时，反应体系的浓度增大，改性单体之间自聚反应增强，使一定量的极性基团被屏蔽，降低了极性基团的有效含量，从而使改性胶粉对水泥粒子的分散作用减弱，随着改性剂用量的增大，这种效应也越明显，所以此时加大改性剂的用量只会使砂浆的流动度减小。

3. 改性对水泥胶砂力学性能的影响

（1）抗折强度。对水泥胶砂 3、7、14、28d 的力学性能进行测试，按照改性胶粉与未改性胶粉的抗折强度比率绘制图 4.8 所示的柱状图，在图中标注 0、1、2 表示改性剂的数量。可以看出相对于未改性胶粉，改性胶粉可以不同程度地提高水泥胶砂抗折强度，但对于抗压强度的提升依据改性方式的不同有所区分。折压比的增加反映出改性胶粉对橡胶水泥基复合材料韧性效果的提升。

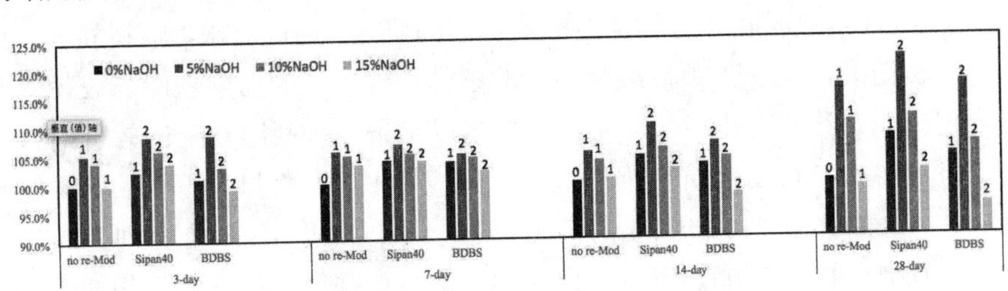

图 4.8　改性方式对抗折强度的影响变化图

由图 4.8 清晰地看出，各龄期改性效果趋势相同。相对于未改性的胶粉，改性胶粉可以提高水泥胶砂的抗折强度；NaOH 单一改性的胶粉在 5%浓度的情况下可以获得更大的抗折强度；三种改性剂的单一改性提升效果顺序为 NaOH>Span 40>SDBS；二次改性的使用相比每一种单一改性获得更大的抗折强度，5%的 NaOH 溶液先处理、Span 40 和 SDBS 二次改性的胶粉相比其他浓度 NaOH 溶液先处理的优越，两种二次改性剂的对比依旧呈现出 Span 40>SDBS 的现象，可见从表面活性剂对橡胶粉的改性效果的比较中，非离子表面活性剂由于不含离子键具有更稳定改性效果。

（2）抗压强度。依据抗压测试结果对改性胶粉的抗压强度变化率进行绘图比较，如图 4.9 所示。从图 4.9 观察抗压强度的变化情况，3d 龄期的改性胶粉比未改性的都有减弱，与其他龄期的趋势有所不同，这种降低的范围虽然很小，抛除试验误差的影响，可以看出在胶砂成型到 3d 养护的过程中，改性剂的成分对水泥基材料会产生一定的阻碍。这种阻碍在 7d 龄期之后就趋于稳定了，表现出了一定的规律。NaOH 的改性会降低胶粉的抗压强度，相反，两种表面活性剂可不同程度地提高抗压强度，依据上文的研究，这与两种改性机理的分配度有关。二次改性试剂量相同，但对抗压强度的影响很大，这说明化学物理侵蚀胶粉表面会对胶粉改性效果有更大的影响。对比不同改性方式抗折强度的结果，抗压强度的影响规律与抗折强度基本一致。

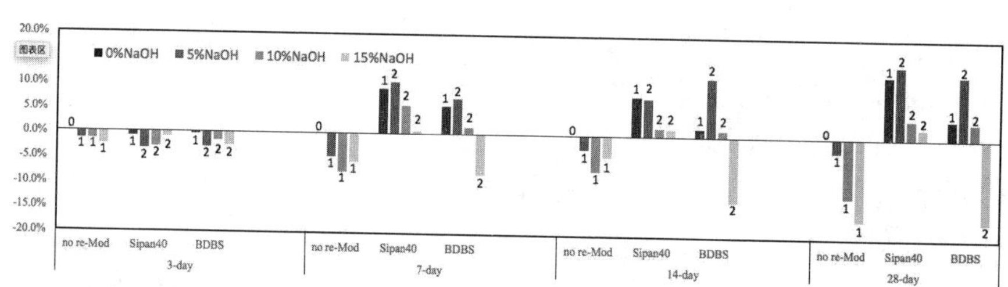

图 4.9 改性方式对抗压强度的影响变化图

（3）改性对水泥胶砂力学性能影响机理的研究。通过对水泥胶砂抗折、抗压强度的分析研究，发现在颗粒级配一致的条件下，胶砂的力学性能与胶粉的改性效果表现出相一致的变化规律。因此，根据以上条件，利用 Origin 软件对砂浆流动度 X_1 和 3、7、14、28d 抗折强度进行一元线性拟合，将拟合得到的结果绘制于表 4.6 中，此种状况（10 自由度的情况）下，四个龄期的相关度分别为 0.46949、0.58481、0.68601、0.8106，可以看出流动度与抗折强度存在一定的相关性，且随龄期的增长，这种相关性越发明显。

相比较湿润性与流动性显著的相关性，对比抗压强度变化规律，考虑到改性剂对胶粉改性侵蚀作用和极性化学键作用的影响，对两种作用与改性剂之间建立定量联系，分别视两种作用为两个值为1的变量。由于NaOH的作用主要是去除胶粉表面的硬脂酸锌等杂质，表面活性剂的作用主要是引入极性化学键，因此将NaOH处理过的胶粉视为侵蚀变量X_2，表面活性剂处理过的胶粉视为极键变量X_3。建立流动度、侵蚀作用、极键作用与抗折强度线性回归模型，得到拟合后四个龄期的相关性见表4.6，增加侵蚀变量和极键变量后的相关度分别为0.72882、0.79995、0.79388、0.88726，明显高于流动度和抗折强度单一变量拟合的结果，具有更加显著的相关性，这进一步证明了改性剂的侵蚀作用和极性化学键对胶粉改性具有重要的影响。进一步比较X_2、X_3的偏回归系数，X_2明显高于X_3，这说明物理侵蚀的影响高于极性化学键的影响。

在相同的配合比下，相同粒径的不同的橡胶粉改性方式理论上对砂-胶骨料比表面积影响不大，但对水泥胶砂的流动性能产生了影响，结合上文对工作性能的分析，进一步可知，橡胶粉改性对界面状况改变较大，表面改性使橡胶粉亲水性得到了不同程度的提升，从而提高了砂浆的流动性。

表4.6 胶砂力学性能与改性效果的相关性分析统计表

自由度	DF	值				R^2_{adj}	P
		截距	X_1	X_2	X_3		
3d	10	3.24652	0.01341	-	-	0.46949	0.00834
	8	3.00901	0.01357	0.18518	0.10738	0.72882	0.00342
7d	10	5.19128	0.00685	-	-	0.58481	0.00228
	8	5.09617	0.00691	0.08625	0.02871	0.79995	0.00104
14d	10	3.85742	0.01895	-	-	0.68601	<0.0001
	8	3.66576	0.01907	0.10905	0.13334	0.79388	0.00117
28d	10	1.22313	0.05433	-	-	0.81060	<0.0001
	8	1.63641	0.05461	0.36527	0.12217	0.88726	<0.0001

以未改性橡胶粉水泥胶砂折压比0.163为左右坐标比例尺绘制力学强度与流动度关系图，如图4.10所示，虚线为未改性橡胶粉水泥胶砂抗压强度和抗折强度。从图可以看出，改性后的水泥胶砂抗折强度普遍高于未改性橡胶粉，抗压强度提升效果不如抗折强度提升明显，但二者在A7组达到了最大，抗折强度提高了21.6%，抗压强度提高了14.8%，且折压比高于未改性橡胶粉。流动度与强度之间的相关性较高，抗折强度相关性系数为0.716，抗折强度与流动度之间的相关性依旧较高，且呈现向上增长，这不仅证明了橡胶粉水泥基材料工作性能和力学性能

之间紧密相关，流动度与力学强度之间存在关联，同时证明了在相同的配合比下，橡胶粉亲水性提高有利于流动性能的改善，增加实际水胶比，使力学性能提高。A7 相较于其他试验组取得力学性能最大的提升，即 5%的 NaOH 溶液先处理、Span 40 二次改性比单一改性取得了更好的提升。

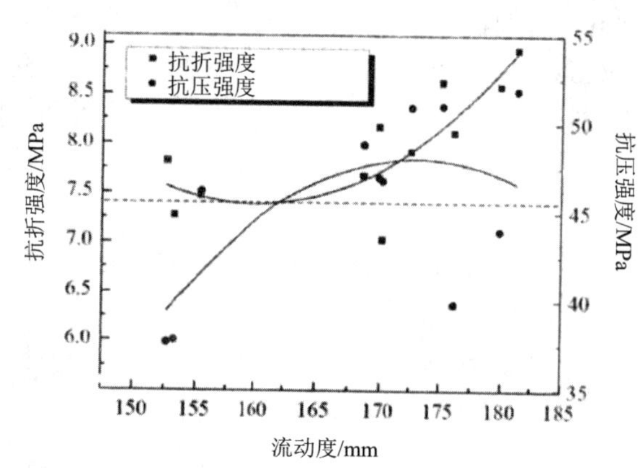

图 4.10 相同骨料级配砂浆流动度与力学强度间的关系

（4）改性前后混凝土应力-应变曲线分析。通过实测的荷载位移数据，利用式（4-10）进行转化得到试件单向抗压受力过程中对应的应力-应变曲线，再根据试验得到的每组 3 条应力-应变曲线，在数据的相同应变处取平均应力值，得到每组试件的应力-应变曲线图，如图 4.11～图 4.13 所示。

$$\sigma=\frac{N}{A};\quad \varepsilon=\frac{\Delta L}{L} \tag{4-10}$$

式中：N 为单轴受压强度，A 为橡胶粉浮石混凝土试件的全截面积，ΔL 为受压过程中的压缩位移，L 为试件的总高度。

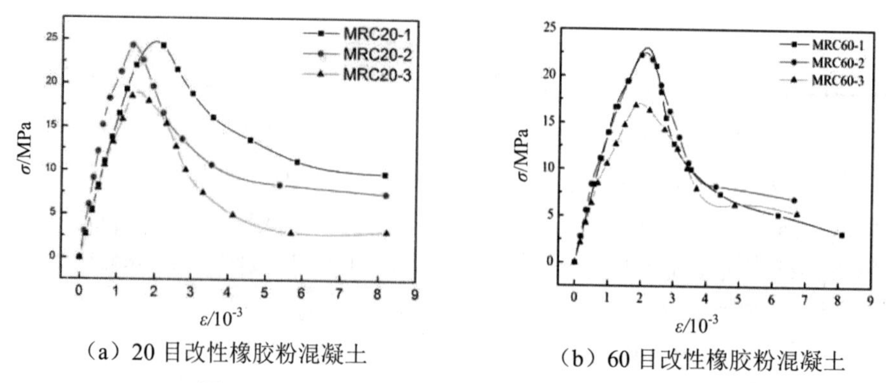

（a）20 目改性橡胶粉混凝土　　（b）60 目改性橡胶粉混凝土

图 4.11 改性橡胶粉混凝土应力-应变曲线掺量对比

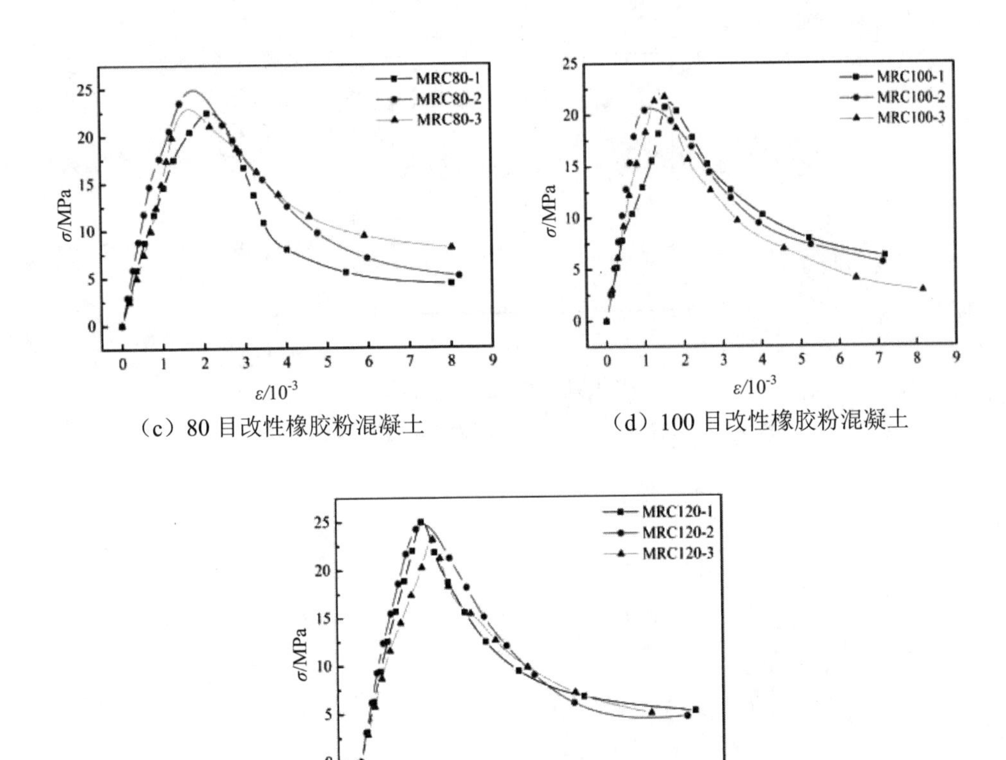

（c）80 目改性橡胶粉混凝土

（d）100 目改性橡胶粉混凝土

（e）120 目改性橡胶粉混凝土

图 4.11　改性橡胶粉混凝土应力-应变曲线掺量对比

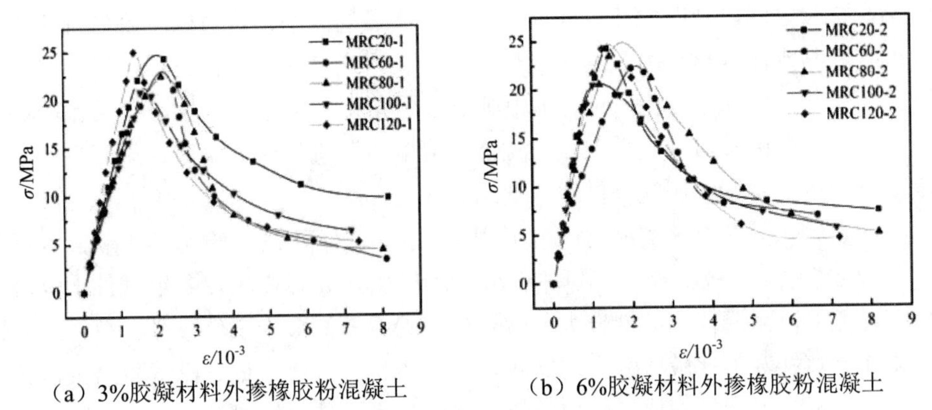

（a）3%胶凝材料外掺橡胶粉混凝土

（b）6%胶凝材料外掺橡胶粉混凝土

图 4.12　改性橡胶粉混凝土应力-应变曲线粒径对比

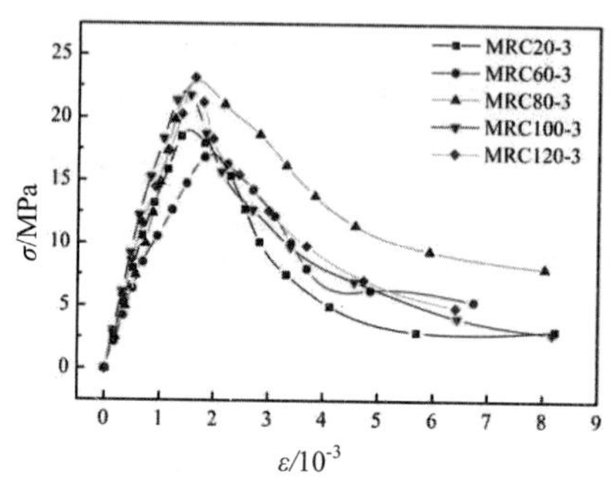

（c）9%胶凝材料外掺橡胶粉混凝土

图 4.12　改性橡胶粉混凝土应力-应变曲线粒径对比

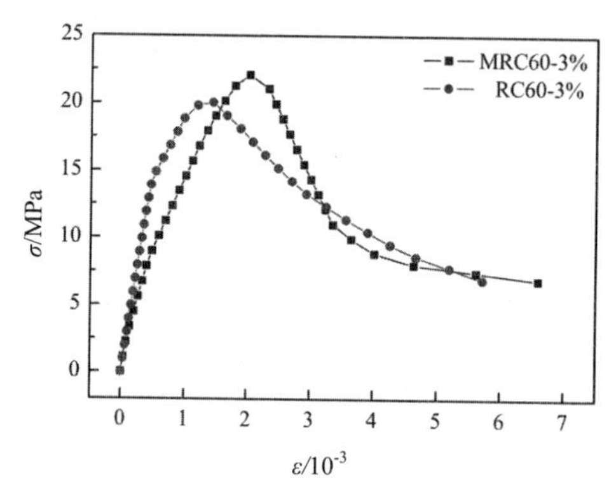

图 4.13　未改性与改性橡胶粉混凝土应力-应变曲线对比

从图 4-11～图 4.13 可以看出，相同掺量橡胶粉不同粒径之间、相同粒径橡胶粉不同掺量之间以及改性和未改性之间存在明显的区别，这与橡胶粉自身的弹性度改变和与水泥基材料的联结状况变化、细骨料比表面积变化、颗粒级配变化以及其所引起的实际水胶比、应力集中等很多因素有关，通过应力-应变关系的深入研究可对多种因素对橡胶粉混凝土性能的影响机制进行深入研究，从而为橡胶粉混凝土的进一步试验研究提供理论基础。

无量纲化处理试验实测的应力-应变曲线，横坐标用 $\varepsilon/\varepsilon_c$ 表示（其中 ε_c 为峰值应变），纵坐标用 σ/f_c 表示（其中 f_c 为峰值应力）。可以看出，各组试件上升段弧度存在差异，下降段离散性较大。改性橡胶粉浮石混凝土试件掺量、粒径、改性因素不宜直接观察比较，为方便比较，引入本构参数可定量分析试验结果，减小比较的视觉误差，针对比较的内容提高研究的准确性和针对性。由于橡胶粉浮石混凝土应力-应变曲线与普通混凝土应力-应变曲线差异不大，因此，利用普通混凝土本构方程的形式对其进行拟合，上升段方程（4-11）和下降段方程（4-12）

如下：

$$y = ax + (3-2a)x^2 + (a-2x)x^3，x \leqslant 1 \quad (4\text{-}11)$$

$$y = \frac{x}{b(x-1)^2 + x}，x \geqslant 1 \quad (4\text{-}12)$$

其中，根据已有的研究结论，上升段控制参数 a 的物理意义是原点切线模量与峰值割线模量的比值，反映了材料从弹性阶段到弹塑性阶段一直到峰值应力的脆性性能，a 值越大，曲线的弧度越明显，受压过程表现出的塑性性能越强，普通混凝土 a 的合理取值范围是 $1.5<a<3.0$；下降段控制参数 b 的大小反映了材料从峰值应力到下降段拐点再到残余段的发展历程，曲线越平缓，塑性性质越显著，b 的取值范围是 $b>0$，且当 $b=0$ 时，$y=1$。因此，利用参数 a、b 作为橡胶粉浮石混凝土上升段和下降段评价指标，对不同掺量、不同粒径、不同界面状况的橡胶粉浮石混土进行定量描述，根据试验结果对橡胶粉混凝土破坏机理做出解释。运用最小二乘法原理，对 5 种粒径大小、3 种掺量改性橡胶粉混凝土以及 60 目、3 种掺量普通橡胶粉混凝土和基准组混凝土进行非线性拟合，得到本构参数值，见表 4.7。所有拟合相关性均在 0.9 以上，采用的本构模型与实际数据具有较好的拟合度。

表 4.7　橡胶粉混凝土本构参数值

组别	a	b
RC60-1%	2.307	2.377
RC60-2%	2.461	0.830
RC60-3%	1.765	0.964
MRC20-1%	1.605	1.331
MRC20-2%	1.388	1.324
MRC20-3%	1.003	1.458
MRC60-1%	2.676	7.513
MRC60-2%	1.467	2.576
MRC60-3%	1.136	1.530
MRC80-1%	1.355	3.406
MRC80-2%	1.106	0.758
MRC80-3%	1.810	1.280
MRC100-1%	1.010	1.000
MRC100-2%	1.203	0.461
MRC100-3%	1.634	2.126

续表

组别	a	b
MRC120-1%	1.028	1.753
MRC120-2%	1.181	1.034
MRC120-3%	1.273	2.024

对比图 4.13 改性前后混凝土应力-应变曲线可以看出，橡胶粉改性后峰值应变增加，峰值应力增加或减少。根据前文的分析，改性可以改善橡胶粉表面的圆润度，使表面圆润、光滑，进一步影响水泥基砂浆的流动性、力学性能。在本试验中，采用二氯异氰尿酸钠（属于阳离子表面活性剂）改性的橡胶粉制作的混凝土试件，与前文的改性方式有所不同，但改性后的橡胶粉混凝土试件的峰值应变发生一致的变化，说明改性是成功的，改变了橡胶粉表面界面状况，但峰值应力却没有明显提升，这可能与改性方式的效果不佳有关，也可能与橡胶粉掺量的改变引起的内部微观构造的变化有关。峰值应变与混凝土强度密切相关，普遍情况混凝土峰值应力会随峰值应变的增加而增加，而在本试验架构下，相同的橡胶粉掺量、粒径，改性后的混凝土峰值应变增加，峰值应力增大。这是由于橡胶粉改性改善橡胶粉界面状况，增强了与水泥浆的结合，在抗压条件下，应力集中现象得到改善，橡胶粉可以稳定地承受压力作用，使峰值应变提高；同时，由于改变了橡胶粉的界面状况，改性橡胶混凝土强度增加，峰值应力增大。

对比 RC60-X 以及 MRC60-X 本构参数值 a，改性后的橡胶粉混凝土比未改性橡胶粉混凝土值减小，这是因为橡胶粉属于超弹性材料，在未改性的情况下，根据对水泥胶砂工作性能和力学性能的分析，未改性橡胶粉与表面亲水性差，未能与胶凝材料以及骨料达到很好的粘接，而改性后的橡胶粉粘接效果增强，受压本构曲线的超弹性的体现得到明显的增加；同时，改性橡胶混凝土本构参数值 a 相对未改性橡胶混凝土，随着强度的降低而增大。对比 RC60-X 以及 MRC60-X 本构参数值 b，改性橡胶混凝土相比未改性值增大，同样表明改性后橡胶混凝土弹性性能增强，这与改性后的橡胶粉亲水性增强是密不可分的；同样一致性的规律，改性橡胶混凝土本构参数值 b 相对未改性橡胶混凝土，随着强度的降低而减小。根据对 a、b 的分析，对比改性前后橡胶混凝土的性能，可以发现，改性后的橡胶粉混凝土弹性提高，塑性降低。这是因为，改性前橡胶粉亲水性较差，受压时橡胶粉不能充分地承受力，混凝土自身的弹塑性特点发挥更大的作用；改性后橡胶粉亲水性增强，与骨料和水泥的连接更加紧密，受压时承受更多的压力，橡胶粉自身的超弹性特点得到更大的发挥。

4.1.3 橡胶粉掺量、粒径对水泥基复合材料性能的影响

1. 掺量、粒径对水泥胶砂工作性能影响研究

依据 4.1.1 节中的比表面积模型，计算后的 X/Y 组砂-胶骨料比表面积相对 Z 组的增加率见表 4.8。

表 4.8 水泥砂浆试样 X/Y 比表面积计算结果

比表面积/cm·g^{-1}	20 目	60 目	80 目	120 目
2%	1.4%	8.3%	13.5%	18.7%
4%	2.9%	16.7%	27.0%	37.4%
6%	4.3%	25.0%	40.5%	56.0%
8%	5.8%	33.4%	54.0%	74.7%

由表 4.8 比表面积的变化可知，与普通砂浆相比，掺加橡胶粉的砂浆比表面积增加，这是因为橡胶粉密度远低于砂子，等质量替代砂子必将使该粒径的颗粒数量增加，总表面积增大，比表面积增加。等掺量不同粒径的橡胶粉随着目数的增大，比表面积增大，这是因为相同质量不同粒径的橡胶粉，颗粒越小，增加的颗粒数量越多，总表面积增大，比表面积增加。无论是横向比较还是纵向比较，比表面积变化都比较明显。

橡胶粉粒径和取代量对水泥砂浆流动性的影响结果如图 4.14 所示。由图 4.14（a）可知，相同粒径、不同掺量的橡胶粉水泥砂浆流动性表现出一致的规律，随着橡胶粉掺量增加，流动度逐渐降低，当橡胶粉取代量为 2%时，达到相应橡胶粉砂浆流动度的最大值。这是由于在粒径相同的情况下，掺量的增加大幅度增加了骨料的比表面积，要得到同样的流动度需要增加用水量，掺量越大，流动度越低。2%掺量的各种粒径橡胶砂浆流动度基本都大于普通砂浆，而当橡胶粉取代量大于 2%时，流动度均低于普通砂浆，这说明适当地掺入橡胶粉可以改善砂浆流动性。

由图 4.14（b）可知，相同掺量下的砂浆流动度变化规律为随着目数的增加，流动度先增加后降低，当橡胶粉粒径为 60 目时，流动度最大，且 4 种掺量下表现出相一致的规律。这种结果可由橡胶粉与砂的差异来解释，大目数橡胶颗粒比较细小，表面积大、黏聚力小，降低了水泥与砂界面的摩擦力，同时越小的颗粒填充于水泥和砂之间，越能有效改善细骨料的颗粒级配，这有利于砂浆的流动，从而增加了砂浆的流动度；但考虑到影响砂浆流动性的另一个重要因素水胶比，颗粒越细，比表面积越大，要得到同样的流动度需要增加用水量，在理论水胶比相同的情况下，相同掺量不同粒径的橡胶粉，实际水胶比减小。综

合以上两点，60 目粒径大小的颗粒级配达到了最优配置且取得最大流动度。根据图 4.14，综合考虑掺量和粒径的影响，在该组实验条件下，2%掺量、60 目橡胶粉的流动性能最好。

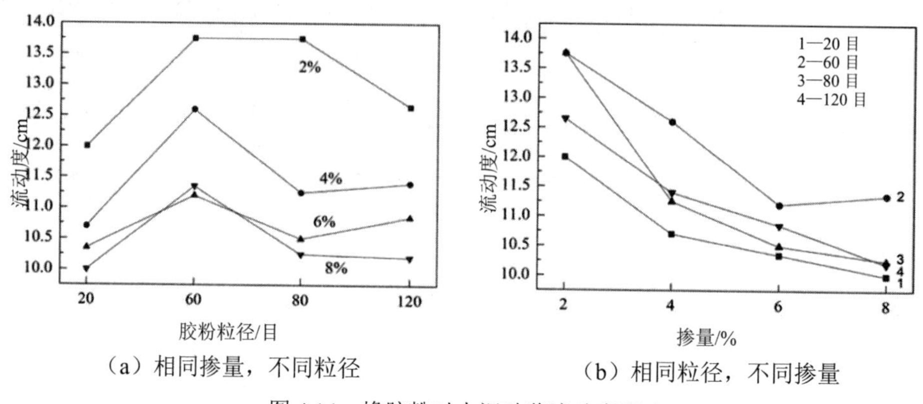

（a）相同掺量，不同粒径 （b）相同粒径，不同掺量

图 4.14 橡胶粉对水泥砂浆流动度影响

2. 掺量、粒径对水泥砂浆力学性能的影响研究

橡胶颗粒粒径和取代量对水泥砂浆试件抗折强度的影响如图 4.15 所示。对比 3 个龄期不同目数试件抗折强度曲线不难发现，20 目、80 目、120 目的橡胶粉试件随着掺量的增加，抗折强度逐渐降低，但 60 目橡胶粉试件抗折强度随掺量增加先增大后减小；而对于相同掺量的不同粒径橡胶粉，并没有表现出一致的规律；在该试验的研究条件下，掺量 2%的 120 目橡胶粉对水泥砂浆抗折强度提升最大，且 28d 龄期的该组试件强度高于普通砂浆试件。产生上述现象的原因主要是，由于试验组采用了内掺的橡胶颗粒，即掺入等质量的橡胶粉来代替基准组 Z 中等质量河砂，在水泥砂浆强度的生成过程中，砂子与水的亲和性大于橡胶粉与水的亲和性，而橡胶粉内掺使砂的比重减少，导致砂浆的黏合性变差，随着掺量的增加，减弱的效果更加明显，强度呈现下降的普遍现象，这是各目数试件随着掺量增加强度减小的原因。但强度的高低也取决于水泥的填充效应。砂浆可以看作连续级配的颗粒堆积体系，水泥用来包裹较细的砂子，形成的浆体用来包裹砂子里的小石子，60 目橡胶粉粒径为 0.3～0.45mm，该粒径的河砂颗粒占所有河砂质量的 20.7%，对大、小粒径的填充效果起着明显的作用，在该试验的研究条件下，4%掺量的 60 目橡胶粉相对于其他掺量 60 目橡胶粉而言，在一定程度上改善了细骨料的颗粒级配情况，从而获得了比 2%掺量更好的抗折强度。

掺量、粒径的改变引起了流动度和抗折强度类似的规律，于是对流动度-抗折强度进行拟合，如图 4.16 所示，图 4.16（a）从下到上依次为 3d、7d、28d 拟合结果，图 4.16（b）提取 28d 结果分别对 20 目、60 目、80 目和 120 目流动度-抗折强度进行拟合。

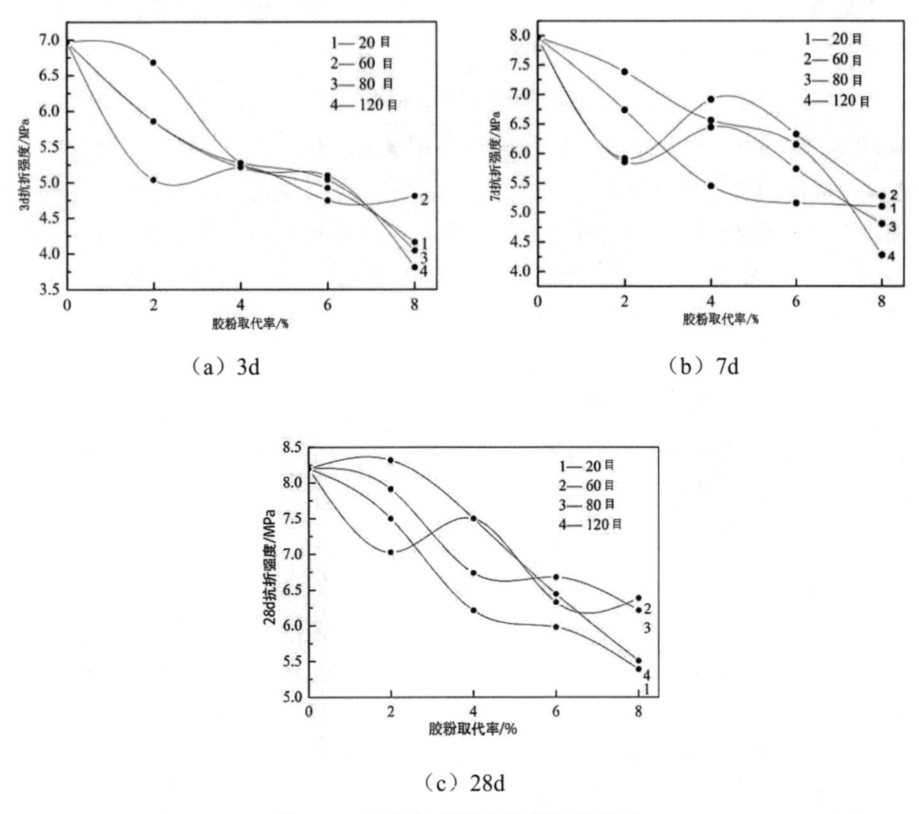

（a）3d （b）7d

（c）28d

图 4.15 砂浆抗折强度随掺量的变化

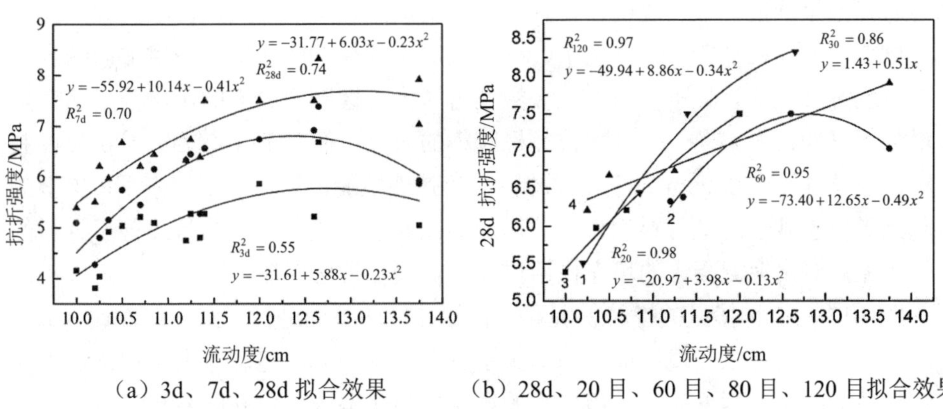

（a）3d、7d、28d 拟合效果 （b）28d、20 目、60 目、80 目、120 目拟合效果

图 4.16 不同骨料级配砂浆流动度与力学强度间的关系

由图4.16（a）可知，3d、7d、28d水泥砂浆的流动度与抗折强度间存在良好的相关性，随着龄期的增加，这种相关性更为明显。从图可以看出，抗折强度与流动度之间呈现抛物线形关系，存在一个最佳的流动度使掺加橡胶粉的水泥砂浆抗折强度达到一个最大值，结合相关方程

$$F_{28\mathrm{d}}=-31.77+6.03X_f-0.23F_{\mathrm{x}}^2 \tag{4-13}$$

计算解得28d的最佳流动度为131mm。由图4.16（b）可知，每种目数橡胶砂浆28d抗折强度与流动度之间存在极大的相关性，当流动度处于131mm以下时，强度随橡胶粉掺量的增加而增大。2%掺量的120目橡胶粉砂浆流动度为126.5mm、抗折强度为8.32MPa，取得最大橡胶粉水泥砂浆强度；60目橡胶粉砂浆在掺量为4%、流动度为126mm时取得最大强度，大于掺量为2%、流动度为137.5mm时的强度，这些说明了橡胶粉掺量的不同对砂浆工作性能的影响根据橡胶粉粒径的大小有所不同，采用适当的掺量可使流动度达到一定的数值，同时最大限度地提高力学性能。以上分析说明了橡胶粉混凝土的细观特征使工作性能和力学性能之间存在紧密的关联。

3. 掺量、粒径对橡胶混凝土力学性能的影响

图4.11将20目、60目、80目、100目、120目改性橡胶混凝土的应力-应变曲线对掺量做了对比。综合5种粒径，低掺量的橡胶粉对峰值应力的影响表现为：20目改性橡胶粉混凝土1>2>3，60目改性橡胶粉混凝土1>2>3，80目改性橡胶粉混凝土2>1>3，100目改性橡胶粉混凝土3>2>1，120目改性橡胶粉混凝土3>2>1。可以看出，与大粒径橡胶粉混凝土强度随掺量增加而减小的规律不同，小粒径橡胶颗粒的橡胶混凝土在低掺量的前提下，随掺量的增加而略微增加。而这与本构参数 a 的变化趋势一致。与4.1.2节对改性前后橡胶混凝土强度与本构参数 a 的关系的研究结果严格一致，说明在粒径较大的情况下，掺量增加，橡胶混凝土弹性性能增加，但在粒径较小的情况下，橡胶混凝土弹性性能随掺量的增加而减小。这与传统意义上的认识不一致。大多数学者认为，橡胶混凝土的抗压强度随掺量的增加而降低，更偏向于对较大粒径橡胶粉的研究，而对于100目、120目橡胶颗粒，颗粒直径在0.2mm以下，橡胶粉的超弹性性能已经体现不出来了，更多的是起到类似于砂子的细骨料的作用，增加的橡胶粉掺量，更多的是改善了骨料的颗粒级配，对水泥混凝土的填充作用提高了混凝土抗压性能。

图4.12将3种掺量的橡胶粉混凝土依据粒径的不同进行了对比。对比（a）、（b）、（c）三图可以发现峰值应力的大小关系区别明显，但总体上呈现出随着橡胶粉粒径的减小，强度先减小后增大的规律。相比本构参数 a 随着粒径减小，先变大再变小的规律，得出强度与 a 的关系：强度越大，a 值越小。

4.1.4 橡胶粉改性、掺量、粒径因素比较

以水泥砂浆流动度和 28d 抗折强度为考查指标，正交因素水平设计和试验结果分析见表 4.9 和表 4.10。为简化试验过程，改性剂选用 5%的 NaOH 溶液进行单一改性。

表 4.9 正交因素水平设计

水平	因素		
	粒径 *A*	掺量 *B*	改性 *C*
1	20 目	2%	未改性
2	60 目	4%	NaOH 改性
3	80 目	6%	
4	120 目	8%	

表 4.10 正交试验结果及极差分析

编号	因素			流动度/mm（*a*）	抗折强度/MPa		
	A	*B*	*C*		3d（*a*）	7d（*a*）	28d（*a*）
1	1	1	1	120.0	5.86	6.74	7.50
2	1	2	1	107.0	5.21	5.45	6.21
3	1	3	2	111.5	5.92	5.73	7.28
4	1	4	2	101.0	4.69	5.05	5.56
5	2	1	1	137.5	5.04	5.92	7.03
6	2	2	1	126.0	5.21	5.91	7.50
7	2	3	2	111.5	5.04	6.01	7.15
8	2	4	2	106.0	4.95	5.47	6.68
9	3	1	2	133.5	5.86	6.80	8.14
10	3	2	2	113.0	5.10	6.50	7.44
11	3	3	1	105.0	5.04	5.74	6.68
12	3	4	1	102.5	4.04	5.20	6.21
13	4	1	2	135.5	5.39	7.38	8.62
14	4	2	2	116.0	5.80	6.7	7.99
15	4	3	1	108.5	5.10	6.15	6.45
16	4	4	1	102.0	3.81	4.28	5.51

续表

编号	因素			流动度/mm（a）	抗折强度/MPa		
	A	B	C		3d（a）	7d（a）	28d（a）
	A	B	C		A	B	C
$\overline{K_{a1}}$	109.9	131.6	113.6	$\overline{K_{b1}}$	5.42	5.54	4.67
$\overline{K_{a2}}$	120.3	115.5	116.0	$\overline{K_{b2}}$	5.05	5.33	5.34
$\overline{K_{a3}}$	113.5	109.1		$\overline{K_{b3}}$	5.01	5.28	
$\overline{K_{a4}}$	115.5	102.9		$\overline{K_{b4}}$	5.03	3.37	
R_a	10.4	28.8	2.4	R_b	0.41	2.17	0.65
	A	B	C		A	B	C
$\overline{K_{c1}}$	5.74	6.17	5.67	$\overline{K_{d1}}$	6.64	7.82	6.64
$\overline{K_{c2}}$	5.83	6.14	6.21	$\overline{K_{d2}}$	7.09	7.29	7.36
$\overline{K_{c3}}$	6.06	5.91		$\overline{K_{d3}}$	7.12	6.89	
$\overline{K_{c4}}$	6.13	5.00		$\overline{K_{d4}}$	7.14	5.99	
R_c	0.39	1.17	0.54	R_d	0.50	1.83	0.72

通过试验结果的极差分析，得到粒径、掺量、改性三者对橡胶粉改性水泥基砂浆工作性能影响从高到低依次为掺量>粒径>改性，掺量的影响远高于改性作用和粒径大小。

这是由于掺量对比表面积的改变远大于粒径对比表面积的改变，而改性并不明显影响比表面积。而且由于流动度大小与水、胶凝材料和骨料的多少、彼此间的比例和组成材料的特性有主要关系，其中水胶比的作用最大，砂胶比作用次之[103]，在理论水胶比一致的条件下，随着橡胶粉掺量的增加，骨料比表面积增加显著，体积增大，水泥浆润滑效果减弱，对流动性影响最大；相同掺量下，随橡胶粉目数的减小，体积略微增大，比表面积的增加和水泥浆润滑效果的减弱不如掺量变化明显；改性后的橡胶粉体积和比表面积变化不大，界面状况改变引起亲水性的改变，对流动性影响最小。

由 3d、7d、28d 的抗折强度极差分析可以看出，影响胶粉水泥基砂浆力学性能的因素根据影响程度从高到低依次为掺量>改性>粒径。这是由于橡胶粉作为一种惰性材料，其与水泥浆体的界面连接强度远远小于砂子，在试件成型过程中，大量的水参与了水泥水化，改性后的橡胶颗粒亲水性增强，这增加了橡胶粉表面水泥水化效果，增强了水泥浆对橡胶粉的包裹，在掺量一定的条件下，橡胶粉粒径对强度的影响不如其对流动性的影响。同时表明橡胶粉表面水泥水化对水泥基材料强度的提升效果大于较小的比表面积变化，而进一步分析，这与橡胶粉表面“实际比表面积”有关，即与橡胶颗粒周围实际发生水化作用的水泥量有关。

从直接优化的角度分析龄期对性能的影响，5 号试样的流动度最高、3 号试样 3d 抗折强度最高、13 号试样 7d、28d 抗折强度最高，对应的橡胶粉粒径分别为 60 目、20 目、120 目，即：60 目橡胶粉胶-砂骨料水泥砂浆流动度最高，20 目橡胶粉试件初期抗折强度最高，但随着龄期的增加，120 目强度提升明显，且达到最大。

图 4.17（a）、（b）、（c）分别为水泥水化、橡胶颗粒表面附着水泥水化以及橡胶颗粒与水泥水化后的黏结界面 SEM 图。从图可以看出，水泥水化效果大于橡胶颗粒表面水泥的水化效果，但二者连接面有一条明显的缝隙，橡胶颗粒的界面状况导致二者连接面的疏松、不紧密。

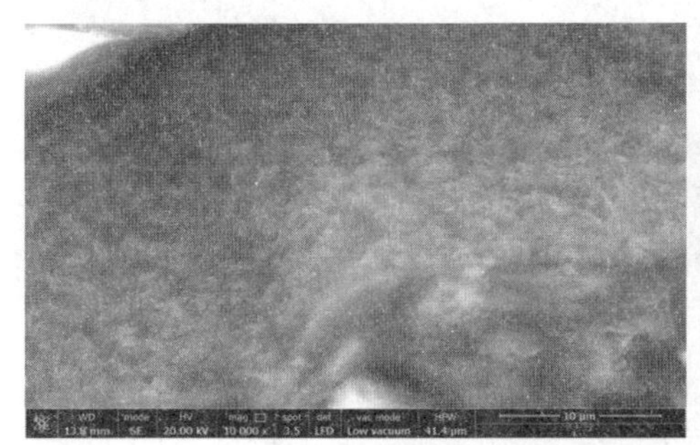

（a）水泥水化

（b）橡胶颗粒表面附着水泥水化

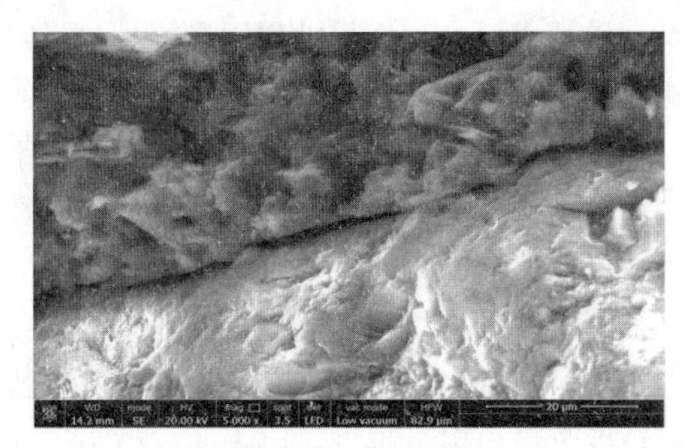

（c）橡胶颗粒表面水泥水化

图 4.17 水泥-橡胶颗粒表面 SEM 图

结合上文的分析，对砂-胶骨料水泥砂浆早期强度存在的差异做出解释。在水泥砂浆成型开始后较短时间内，水泥基材料发育不完全，等掺量的较大粒径橡胶颗粒砂-胶骨料比表面积小于粒径较小的橡胶颗粒，实际水胶比增加，用于水泥水化作用的水分多于小粒径橡胶颗粒，加速水泥的水化作用；但随着龄期的增加，水化的进一步发展，发育逐渐完全，由于每个较大粒径橡胶颗粒与水泥的接触面积大于较小粒径橡胶颗粒，橡胶颗粒与其他材料的疏松黏结现象更明显，即导致了有效受力面积减小[104]，大粒径橡胶颗粒砂-胶骨料水泥砂浆较小粒径强度低。7d 以后的强度呈现出随着橡胶颗粒越小，力学性能越高的规律。

以上是从水泥砂浆试验的角度对试验机理做出的解释，下面进一步说明本节混凝土试验。本构参数 a 赋予了明确的物理意义，a 值越小，强度越大，综合对掺量、粒径的分析，可以看出某一因素不是影响混凝土强度的单纯原因，而是二者相互影响的结果，导致实际比表面积和实际水胶比的变化，从而对强度产生了影响，依据上文的分析不再赘述。

4.1.5 结论

（1）未改性胶粉表面粗糙、凹凸不平、杂质较多，导致表面亲水湿润性较差，不同表面改性方式可以提高胶粉的亲水性。强碱溶液可以侵蚀表面的杂质，但浓度越大，侵蚀作用越明显，导致橡胶粉亲水性能减弱；表面活性剂可以在胶粉表面附着极性化学官能团，不同的表面活性剂因活化动力不同，对橡胶粉亲水性能的改变不同。

（2）在相同胶粉掺量、粒径以及相同的配合比下，表面光滑、圆润的橡胶粉砂浆流动性强，有效改善胶粉表面形态、增强胶粉亲水性，可改善砂浆的工作性能，胶粉湿润性和砂浆流动性之间存在线性相关关系。

（3）表面改性剂对胶粉表面产生的侵蚀作用和极性化学官能团的引入是改性成功的关键。二者相比较，适当去除表面杂质对亲水湿润性的提升大于极性化学键的引入。采用 5%的 NaOH 溶液处理的橡胶粉不仅对胶粉亲水性提升明显，对砂浆工作性能也有较大程度的改善，相比表面活性剂改性以及二次改性，工艺简单，价格低廉，有利于工程实际推广。

（4）橡胶粉的界面状况和颗粒级配都会对橡胶粉水泥基砂浆的流动度产生影响。亲水性好的橡胶粉界面减少水的流失，在理论水胶比一致的情况下有益于水的合理分配；相同粒径橡胶粉，掺量越少，比表面积越小，砂浆流动性能越好，这导致了掺量越少的橡胶粉流动度越高；相同掺量下，粒径越小，比表面积越大，实际水胶比减小，对流动性产生影响。

（5）流动度与力学强度之间存在良好的相关性且密切相关，橡胶粉亲水性增强有利于流动性提高和强度的增长；而且在一定的流动度范围内有利于力学性能的提升；掺量、粒径影响流动度变化，在一定的流动度范围内，可使砂浆强度达到最大值。

（6）橡胶粉由于自身的理化特征降低了与水的亲和性，改性可使界面状况发生改变；橡胶粉的掺量和粒径对细骨料颗粒级配和细骨料比表面积产生影响。改性、掺量、粒径对橡胶粉改性水泥基砂浆工作性能的影响根据程度从高到低依次为掺量>粒径>改性，对力学性能的影响根据程度从高到低依次为掺量>改性>粒径。

（7）本节采用经典混凝土本构方程将橡胶粉混凝土单轴受压应力-应变曲线转换成全曲线方程并得出本构参数 a、b，揭示了橡胶粉改性因素、掺量因素、粒径因素与 a、b 之间的联系，得出 a 值越小、b 值越大，橡胶混凝土强度越高、弹性越好的结论。

（8）选用活性剂应结合自身特点、外界反应作用合理选择。在适宜去除胶粉表面的杂质的同时，在其表面接枝附着一定量的活性基团，同时尽量减少或者避免胶粉与改性剂之间、改性剂与改性剂之间不利的化学物理作用，对于进一步的研究与讨论改性剂的选择使用具有积极的意义。二次改性能更好地改善橡胶粉界面状况，5%的 NaOH 溶液先处理、Span 40 改性后的橡胶粉能够同时提高水泥胶砂工作性能、强度和韧性，且操作工艺简单，适宜在橡胶粉改性混凝土材料中应用。2%掺量、120 目橡胶粉对水泥砂浆力学性能的提升最为明显。

4.2 改性橡胶粉对水泥胶砂及浮石混凝土力学性能的影响

由于橡胶粉具有较好的韧性、抗渗性、抗疲劳性且来源丰富，在建筑行业得到越来越广泛的应用[105]。水泥混凝土和水泥砂浆属于亲水性材料，橡胶属于憎水性材料，如果直接混合使用，橡胶颗粒与水泥基材界面黏结性较弱，外力作用下界面易产生裂纹从而断裂。因此对橡胶粉进行适宜的活化改性处理是提高其在水泥基材料中的应用价值的关键。本节试验通过对橡胶粉表面改性，改善橡胶粉表面亲水活性，提高橡胶粉与水泥混凝土的相容性和适宜性。

4.2.1 试验概况

1. 试验材料

水泥：采用冀东 P·O42.5 普通硅酸盐水泥。粗骨料：选择内蒙古锡林郭勒盟浮石。砂：采用国家标准砂。细骨料：天然河砂，细度模数为 2.5，含泥量为 2.3%，堆积密度为1530kg/m^3，表观密度为2640kg/m^3，颗粒级配良好。橡胶粉：选用20目、60目、80目、100目和120目废旧轮胎橡胶粉。表面改性剂选用了司班40、十二烷基苯磺酸钠、二氯异氰尿酸钠三个改性剂。十二烷基苯磺酸钠是黄色油状体，经纯化可以形成六角形或斜方形强片状结晶，司班40溶于油及有机溶剂，热水中呈分散状，食品、化妆品业中做乳化剂、分散剂。二氯异氰尿酸钠为白色粉末状或颗粒状的固体，是氧化性杀菌剂中杀菌最为广谱、高效、安全的消毒剂。减水剂：RSD-8型高效减水剂，以萘酸钠甲酸高缩聚物为主要成分的高级减水剂，掺量为2%，减水效率为20%，对钢筋没有锈蚀作用。水：自来水。

2. 橡胶粉改性过程

按照司班和橡胶粉的质量比为1:1进行改性，分别将1%司班40和十二烷基苯磺酸钠与热水配置成两种改性溶液，将橡胶粉加入到配制好的两组溶液中浸泡1h，均匀搅拌，过滤后放到烘干箱烘干；试验中表面活性剂（司班40，十二烷基苯磺酸钠）的使用量是相对橡胶粉质量的比例，水:二氯异氯尿酸钠=100（g）:8（g）配置好，加入橡胶粉浸泡30分钟，均匀搅拌，过滤后放到烘干箱烘干。

3. 试验方案

其中水泥胶砂试验以标准砂质量的2%、6%、10%外掺20目、60目、80目、100目、120目五类橡胶粉，分别用A-20-02、A-20-06、A-20-10（A表示司班40改性剂），B-20-02、B-20-06、B-20-10（B表示十二烷基苯磺酸钠改性剂），C-20-02、C-20-6、C-20-10（C表示二氯异氰尿酸钠改性剂），XJ-20-02、XJ-20-02、XJ-20-02（XJ表示未改性）表示，制备90组40mm×40mm×160mm标准水泥胶砂试件，标准养护3d、14d、21d、28d后测定抗折和抗压强度。

关于橡胶粉水泥胶砂的试验，王海龙等[58]研究了20、80和120目未改性橡胶粉水泥胶砂的力学性能，为得出准确的橡胶粉目数及掺量，在文献[58]的基础上，此处增加了60目和100目未改性橡胶粉水泥胶砂力学性能试验，并进行了20目、60目、80目、100目和120目改性橡胶粉水泥胶砂力学性能试验研究。

浮石混凝土试验以橡胶粉掺量分别为3%、6%、9%，利用外掺20目、60目、80目、100目、120目五类橡胶粉，分别用S-20-03、S-20-06、S-20-09（S表示司班40改性剂），W-20-03、W-20-06、W-20-09（W表示表示十二烷基苯磺酸钠改性剂），Y-20-03、Y-20-06、Y-20-09（Y表示二氯异氰尿酸钠改性剂），XJ-20-03、XJ-20-06、XJ-20-09（XJ表示未改性）表示，制备150组100mm×100mm×100mm橡胶粉浮石混凝土试件，标准养护3d、7d、14d、21d、28d后测定其力学性能，将3组混凝土的力学性能进行对比。通过改性废旧轮胎橡胶粉对浮石混凝土力学性能进行试验，宏观研究和微观研究相结合，利用抗压强度试验进行宏观性能的测试，结合 BT-1800 动态图像颗粒试验、活性指数测定试验和环境扫描电镜试验分析细观和微观结构的机理，并利用核磁共振分析孔隙结构的分布情况，未改性、改性橡胶浮石混凝土分别命名为 XJ 和 S-20-03、W-20-03、Y-20-03。

4.2.2 改性胶粉水泥胶砂力学性能的试验研究

1. 未改性橡胶粉水泥胶砂力学性能试验结果

从图 4.18 和图 4.19 可以看出，各组试件的抗压强度和抗折强度随着龄期的增长而增长，且随着橡胶粉掺量的增多而下降。相较于 XJ-80、XJ-120，XJ-20、XJ-60、XJ-100 的抗折强度和抗压强度相对增长幅度较高。尤其是在早期 3d、7d 和 14d 时强度增长较快，21d 和 28d 增长相对较缓慢。

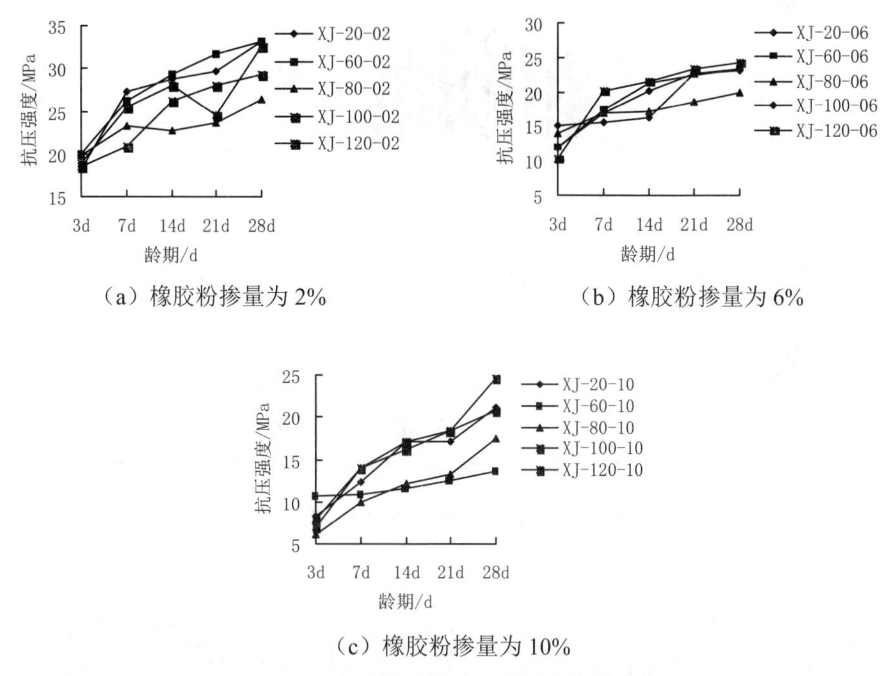

（a）橡胶粉掺量为 2%

（b）橡胶粉掺量为 6%

（c）橡胶粉掺量为 10%

图 4.18 未改性各目数水泥胶砂抗压强度

橡胶粉掺量对水泥胶砂试件抗压强度和抗折强度具有显著影响，掺量为 2% 时试件强度较好，掺量为 10%时相对较差。原因在于橡胶粉在水泥胶砂中起着填充作用，对骨架受力作用较小，所以替代细骨料的橡胶粉越多，试件强度降低越大；另外掺量较多使得试件内部水泥胶砂与橡胶粉弱界面增加，导致强度降低；此外橡胶粉肉眼看似很圆润，但是机碎橡胶粉表面凹凸不平，毛刺很多，橡胶粉掺到水泥砂浆之后，橡胶粉的凹凸不平表面及毛刺中会带入多余水分和气体[58]，使得弱界更弱，致使强度降低。

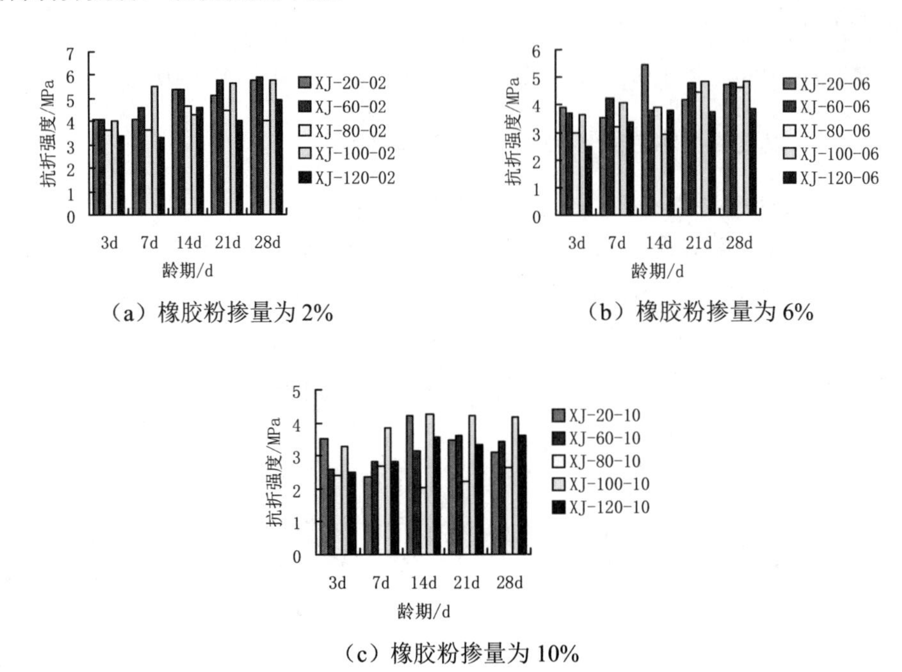

（a）橡胶粉掺量为 2%

（b）橡胶粉掺量为 6%

（c）橡胶粉掺量为 10%

图 4.19 未改性各目数水泥胶砂抗折强度

2. 司班 40 改性橡胶粉水泥胶砂力学性能试验结果

从图 4.20 和图 4.21 可以看出，掺有改性橡胶粉的试件抗压强度和抗折强度有明显提高。试件 A-60-02、A-60-06、A-60-10 的抗折强度增加率分别为 81%、91%、76%，抗压强度增加率分别为 87%、71%、85%。试件 A-100-02、A-100-06、A-100-10 的抗折强度增加率分别为 66%、91%、99%，抗压强度增加率分别为 71%、84%、60%。

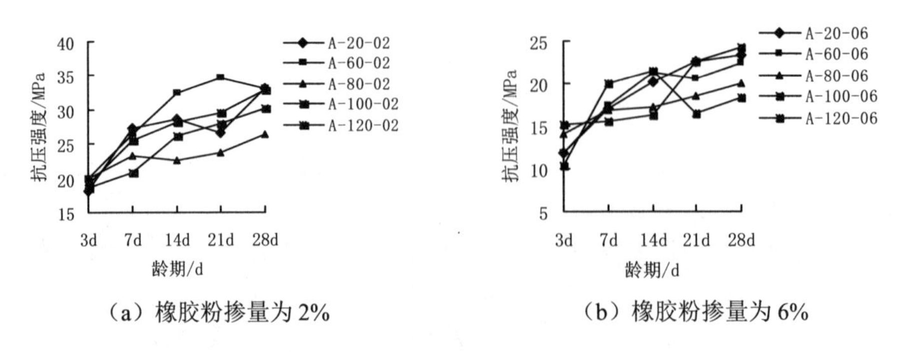

（a）橡胶粉掺量为 2%

（b）橡胶粉掺量为 6%

图 4.20 司班 40 改性各目数水泥胶砂抗压强度

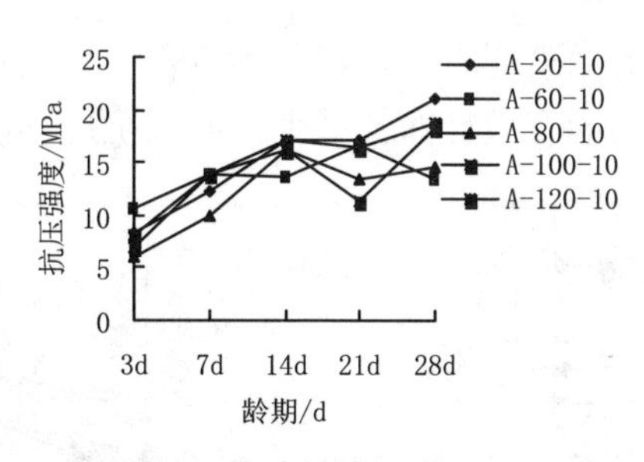

(c) 橡胶粉掺量为10%

图4.20 司班40改性各目数水泥胶砂抗压强度（续图）

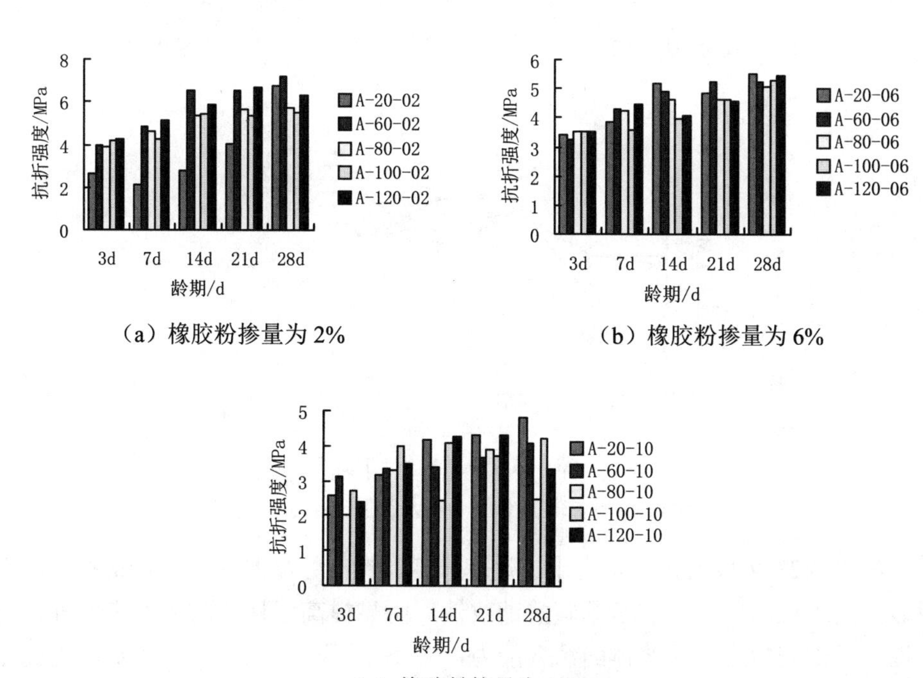

(a) 橡胶粉掺量为2%

(b) 橡胶粉掺量为6%

(c) 橡胶粉掺量为10%

图4.21 司班40改性各目数水泥胶砂抗折强度

3. 十二烷基苯磺酸钠改性胶粉水泥胶砂力学性能试验结果

十二烷基苯磺酸钠改性废旧轮胎橡胶粉对水泥胶砂力学性能影响的试验结果如图4.22所示，从中可以看出掺入不同目数的改性橡胶粉水泥胶砂在不同龄期的抗压强度。从图4.22可以看出，各组抗压强度随着龄期的增长而增长，且前期发育较快，后期较缓慢，随着橡胶粉掺量的增多而下降。但是可以看出抗压强度较高于未改性橡胶粉试件。

改性橡胶粉掺量为2%时试件强度较好，掺量为10%时相对较差。原因在掺入的橡胶粉越多，不利界面就越多，水泥胶砂内部较多的不利界面形成会导致内部结构的疏松，抵抗外力的有效界面就减少，导致抗压强度降低。

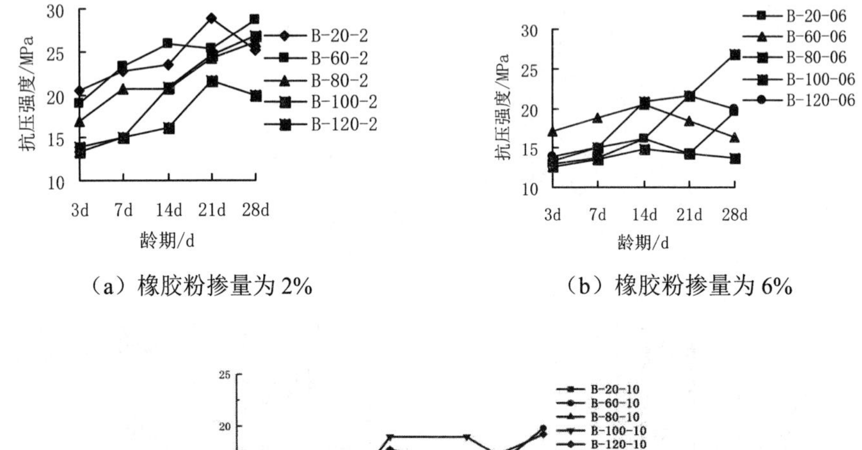

（a）橡胶粉掺量为 2%　　（b）橡胶粉掺量为 6%

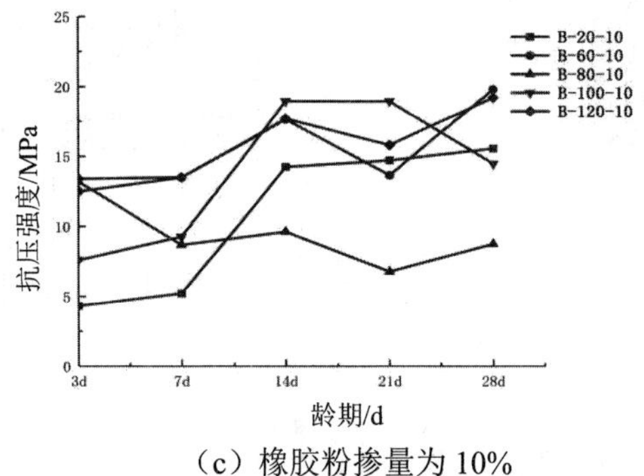

（c）橡胶粉掺量为 10%

图 4.22　十二烷改性各目数水泥胶砂抗压强度

从图 4.23 可以看出，掺有十二烷基苯磺酸钠改性橡胶粉的试件抗折强度有明显提高，说明用十二烷基苯磺酸钠改性后明显提高了橡胶粉表面亲水性，有效提高了橡胶粉与水泥浆体的结合能力，减小了不利界面的形成，从而提高了试件的抗折强度。

从图 4.23 可以看出，各组试件的抗折强度随着养护龄期的增长而增强，且试件强度随着废旧轮胎橡胶粉掺量的增加而降低。相较于 XJ-80、XJ-120，XJ-20、XJ-60、XJ-100 的抗折强度相对增长幅度略高。尤其在早期时强度增长较快，后期增长相对较缓慢。

4. 二氯异氰尿酸钠改性胶粉水泥胶砂力学性能试验结果

图 4.24 为二氯异氰尿酸钠改性各目数水泥胶砂抗压强度，抗压强度最高的是 C-60-02，强度为 24.26MPa，最低的是 C-120-10，强度为 7.10MPa。掺量 2%抗压强度最高的是 C-60-02，强度为 24.26MPa，最低的是 C-80-02，强度为 14.83MPa；

掺量 6%抗压强度最高的是 C-100-06，强度为 19.74MPa，最低的是 C-80-06，强度为 12.83MPa；掺量 10%抗压强度最高的是 C-60-10，强度为 14.23MPa，最低的是 C-120-10，强度为 7.1MPa。

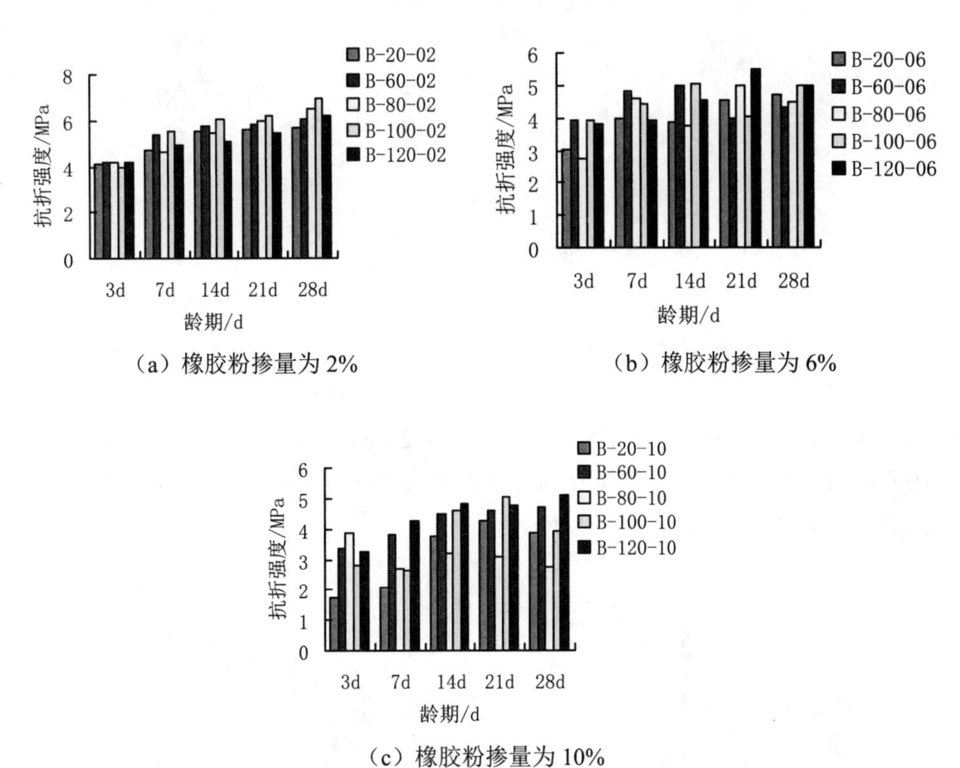

（a）橡胶粉掺量为 2%　　（b）橡胶粉掺量为 6%

（c）橡胶粉掺量为 10%

图 4.23　十二烷改性各目数水泥胶砂抗折强度

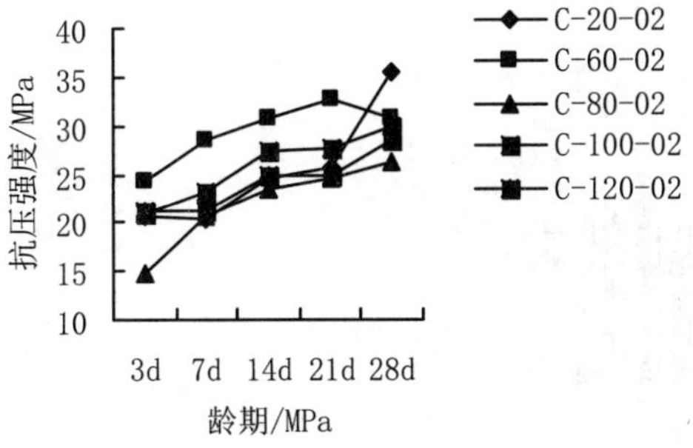

（a）橡胶粉掺量为 2% 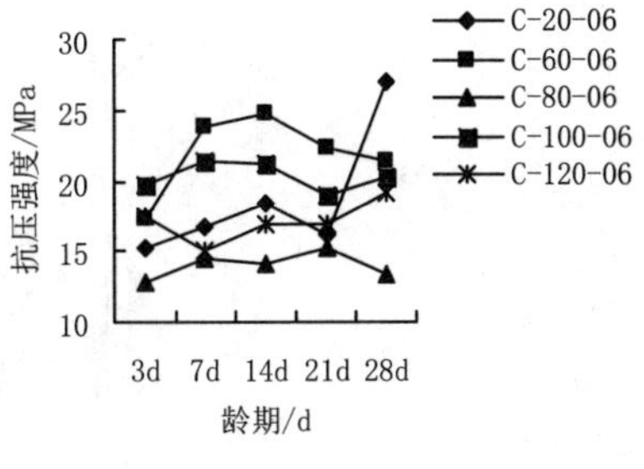　　（b）橡胶粉掺量为 6%

图 4.24　二氯异氰尿酸钠改性各目数水泥胶砂抗压强度

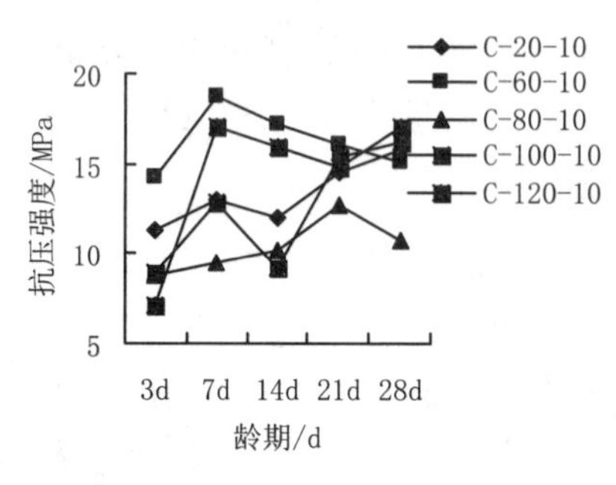

（c）橡胶粉掺量为10%

图4.24 二氯异氰尿酸钠改性各目数水泥胶砂抗压强度（续图）

图4.25为二氯异氰尿酸钠改性各目数水泥胶砂抗折强度，从图4.25可以看出，在3d抗折强度最高的是C-120-02，强度为4.6MPa，最低的是C-120-10，强度为1.95MPa。掺量2%抗折强度最高是C-120-02，强度为4.60MPa，最低的是C-80-02，强度为3.40MPa；掺量6%抗折强度最高是C-120-06，强度为4.35MPa，最低的是C-80-06，强度为2.90MPa；掺量10%抗折强度最高的是C-60-10，强度为3.55MPa，最低的是C-120-10，强度为1.95MPa。

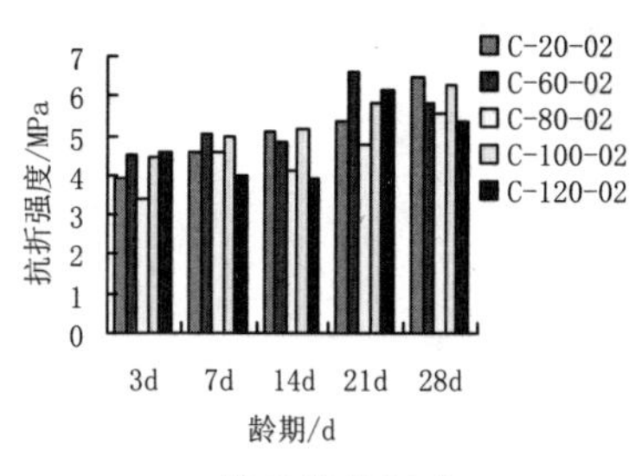

（a）橡胶粉掺量为2%

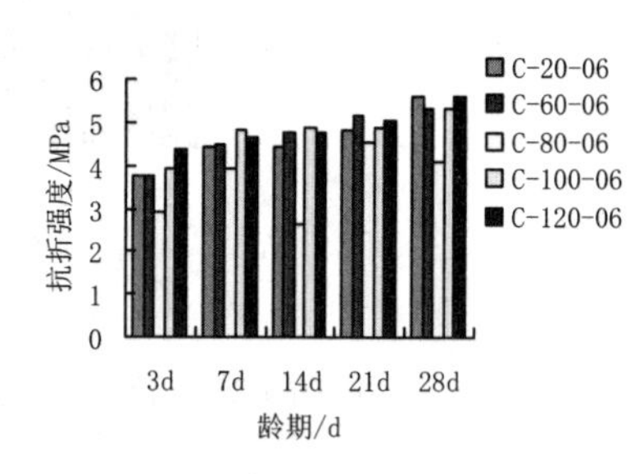

（b）橡胶粉掺量为6%

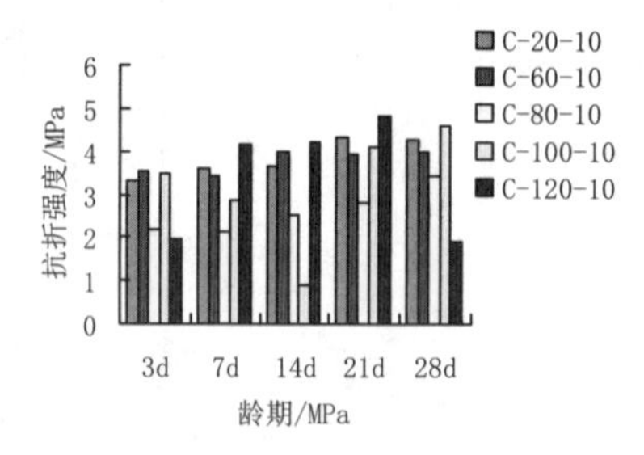

（c）橡胶粉掺量为10%

图4.25 二氯异氰尿酸钠改性各目数水泥胶砂抗折强度

在 28d 的时候抗折强度最高的是 C-20-02，强度为 6.50MPa，最低的是 C-120-10，强度为 1.9MPa。掺量 2%抗折强度最高的是 C-20-02，强度为 6.50MPa，最低的是 C-120-02，强度为 5.35MPa；掺量 6%抗折强度最高的是 C-20-06、C-120-06，均为 5.60MPa，最低的是 C-80-06，强度为 4.10MPa；掺量 10%抗折强度最高的是 C-100-10，强度为 4.6MPa，最低的是 C-120-10，强度为 1.90MPa。

抗压强度最高的是 C-20-02，强度为 35.40MPa。掺量 2%抗压强度最高的是 C-20-02，强度为 35.40MPa，最低的是 C-80-02，强度为 21.38MPa；掺量 6%抗压强度最高的是 C-20-06，强度为 26.93MPa，最低的是 C-80-06，强度为 13.28MPa；掺量 10%抗压强度最高的是 C-100-10，强度为 16.25MPa，最低的是 C-80-10，强度为 10.76MPa。

总体来看掺入二氯异氰尿酸钠改性的橡胶粉比起前两者不同的就是强度略微降低，掺入二氯异氰尿酸钠改性的橡胶粉提高了试件的抗压强度和抗折强度，但是随着橡胶粉的增加强度依然会降低。

5. 抗折强度对比试验

选取 A-60-02、A-60-06、A-60-10、A-100-02、XJ-60-02、XJ-60-06、XJ-60-100、XJ-100-02 水泥胶砂试件的抗折强度、抗压强度进行对比，如图 4.26 和图 4.27 所示。

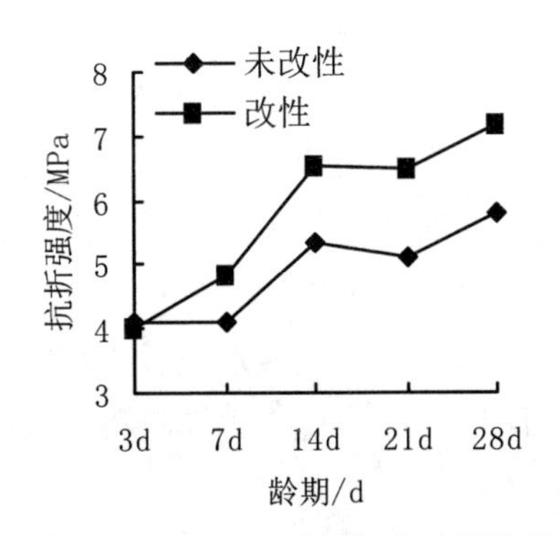

图 4.26 60 目 2%改性与未改性胶粉水泥胶砂抗折强度

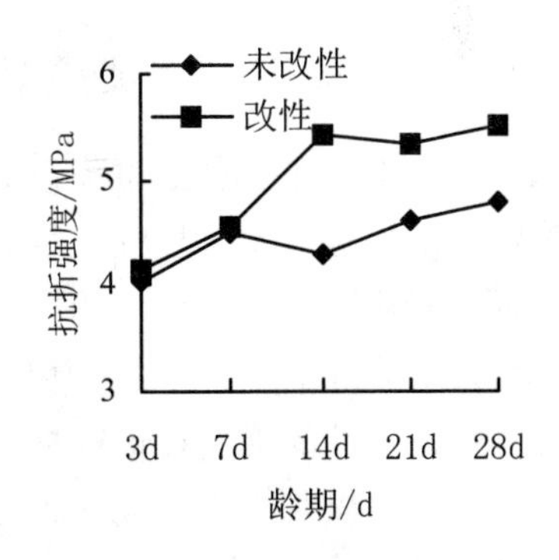

图 4.27 100 目 2%改性与未改性胶粉水泥胶砂抗折强度

从图 4.26 和图 4.27 可以看出，改性橡胶粉水泥胶砂试件的抗折强度高于未改性橡胶粉水泥胶砂试件的抗折强度，说明橡胶粉改性比较成功。分析其原因：橡胶粉为高弹性材料，且其亲水性较弱，表面为非极性，掺入水泥胶砂中会使水泥浆体与标准砂之间的黏结力降低，导致试件强度降低；改性后的橡胶粉亲水性增强，掺入到水泥胶砂中后橡胶粉与水泥胶砂之间的黏结力相对提高，水泥胶砂内部变得较密实，所以强度有所增强。

由图 4.28 和图 4.29 可以看出，随着橡胶粉掺量增加，试件的抗折强度和抗压强度均下降，且抗压强度下降趋势比抗折强度下降趋势大，这是因为橡胶粉是一种有弹性的材料，水泥砂浆水化硬化后，硬结的水泥浆体承担着各种主要应力，橡胶粉的掺量越多，水泥浆体承担的能力就越小，导致抗压强度降低。由于改性橡胶粉与硬化的水泥砂浆有一定的黏结力，导致抗压强度不如抗折强度。抗折强度间接地反映了抗拉强度，说明改性后水泥砂浆的脆性降低，柔韧性增加，抗冲击性增加[106]。

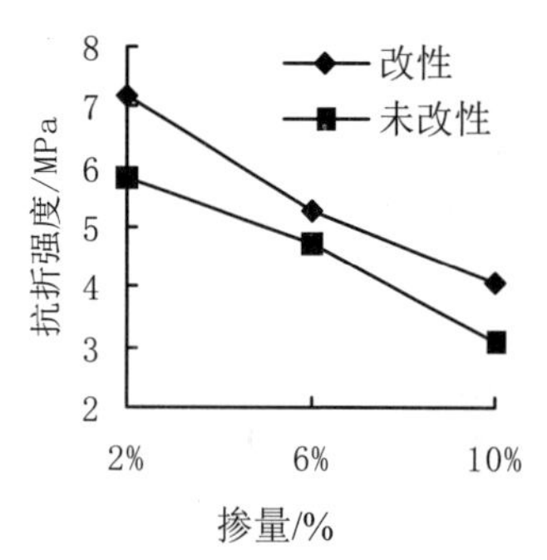

图 4.28 60 目橡胶粉掺量与抗折强度关系

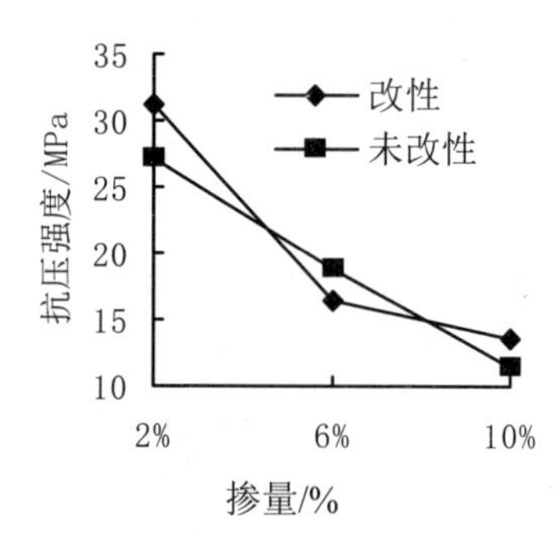

图 4.29 60 目橡胶粉掺量与抗压强度关系

4.2.3 橡胶粉表面改性试验结果

橡胶密度约为 1.3×10kg/m^3，破碎后的橡胶粉应该能够沉入水中，但是由于橡胶粉表面为非极性，水为极性，相互间有较大的表面张力，因此橡胶粉通常会浮在水表面。利用改性剂改性后的橡胶粉表面由非极性转为极性，与水的相容性提高，从而会在重力作用下沉入水中[107]。把改性后的橡胶粉放入水池后会很快沉入水池底，而未改性的橡胶粉很难沉入水池底，所以通过比较 2 种橡胶粉在水池内的沉浮情况，可以判断出橡胶粉改性效果的好坏。

图 4.30 和图 4.31 是用 BT-1800（动态图像颗粒分析系统）拍照的改性和未改性橡胶粉图片，用肉眼看到的橡胶粉表面很平滑，但是从图中可以看出橡胶粉表面很粗糙，凹凸不平，有凹洞，且橡胶粉不是极小的球类状，而是没有规则的形状体。

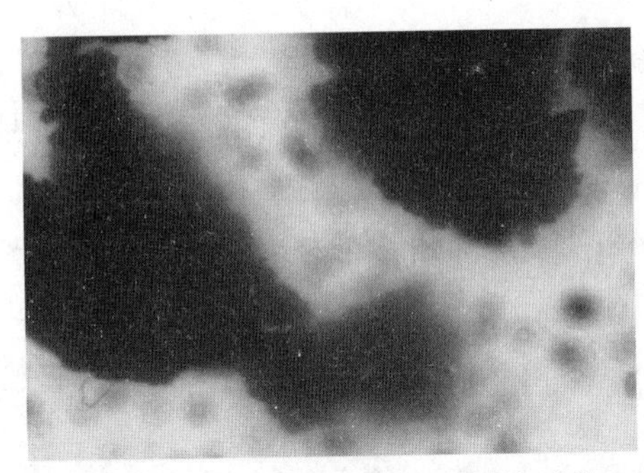

图 4.30　40 倍物镜下的未改性橡胶粉

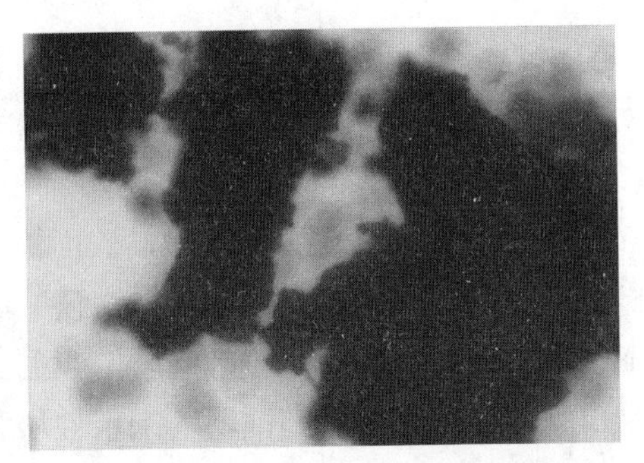

图 4.31　40 倍物镜下的改性橡胶粉

图 4.32 和图 4.33 是未改性橡胶粉和改性橡胶粉 1000 倍的扫描电镜图，从图可以看出橡胶粉的变化。改性前的橡胶粉颗粒表现出松散状态，改性后的橡胶粉聚集成团程度有所提高，表面更加连续[108]。从图可以看出未改性橡胶粉表面比改性的橡胶粉的粗糙，表面不平整，小毛刺较多，凹洞比较多。图 4.34 和图 4.35 是 3000 倍的扫描电镜图，从图可以看出改性橡胶粉的毛刺比未改性的毛刺圆润，没有棱角。

图 4.32　未改性橡胶粉 1000 倍 SEM 照片

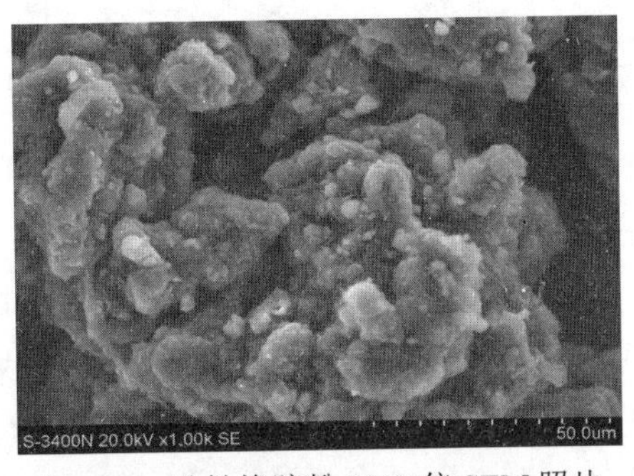

图 4.33　改性橡胶粉 1000 倍 SEM 照片

图 4.34　未改性橡胶粉 3000 倍 SEM 照片

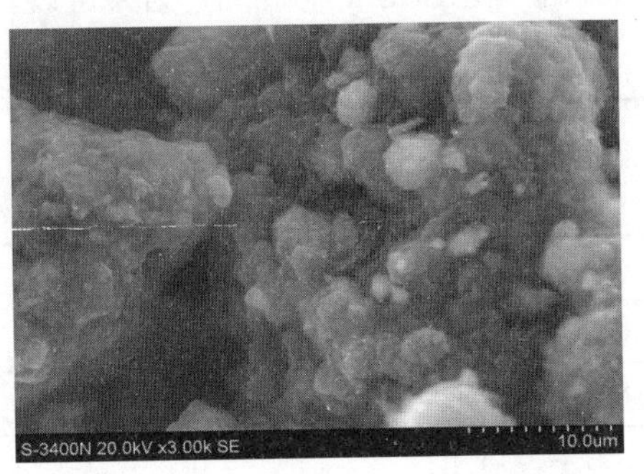

图 4.35　改性橡胶粉 3000 倍 SEM 照片

由表 4.11 可知，使用司班 40 改性后，橡胶粉表面的氧元素增多，主要是因为氧元素是司班 40 的主要成分元素之一。氧元素质量百分比在未改性前是 25.94%，改性后增加到 29.01%，改性前的氧原子是 22.73%，改性后增加到 25.59%。说明橡胶粉在改性剂中浸泡时，表面被改性剂包裹，不会因为其他原因导致橡胶粉表面的改性剂脱落，EDS（能谱仪）结果可以分析出橡胶粉表面原子的增加。本次橡胶粉改性试验是对橡胶粉的表面进行改性，所以 EDS 结果、SEM 图、橡胶粉沉入水中的现象都证明其亲水性增强，表明改性试验较为成功。

表 4.11　司班 40 改性及未改性橡胶粉能谱成分表

未改性橡胶粉			司班 40 改性橡胶粉		
元素	质量分数/%	原子数分数/%	元素	质量分数/%	原子数分数/%
C	62.77	73.28	C	60.14	70.64
O	25.94	22.73	O	29.07	25.59
Mg	0.21	0.12	Mg	0.17	0.10
S	1.1	0.48	Si	0.14	0.07
Ca	9.22	3.23	S	0.71	0.31
Zn	0.76	0.16	Ca	8.69	3.06
总计	100		Zn	1.08	0.23
				100	

由表 4.12 可知，使用十二烷基苯磺酸钠改性后，橡胶粉表面的钠元素增多，主要是因为钠元素是十二烷基苯磺酸钠的主要成分元素之一。钠元素质量百分比在未改性前是 0%，改性后增加到 39%，改性后的钠原子是 23%。说明橡胶粉在改性剂中浸泡时，表面被改性剂包裹，不会因为其他原因导致橡胶粉表面的改性剂脱落，由 EDS（能谱仪）结果可以分析出橡胶粉表面原子的增加。

表 4.12　十二烷改性及未改性橡胶粉能谱成分表

未改性橡胶粉			十二烷改性橡胶粉		
元素	质量分数/%	原子数分数/%	元素	质量分数/%	原子数分数/%
C	62.77	73.28	C	62.76	73.26
O	25.94	22.73	O	25.57	22.40
Mg	0.21	0.12	Na	0.39	0.23
S	1.1	0.48	Mg	0.14	0.08
Ca	9.22	3.23	Si	0.22	0.11

续表

未改性橡胶粉			十二烷改性橡胶粉		
元素	质量分数/%	原子数分数/%	元素	质量分数/%	原子数分数/%
Zn	0.76	0.16	S	1.11	0.48
总计	100		Cl	0.15	0.06
			Ca	9.66	3.38
				100	

本节以橡胶颗粒100目司班改性为例，图4.36为橡胶颗粒的球形度统计表，图4.37为橡胶颗粒的长径比统计表。

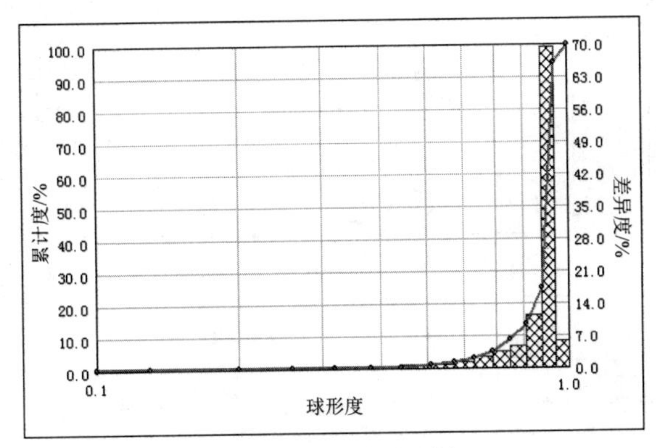

（a）未改性橡胶颗粒

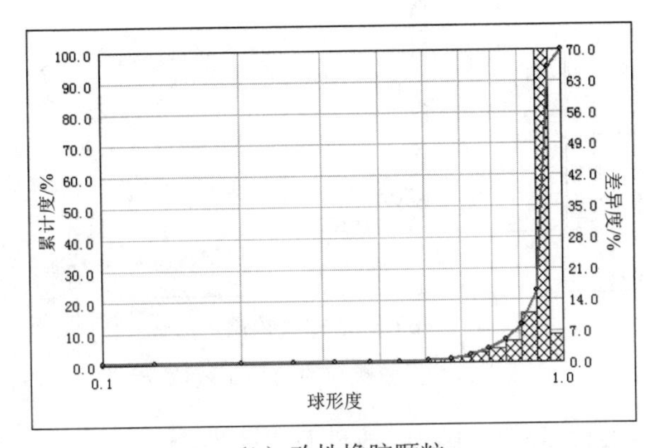

（b）改性橡胶颗粒

图4.36 橡胶颗粒的球形度统计表

从图4.36（a）和图4.37（a）中可以看到，未改性橡胶颗粒的球形度在0.7

以上的颗粒占94.92%，平均球形度=0.88，长径比为1左右的颗粒占总体的66.81%，平均长径比=1.20；从图4.36（b）和图4.37（b）中可以看到，改性橡胶颗粒的球形度在0.7以上的颗粒占95.93%，平均球形度=0.89，长径比为1左右的颗粒占总体的 68.32%，平均长径比=1.19，对比可以看出橡胶粉颗粒是不规则的形状，这个与原本我们认为橡胶粉是圆形的假设是不一致的，改性之后的颗粒球状度较高，即圆形度较高，大部分颗粒成圆形或近似圆形，说明橡胶颗粒经过改性之后增加了橡胶粉的圆形度，减少了橡胶粉表面不规则形状的纤维。

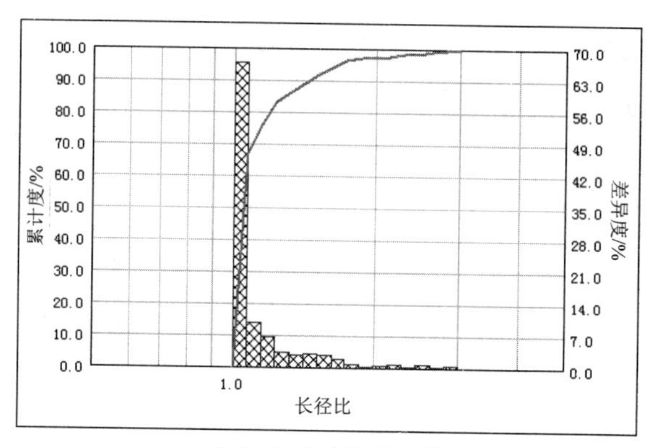

（a）未改性橡胶颗粒

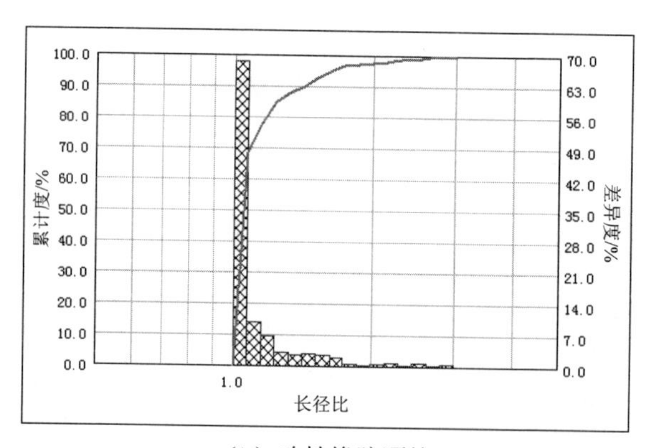

（b）改性橡胶颗粒

图4.37 橡胶颗粒的长径比统计表

在上述的水泥胶砂试验结果中的改性及未改性数据对比中，改性后的强度要高于未改性的强度。橡胶粉改性结果表明橡胶粉表面改性获得了成功，橡胶粉改性成功在于改性后提高了橡胶粉的亲水性、与水泥胶砂的黏结力，减少未改性橡胶粉与水泥胶砂界面产生的薄弱环节，从而提高试件的抗压强度和抗折强度。

4.2.4 司班40改性胶粉对浮石混凝土力学性能的试验研究

图4.38是改性橡胶粉浮石混凝土各掺量、各目数、各龄期的抗压强度。在3%掺量的时候各目数的抗压强度大致相同，没有多大的差距，而到了6%和9%的时候强度有了明显的差距，随着目数的增加抗压强度也逐渐增强，各目数强度大小顺序为120目＞100目＞60目＞20目，其中80目数的强度不稳定，上下的波动比较大，但是强度普遍较高。分析其原因：第一，随着目数的增加，胶粉粒径会变得越来越小，粒径越小就会越接近圆形，胶粉表面变得圆润，表面很多细小的纤维就会减小，细小纤维带到混凝土中多余的含气量和水分就会减少，这样强度不受它的影响，有增强的趋势；第二，表面粗糙的纤维减少降低了细小纤维与水泥基体的有益摩擦力，有益摩擦力略微减缓强度损失，但是多余的空气和含水量造成的强度损失远大于胶粉表面细小纤维形成的有益摩擦力，所以20目的强度要小于120目的强度。80目胶粉正好在两个条件的过渡区，所以多余水分和空气的含量较小，相对有益摩擦力较大，至此强度略高于其他目数的胶粉。

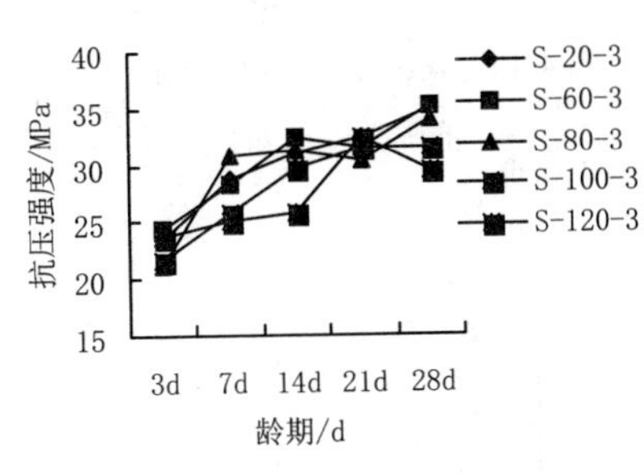

（a）改性各目数混凝土3%抗压强度

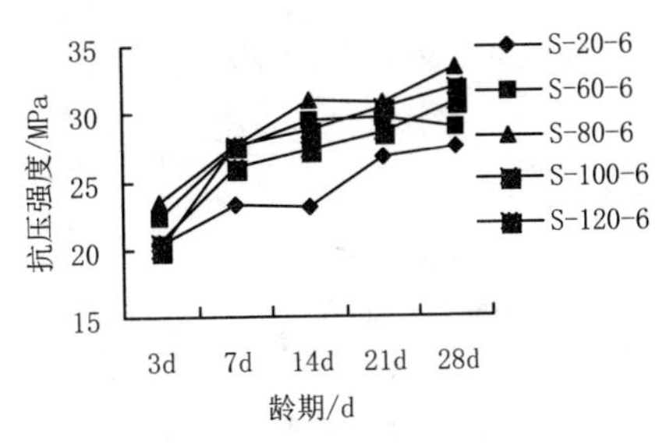

（b）改性各目数混凝土6%抗压强度

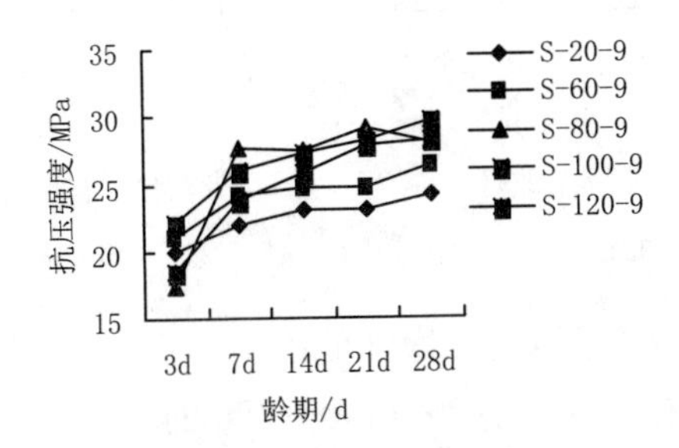

（c）改性各目数混凝土9%抗压强度

图4.38 改性橡胶粉对浮石混凝土的抗压强度

图4.39～图4.44是改性橡胶粉浮石混凝土60目、100目各掺量抗压强度折线

图和未改性橡胶粉浮石混凝土 60 目、100 目各掺量抗压强度折线图。由图可以看出抗压强度随着龄期的增加而增大，强度前期发育较快，后期比较缓慢。相对未改性组，当橡胶粉为 60 目时，在 3d 龄期，S-60-3 组、S-60-6 组、S-60-9 组增长率为 9%、12%、19%，在 28d 龄期，S-60-3 组、S-60-6 组、S-60-9 组增长率为 35%、6%、23%；当橡胶粉为 100 目时，在 3d 龄期，S-100-3 组、S-100-6 组、S-100-9 组增长率为 9%、16%、38%，在 28d 龄期，S-100-3 组、S-100-6 组、S-100-9 组增长率为 49%、25%、17%，各组各掺量强度都有增大的幅度。

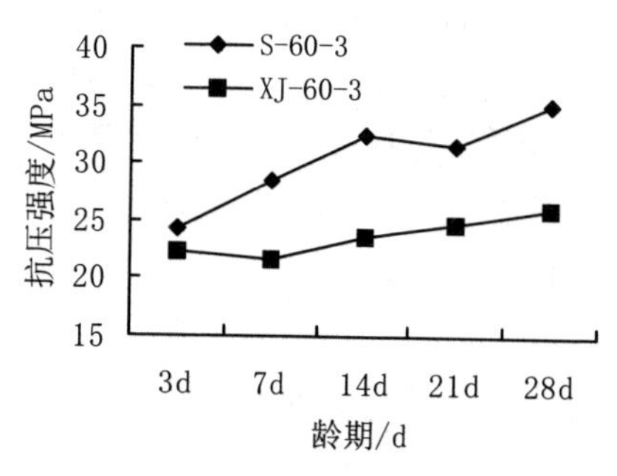

图 4.39 60 目 3%改性及未改性抗压强度的对比

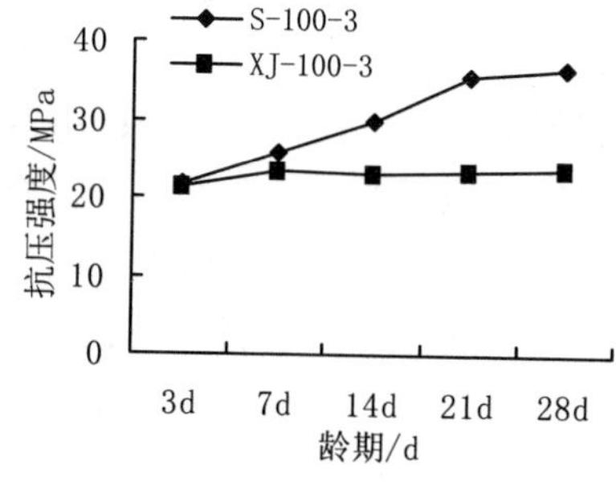

图 4.40 100 目 3%改性及未改性抗压强度的对比

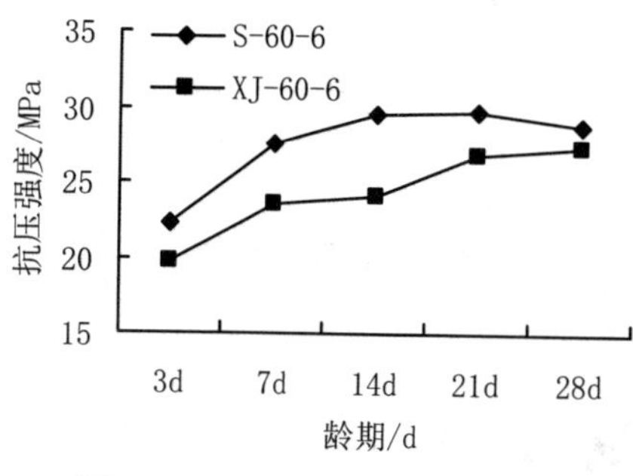

图 4.41 60 目 6%改性及未改性抗压强度的对比

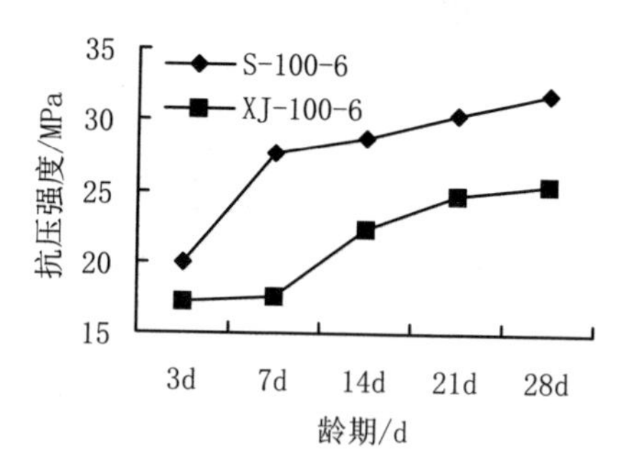

图 4.42 100 目 6%改性及未改性抗压强度的对比

随着龄期的增长试件的强度有增强的趋势，而且前期发育比较大，大致在 7d～14d 的龄期，后期发育比较小，在 14d～28d 的龄期。分析其原因：水泥基体的水化从表层开始，逐渐到内部，在水化初期，水化速率较快，水化产物析出较多，所以强度变化较大。之后水泥颗粒不断水化，随着水化时间的延长，新生水化物增多，包围了水泥颗粒，使包在水泥颗粒表面的水化物膜层逐渐增厚，水化产物的速率和数量大大折扣，导致强度发育变得缓慢。同时改性后的抗压强度要高于未改性的抗压强度，橡胶粉属于亲油性材质，而水泥属于亲水性材质，所以未改性前橡胶粉表面属于非极性，掺入到混凝土中后与水泥基体黏结不好，导致强度降低，本试验中通过表面改性剂对橡胶粉表面改性后胶粉表面变为极性，亲水性增强，掺入到混凝土中后与水泥基体的黏结强度相对提高，所以改性抗压强度高于未改性的强度。

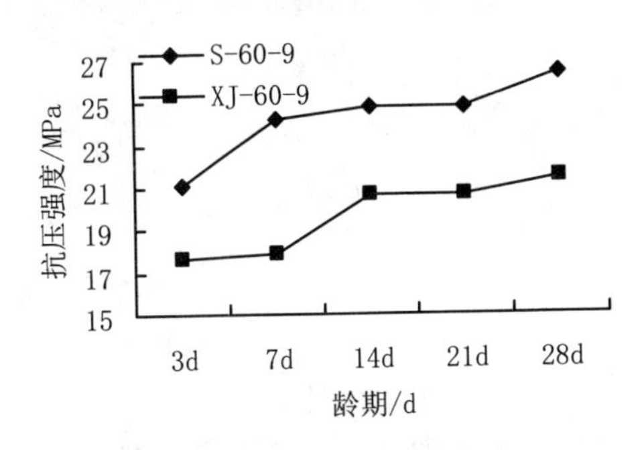

图 4.43 60 目 9%改性及未改性抗压强度的对比

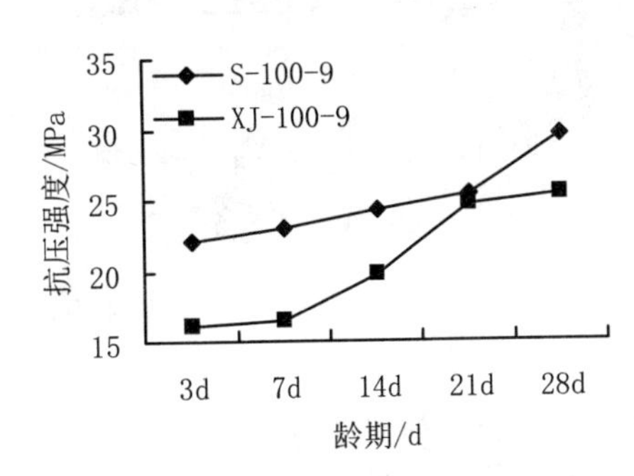

图 4.44 100 目 9%改性及未改性抗压强度的对比

从图 4.45 和图 4.46 看出随着橡胶粉掺量的增加强度也随之减小的趋势，60 目各掺量的强度变化在 5%以内，100 目各掺量的强度变化较大，但是每组 3%掺量的抗压强度仍然高于 9%掺量的抗压强度，分析其机理原因：橡胶集料的低弹模特性使其不能有效承受荷载作用，因此在混凝土中掺入橡胶集料后混凝土抵抗外部荷载的有效横截面积随橡胶集料体积分数的增加而降低，根据文献[109]公式（4-14），将各掺量 3%、6%、9%代入后所得有效横截面面积为 9030mm^2、8470mm^2、7992mm^2。有效面积明显减小，导致混凝土抗压强度降低。

$$A_e = \left[1 - \left(\frac{\varphi}{100}\right)^{\frac{2}{3}}\right] A_0 \tag{4-14}$$

式中：A_e 为有效横截面；φ 为橡胶集料体积分数；A_0 为混凝土初始横截面积。

验证公式：将有效横截面积和混凝土初始横截面积代入公式中：

$$\varphi = 100 \times \left(1 - \frac{A_e}{A_0}\right)^{\frac{3}{2}}$$

$$\varphi = 3,6,9$$

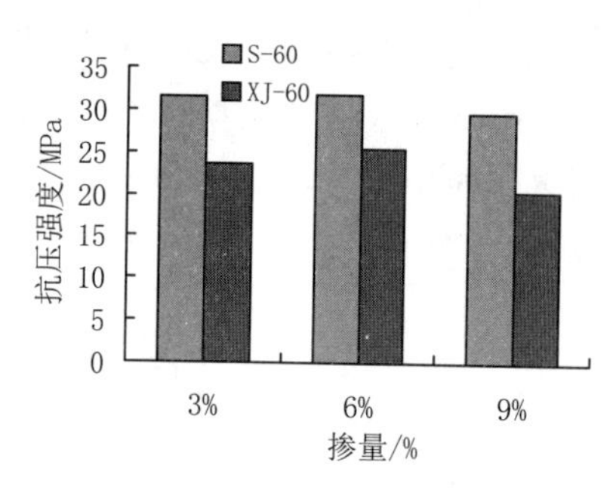

图 4.45 60 目改性及未改性 28d 抗压强度的对比

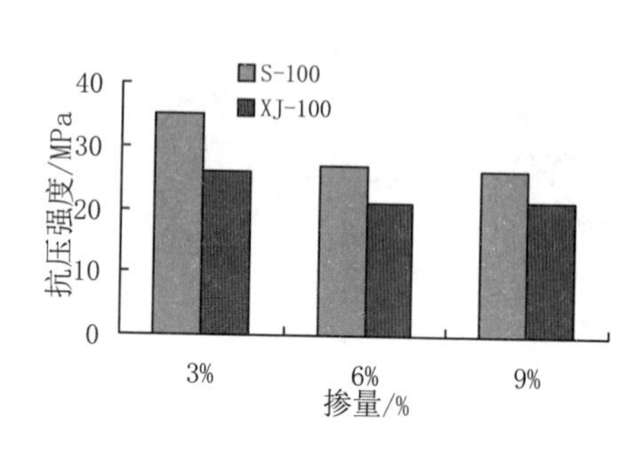

图 4.46 100 目改性及未改性 28d 抗压强度的对比

将有效横截面积和混凝土初始横截面积代入公式中将得到 3、6、9，经过验证数据符合此公式。

由于橡胶粉属于高弹材料，它的受压变形方式与水泥浆体的不同，橡胶粉掺量增加后承载面积就会缩小，这样在橡胶粉周围的水泥基体容易产生裂缝，导致抗压强度降低。橡胶粉属于有机分子，与无机胶凝材料相互浸润性较差，所以橡胶粉与水泥浆体之间产生黏结力较弱的薄弱界面，使内部强度不稳定，导致强度降低。橡胶粉是有很强变形能力的高弹性体，相对而言混凝土水泥石的变形能力较小，当橡胶粉受到荷载后发生较大的变形时，可能会导致包裹在橡胶粉表面的水泥石发生破裂而致使试件的强度降低。废旧轮胎橡胶粉的生产是机器粉碎的，所以橡胶粉表面会出现凹凸不平的蜂窝，而且还有长短不一样的纤维毛刺，凹凸陷坑状的蜂窝带入空气和水分，增加混凝土含气量和混凝土界面的水灰比，掺量越多含气量和水灰比越大，增加了混凝土内部薄弱界面，导致强度降低。另一方面受到荷载时橡胶粉附近的薄弱界面容易发生微小裂缝，无数个这种裂缝的贯通导致试件整体的破坏，但是橡胶粉表面长短不一样的纤维毛刺靠本身的性质，阻碍了细微裂缝的扩张和贯穿，改变了混凝土水泥石产生脆性破坏。

图 4.47 是司班 40 改性处理的 60 目、100 目及未改性 60 目、100 目 3d 和 28d 及基准组的应力-应变曲线图。极限应力或强度越高，上升段和下降段的坡度均越陡，强度越低，坡度越平缓。从图 4.47 可以看出未改性 60 目的 3d 和 28d 的应力-应变曲线比较接近，改性处理的 60 目 3d 和 28d 的应力-应变曲线相接近，三组曲线可以分为上升段和下降段，掺入橡胶粉的两组的曲线上升段和下降段比较相似，上升段不是很陡下降段比较平缓，而且接近峰值时有段直线，试件到了峰值没有直接破坏，这是由于浮石混凝土中掺入橡胶粉后增加了混凝土的延性破坏特征，压缩过程中可以吸收一定的应力，接近峰值破坏时可以减少脆性破坏，而且

加入了橡胶粉后减小了混凝土弹性模量。基准组的曲线相对掺有橡胶粉的组的曲线要陡峭很多，无论上升段还是下降段，而且接近峰值时破坏很突然，延性较小，破坏后曲线下降较快，而且比较陡。

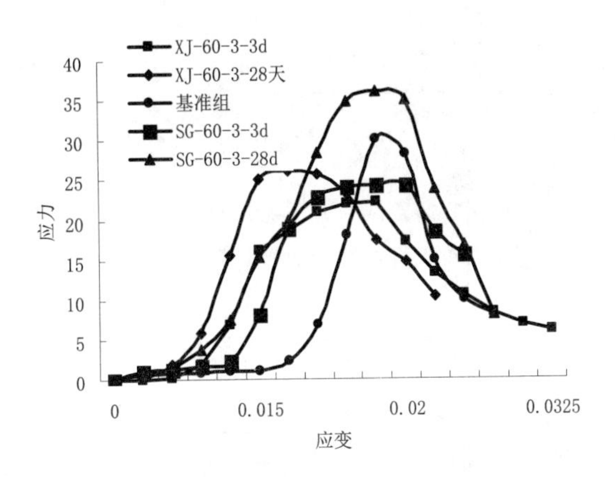

图 4.47　60 目改性及未改性 3d 及 28d、基准组应力-应变曲线

4.2.5　十二烷基苯磺酸钠改性胶粉对浮石混凝土的力学性能试验研究

图4.48为十二烷基苯磺酸钠改性橡胶粉对浮石混凝土的抗压强度，从图4.48（a）、（b）、（c）可以看出，随着混凝土龄期的增长，各个掺量的浮石混凝土的抗压强度都在逐渐升高。橡胶粉目数相同时，随着掺量的增加，混凝土的强度在逐渐降低。

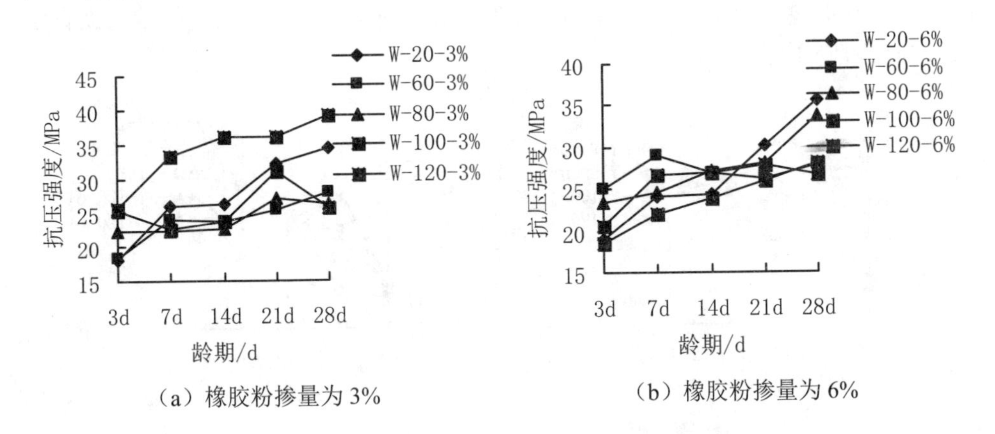

（a）橡胶粉掺量为3%　　（b）橡胶粉掺量为6%

图 4.48　十二烷基苯磺酸钠改性橡胶粉对轻骨料混凝土的抗压强度

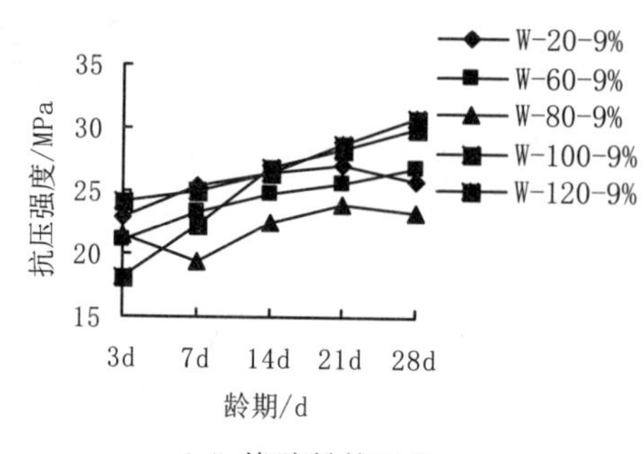

（c）橡胶粉掺量为 9%

图 4.48　十二烷基苯磺酸钠改性橡胶粉对轻骨料混凝土的抗压强度（续图）

4.2.6　二氯异氰尿酸钠改性橡胶粉对浮石混凝土的力学性能试验研究

图 4.49 为二氯异氰尿酸钠改性橡胶粉对轻骨料混凝土的抗压强度。加入二氯异氰尿酸钠改性橡胶粉后发现橡胶粉表面基本光滑，尖锐性部位减少，遇水后颗粒呈分散状且有更好的亲水性。使用二氯异氰尿酸钠对橡胶粉进行表面改性，对目数较大的橡胶粉混凝土抗压强度的影响不大。掺加橡胶粉的水泥混凝土，其抗压强度有所下降，主要是因为橡胶粉的掺入使混凝土与橡胶粉接触面黏结力下降，当橡胶粉掺量增加到 9%时，水泥混凝土的强度会明显下降，考虑到结构工作中，抗压能力是其最为重要的评价指标，所以在今后研究中以 10%橡胶粉替代砂为上限值。橡胶粉的掺入使水泥混凝土的弹性模量降低，从而说明了橡胶混凝土的弹性有所增加，在工程中，弹性性能的增加能够对混凝土裂缝起到一定的约束作用，同时当橡胶混凝土应用于桥面铺装时其弹性模量的减少能够使其更好地与沥青混凝土面层协同工作。

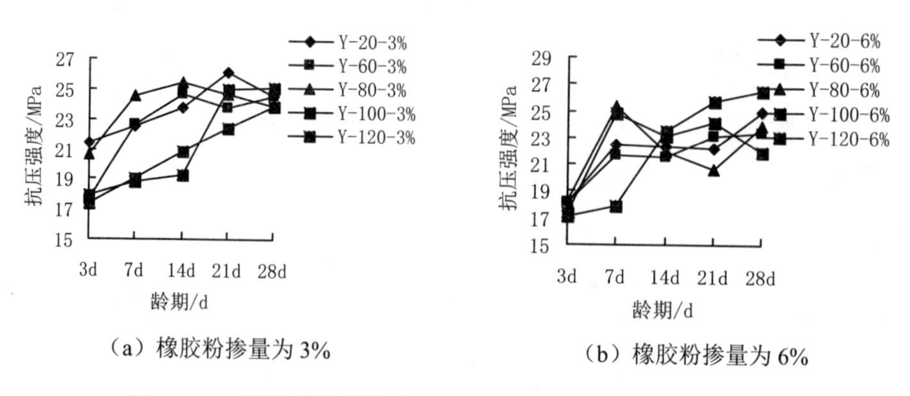

（a）橡胶粉掺量为 3%　　（b）橡胶粉掺量为 6%

图 4.49　二氯异氰尿酸钠改性橡胶粉对轻骨料混凝土的抗压强度

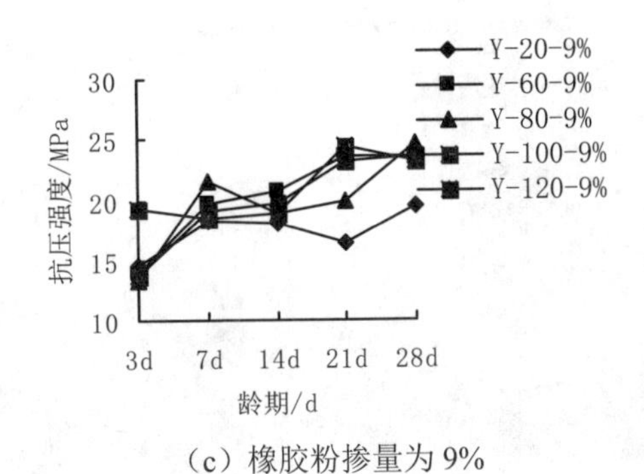

（c）橡胶粉掺量为9%

图4.49 二氯异氰尿酸钠改性橡胶粉对轻骨料混凝土的抗压强度（续图）

4.2.7 改性及未改性胶粉浮石混凝土破坏形态分析

对3d 20目掺量6%改性橡胶粉浮石混凝土做破坏分析：试件单面有斜向裂缝，单面贯穿竖向裂缝，内部以凹截面形式脱落（图4.50）。

图4.50 3d 20目掺量6%二氯改性橡胶粉浮石混凝土破坏图

对3d 20目掺量9%改性橡胶粉浮石混凝土做破坏分析：试件有清脆破裂声，三面贯穿竖向裂缝，表皮有少许脱落，内部有斜向贯穿裂缝（图4.51）。

7d 20目掺量3%的混凝土开始破坏时出现清脆的破碎声，表皮开始出现小部分脱落，有斜向裂缝和纵向裂缝，出现3面贯穿裂缝，总体还是呈剪切破坏，破坏时有明显的掉渣现象，也可以观察到部分橡胶粉在浮石周围（图4.52）。

7d 60目掺量6%的混凝土开始破坏时依然有清脆的破碎声，表面出现纵向裂缝，表皮脱落，破坏面的规整程度高，总体还是呈剪切破坏，破坏时有明显的掉渣现象。试件整体呈45°剪切破坏，侧面呈现凹形（图4.53）。

图 4.51　3d 20 目掺量 9%二氯改性橡胶粉浮石混凝土破坏图

图 4.52　7d 20 目掺量 3%十二烷改性橡胶粉浮石混凝土破坏图

图 4.53　7d 60 目掺量 6%十二烷改性橡胶粉浮石混凝土破坏图

7d 120 目掺量 9%的混凝土破坏时有清脆的破碎声，背面出现两条纵向裂缝，正面出现横向裂缝，由图可以看出侧面有斜向裂缝，破裂面成凹形，浮石的分布比较均匀，表面有掉渣现象（图 4.54）。

3d 20 目掺量 3%的混凝土裂缝主要出现在表面，以扩展型裂缝为主，表面脱落但破坏面的规整程度不高，总体还是呈剪切破坏，剪切角为 60°～70°；破坏时有明显的掉渣现象，侧面呈大块剥落状，表面出现大量裂缝，有竖直的裂缝（图4.55）。

图4.54 7d 120目掺量9%十二烷改性橡胶粉浮石混凝土破坏图

图4.55 3d 20目掺量3%司班40改性橡胶粉浮石混凝土破坏图

3d 60目掺量3%的混凝土裂缝主要出现在侧面，以扩展型裂缝为主，从上部发展到底部，表面脱落，总体还是呈剪切破坏，剪切角为60°～70°；破坏时有明显的掉渣现象，侧面呈大块剥落状（图4.56），破坏时有清脆的破碎声。

图4.56 3d 60目掺量3%司班40改性橡胶粉浮石混凝土破坏图

3d 80 目掺量 3%的混凝土裂缝主要出现在侧面、上表面，上表面斜向裂缝扩展到侧面至底部，以扩展型裂缝为主，表面脱落，侧面成凹形，沿着两个边发展成贯穿裂缝，总体还是呈剪切破坏，破坏时有明显的掉渣现象，侧面呈大块剥落状（图 4.57），破坏时有清脆的破碎声，随着橡胶粉掺量的增大，破坏形态也发生变化，掺量越大，试件破坏的时间越长，说明试件由脆性破坏逐渐转变为塑性破坏，浮石的分布比较均匀。

图 4.57　3d 80 目掺量 3%司班 40 改性橡胶粉浮石混凝土破坏图

掺入改性橡胶粉后将导致混凝土强度的降低，降低幅度比起未改性橡胶浮石混凝土的小，说明改性获得了成功，改性后可以提高浮石混凝土的强度。改性橡胶浮石混凝土的密度和抗压强度均随改性橡胶掺量的增加而降低，改性橡胶粉掺量对橡胶浮石混凝土抗压强度影响较大，这是因为胶粉是惰性材料，不具有水化活性，与水泥不能生成水化产物，只起填充作用。从这次的试验中发现橡胶粉颗粒的粒径越大，与其他材料的黏结强度越小，相比之下胶粉的粒径越小与其他材料的黏结强度越好，这样可以增大浮石混凝土的强度。另外橡胶粉是弹性材料，不能起到骨架作用，且随着胶粉掺量的增加削弱了砂子、石子和水泥浆体的黏结，薄弱点增多，增加了混凝土内部结构的不连续性，从而导致混凝土强度的降低。改性胶粉可以改善这个问题，胶粉表面改性后形成一种膜，这个膜将增大胶粉的亲水性，从而一定程度地改善惰性。

通过对改性橡胶粉浮石混凝土破坏形态的研究发现，混凝土的破坏是剪切破坏，并且首先破坏的是四个棱角处（沿着往下发展到侧面至底部），说明此处抗剪切能力最差，侧面的纵向裂缝比较多，表皮脱落，试件整体呈现 45°的剪切破坏，试件在试验中破坏时有清脆的响声，说明此时试件已经有了一定的抵抗破坏的能力，并且逐渐由弹性破坏转变成塑性破坏。

在浮石混凝土中掺入改性橡胶粉比起未改性的胶粉强度提高很多，但是还是会导致混凝土强度降低，而且随着掺量的增加强度降低的幅度会增大，但是橡胶粉的掺入会明显改善混凝土的延性和抗冲击性能。

4.2.8 改性胶粉浮石混凝土微观结构分析

图4.58是7d司班改性20目6%组浮石与水泥混凝土交接处的SEM照片，从图可以看出浮石与水泥混凝土黏结不是较好，有些细微的交界口及未完全黏结的裂口，说明7d的混凝土还没有完全水化，前期水化比较慢，所以能看出水泥与浮石没有完全水化黏结。

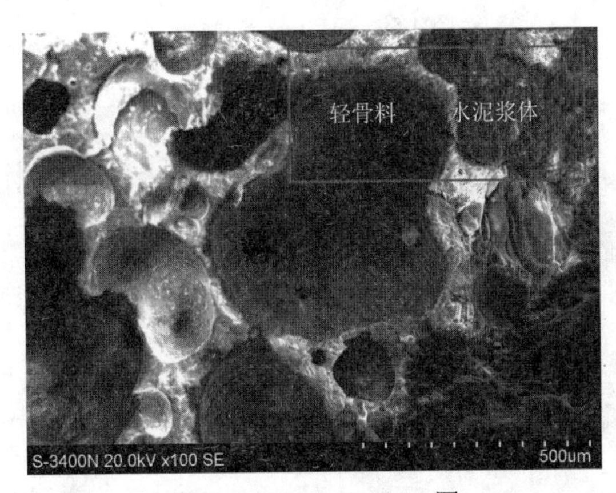

图4.58 S-20-6%SEM图

图4.59和图4.60是28d司班改性20目6%和60目3%未改性浮石与水泥混凝土交接处的SEM照片，从图可以看出28d的发育较好，看不出水泥与浮石交界的界面，这是由于随着龄期的增长，水化产物逐渐增多，包裹在水泥表面的水化物膜层增厚，粗骨料、细骨料、水泥颗粒之间的空间逐渐减小，水泥与骨料间的接触点不断增加，相互接触形成的结构空隙不断减小，结构逐渐紧密，相互黏结达到最佳。

图4.61和图4.62是二氯异氰尿酸钠改性胶粉浮石混凝土的环境扫描电镜照片，图中所示是样品（在做抗压强度试验的时候取出的样品）橡胶粉和水泥浆体界面的电镜照片。图4.63和图4.64是400倍和800倍的十二烷基苯磺酸钠改性的橡胶粉与水泥浆体的界面电镜照片，可以看出橡胶粉与水泥浆体之间没有什么薄弱界面，之前的表面改性起到了作用，十二烷基苯磺酸钠改善了橡胶粉表面亲水能力。

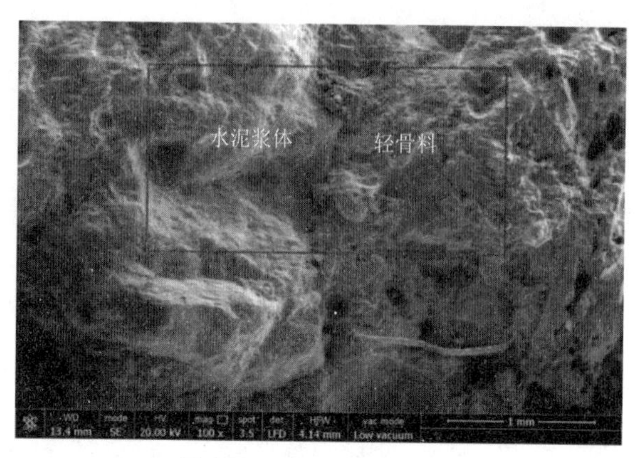

图 4.59　S-20-6%SEM 图

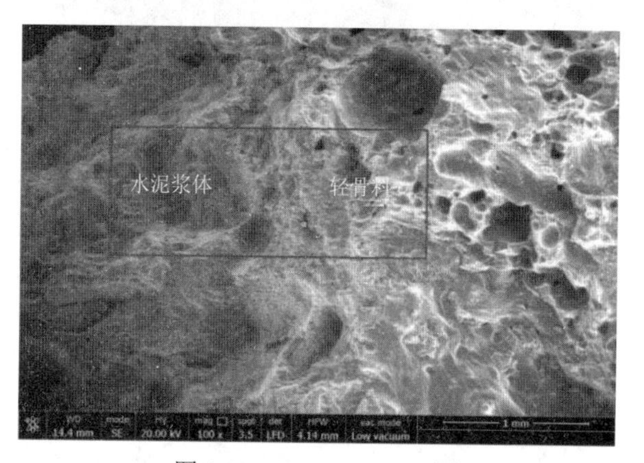

图 4.60　XJ-60-3%SEM 图

图 4.61　Y-20-3%SEM 图

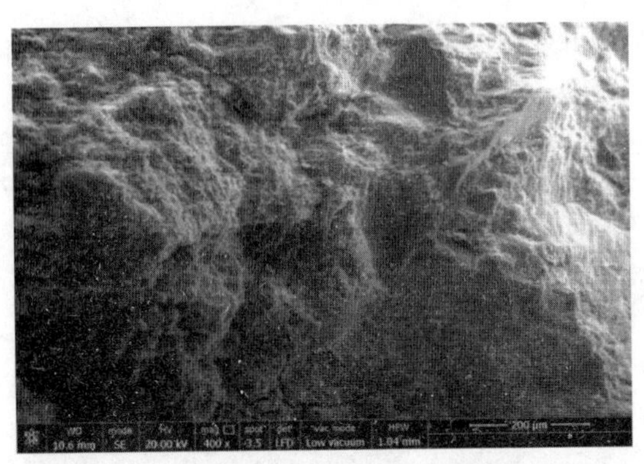

图 4.62　Y-20-3%SEM 图

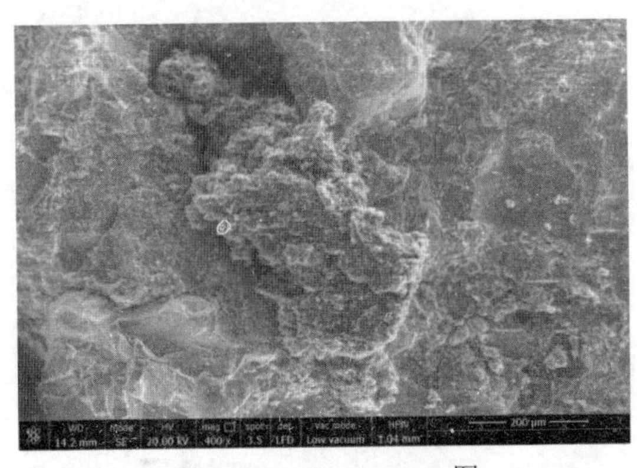

图 4.63　W-20-3%SEM 图

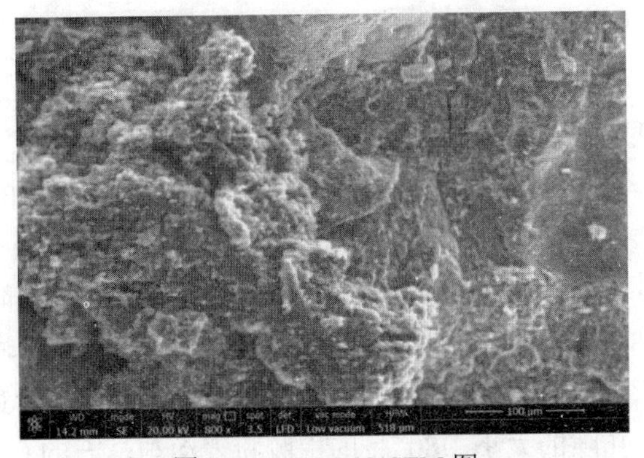

图 4.64　W-20-3%SEM 图

图4.65和图4.66是1000倍和1500倍的未改性橡胶粉与水泥浆体的界面照片，从两者界面可以看出橡胶粉与水泥浆中存在着明显的开口，说明橡胶粉与水泥浆

体黏结不好。从中可以看出改性后的橡胶粉与水泥浆体的黏结性较好，未改性的橡胶粉与水泥浆体黏结较差。

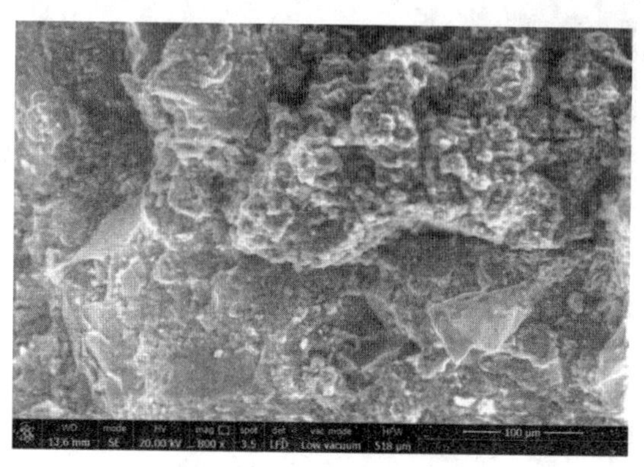

图 4.65 XJ-B-3%SEM 图

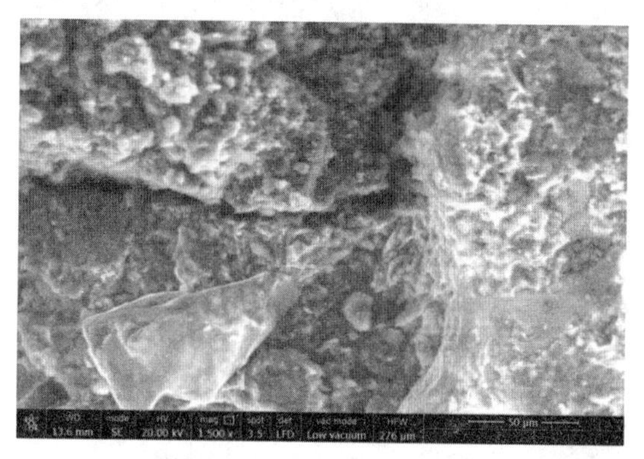

图 4.66 XJ-B-3%SEM 图

由图 4.67 和图 4.68 看出：司班 60 目 3%28d 的 T_2 分布主要表现为两个峰值，相对应的弛豫时间均大致在 0.05～9.4ms、9.4～800ms，司班 80 目 3% 28d 的 T_2 谱表现为三个峰值，相对应的弛豫时间均大致在 0.05～46ms、46～93ms、93～630ms。两个样品在受压后的核磁共振弛豫时间表明样品内部出现孔隙，对比两个 T_2 谱后发现 80 目的弛豫时间比 60 目的弛豫时间多了一个峰值，说明受压后 80 目的内部结构承受外力的能力小于 60 目，导致抗压强度低于 60 目，因为弛豫时间的长短表明内部孔隙的大小。80 目的橡胶粉表面与基石的有益摩擦力小于 60 目，所以受压后包裹 80 目橡胶粉的水泥基石容易形成细微裂缝，其扩展的裂缝多于 60 目，对应的弛豫时间在 46～93ms，较大的孔隙增多，这些裂缝形成后被核磁共振的信号捕捉后转换成峰值，所以 80 目比 60 目多一个峰值，且三个峰值对应的位置远大于60目峰值的位置。

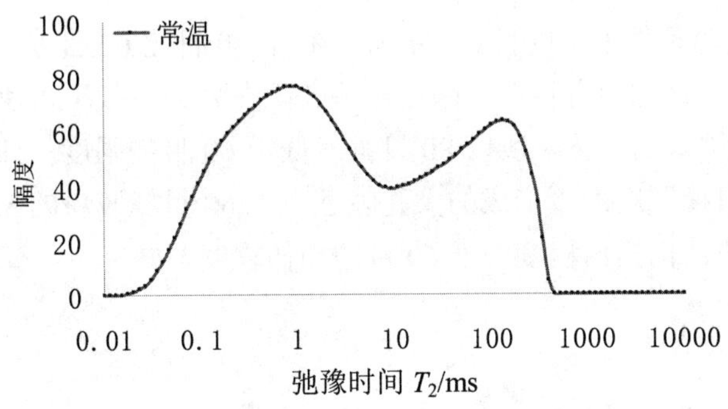

图4.67 司班60目3%28d的 T_2 谱变化

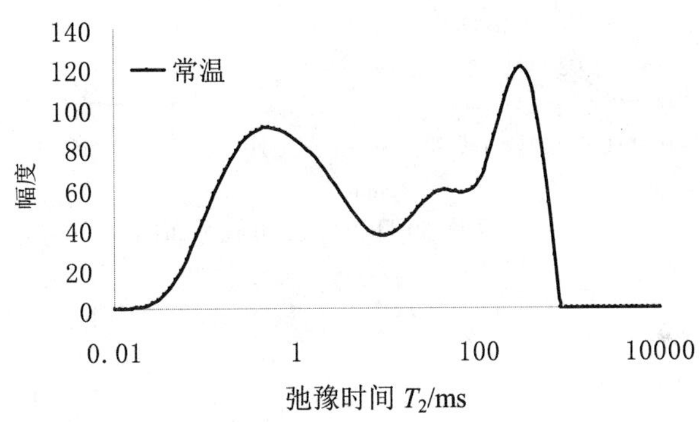

图4.68 司班80目3%28d的 T_2 谱变化

当采用短 T_2 且孔隙只含水时，表面弛豫起主要作用，即 T_2 直接与孔隙尺寸成正比：

$$\frac{1}{T} \approx \frac{1}{T_{2表面}} = \rho_2 \left(\frac{S}{V}\right)_{孔隙} \tag{4-15}$$

式中：ρ_2 为 T_2 表面弛豫率；$\left(\frac{S}{V}\right)_{孔隙}$ 为孔隙的比表面积。

因此 T_2 分布图实际上反映了孔隙尺寸的分布：孔隙小，T_2 小；孔隙大，T_2 大。假设孔隙应为理想椭圆体，根据经验混凝土 ρ_2=5μm/ms。

$$V = \frac{4}{3}\varphi abc \tag{4-16}$$

将式（4-16）代入式（4-15），使弛豫时间分布图转化为孔径分布图。

从图4.69和图4.70可得：司班60目3% 28d有两个峰值，范围大致在0.045～0.97μm、0.97～86μm，孔隙度分量 MAX 为0.36、0.29。司班80目3% 28d有三个

峰值，范围大致在 0.045～0.94μm、0.94～9.6μm、9.6～98μm，孔隙度分量 *MAX* 为 0.36、0.24、0.48。由 3%掺量的抗压强度折线图也可以看出 80 目的强度小于 60 目的强度，同等条件下不同目数的孔径分布中 80 目比 60 目多了一个峰值，峰值的出现说明内部结构中有较多孔隙，这些孔隙在外力荷载下迅速形成内外贯穿裂缝，导致整体结构的破坏，所以 80 目强度低于 60 目的强度。外掺的橡胶粉在压碎过程中 80 目橡胶粉周围形成的大孔隙远大于 60 目橡胶粉的大孔隙，说明外掺 80 目橡胶粉的结构损伤程度大于 60 目的损伤程度。

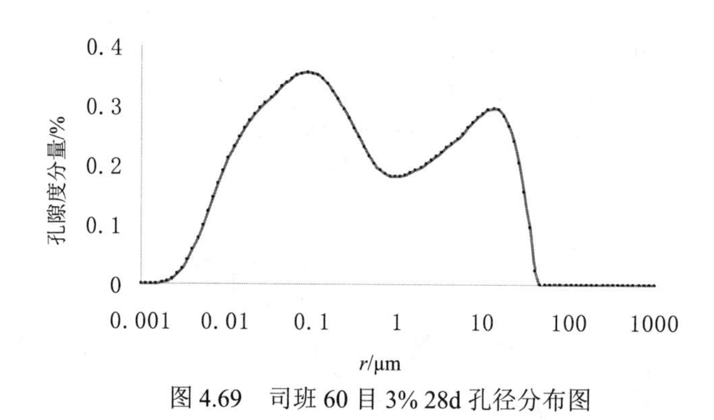

图 4.69 司班 60 目 3% 28d 孔径分布图

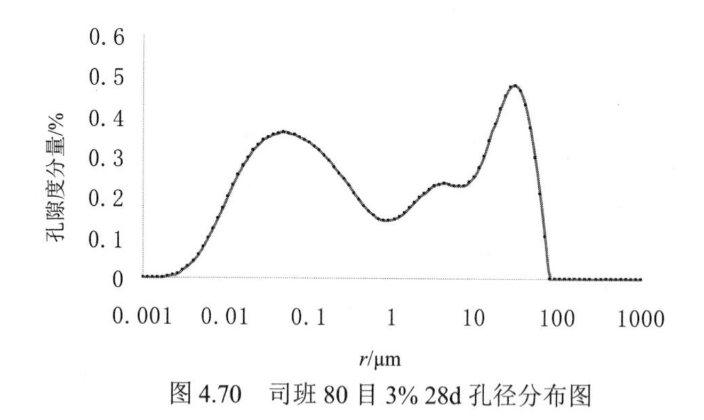

图 4.70 司班 80 目 3% 28d 孔径分布图

4.2.9 结论

（1）橡胶粉掺入水泥胶砂中会使水泥胶砂试件的强度降低，但是改性后的橡胶粉水泥胶砂试件的强度明显高于未改性的橡胶粉水泥胶砂试件，且试件强度随着橡胶粉掺量的增加而减小。

（2）随着橡胶粉掺量的增加，橡胶粉水泥胶砂试件抗压强度的下降趋势比抗折强度大。

（3）通过对废旧轮胎橡胶粉表面进行改性可以发现，改性橡胶粉的亲水性明显增强，与水泥胶砂的融合能力有所提高，试件的抗压强度和抗折强度也相继提高。

（4）破碎的废旧轮胎橡胶粉是一种不规则体，改性后胶粉表面比未改性橡胶粉表面要圆润、连续。

（5）利用司班 40、十二烷基苯磺酸钠、二氯异氰尿酸钠改性剂改性橡胶颗粒后，改性橡胶浮石混凝土抗压强度高于未改性橡胶浮石混凝土。

（6）改性橡胶浮石混凝土在相同的掺量下，随着改性橡胶目数的增大，抗压强度呈现先增大后减小的趋势，120 目＜100 目＜80 目＞60 目＞20 目，其中 80 目改性橡胶浮石混凝土抗压强度最大。

（7）利用司班、十二烷基苯磺酸钠、二氯异氰尿酸钠改性橡胶粉后，改性橡胶粉的活性指数增加，橡胶颗粒球状度、圆形度提高，并减少了橡胶粉表面不规则形状的纤维。

（8）未改性橡胶粉浮石混凝土和改性橡胶粉浮石混凝土的 T_2 谱分布主要表现为 3 个峰图，橡胶颗粒经过改性之后，3 个峰值都减小并且全部向小孔隙方向偏移，表明改性橡胶颗粒后，改善了橡胶浮石混凝土内部的孔隙分布。

4.3　改性橡胶对浮石混凝土改性作用分析

4.3.1　试验概况

1. 试验材料

水泥：冀东 P·O42.5 普通硅酸盐水泥。粗骨料：内蒙古锡林郭勒盟浮石，堆积密度为 690kg/m^3，表观密度为 1593kg/m^3，1h 吸水率为 16.44%（质量分数，文中涉及的吸水率等均为质量分数或质量比）。细骨料：天然河砂，细度模数为 2.56，含泥量为 1.98%，堆积密度为 1465kg/m^3，表观密度为 2645kg/m^3，含水率为 1.99%。减水剂：RSD-8 型高效减水剂，以 β-萘酸钠甲醛高缩聚物为主要成分的高级减水剂，掺量为 2%，减水率为 20%，对钢筋无锈蚀作用。水：自来水。橡胶：选用 80 目（178μm）废旧轮胎橡胶颗粒。改性剂：Span40，分子式为 $C_{22}H_{42}O_6$。

2. 试验设计

以浮石混凝土的配合比为基准，设计基准浮石混凝土的配合比为 *m*（水泥）:*m*（砂）:*m*（粗骨料）：*m*（水）:*m*（减水剂）=370.0:720.0:570.0:160.0:7.4，未改性橡胶和改性橡胶均按照水泥用量的3%掺入，水胶比为0.45，砂率为0.43。

首先将1%（以橡胶粉质量计）Span40与热水配置成溶液，然后将橡胶加入到配制好的溶液中浸泡1h，均匀搅拌，过滤后放到烘箱烘干；未改性、改性橡胶浮石混凝土分别命名为WGX和GX。

首先对不同组别的橡胶浮石混凝土进行抗压强度测试；其次利用百特BT-1800动态图像颗粒分析系统仪进行橡胶颗粒动态图像颗粒分析试验，参照《公路工程集料试验规程》(JTGE 42—2005)，进行橡胶的亲水性试验，并结合环境扫描电镜进行微观结构分析；最后利用核磁共振仪进行孔结构变化分析。

4.3.2 试验结果与分析

1. 改性橡胶对浮石混凝土抗压强度的影响

由图4.71可以看出：GX组抗压强度明显提高，以28d龄期抗压强度为例，相比WGX组，GX组抗压强度提高了28.9%。主要归结于：橡胶属于亲油性材质，而水泥属于亲水材质，非极性的橡胶颗粒与水泥基体黏结不好，导致WGX组抗压强度偏低；通过Span40对橡胶颗粒表面改性之后，使得橡胶表面亲水性增强，与水泥基体的黏结强度相对提高，所以改性橡胶浮石混凝土GX组的力学性能提高。

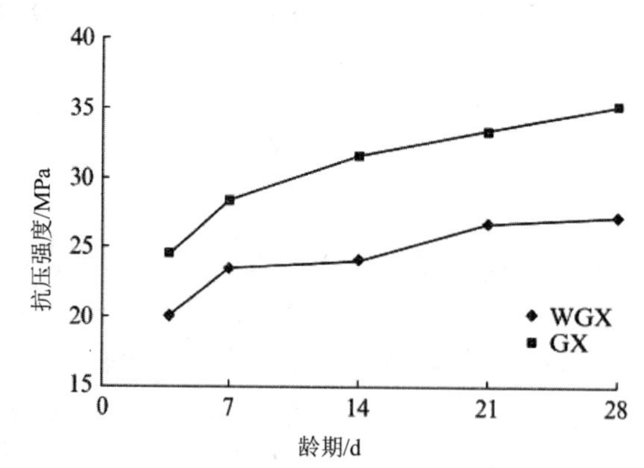

图4.71 改性橡胶和未改性橡胶浮石混凝土抗压强度

2. 亲水性试验

亲水性是指带有极性基团的分子对水有大的亲和能力，可以吸引水分子，或溶解于水。亲水系数越大，说明橡胶对水的亲和能力越强。表4.13为WGX组和GX组的亲水性系数η。

表 4.13　亲水性系数 η

组别	WGX	GX
亲水性系数	0.0053	0.5625

由表 4.13 可知，GX 组的亲水性系数是 WGX 组的 100 多倍，说明 Span40 增强了橡胶的亲水性，改性橡胶表面由非极性转为极性，与水的相容性得以提高，所以改性之后的橡胶与水泥石的黏结强度提高，使得改性橡胶浮石混凝土抗压强度高于未改性橡胶浮石混凝土强度。

3. 动态图像颗粒分析试验

橡胶颗粒的细观形状（形状、尺寸等）会影响浮石混凝土的力学性能。由于橡胶颗粒形状不规则，宏观描述无法真实反映这些颗粒的形状特征，故本研究从细观形状上进行描述，形状特征量用球形度和长径比表示（为了减小误差，对相同样品重复 5 次试验）。

由表 4.14（橡胶颗粒的球形度和长径比）中可以看到，WGX 橡胶形状不规则，这个与传统上认为橡胶是圆形的假设不一致；改性之后的橡胶球形度达到 98.93%，圆形度为 0.95，平均长径比为 1.06，接近 1，说明 GX 橡胶更接近圆形，减少了橡胶表面不规则形状的毛刺[110]。改性橡胶表面不规则毛刺的减小，使得浮石混凝土中多余的含气量和水分减少，所以 GX 组抗压强度呈现增大的趋势。

表 4.14　橡胶的细观尺度

细观尺度	WGX	WGX（α，δ）	GX	GX（α，δ）
球形度（>0.7）/%	94.92	（0.012，0.016）	98.93	（0.004，0.007）
圆形度	0.88	（0.008，0.01）	0.95	（0.0088，0.011）
平均长径比	1.20	（0.012，0.016）	1.06	（0.008，0.01）

注　α 表示平均误差；δ 表示标准误差。

4.3.3　环境扫描电镜分析

由图 4.72（a）和（c）可见，未改性橡胶颗粒为不规则的针、片状，易增大孔隙度和总表面积，使得混凝土强度降低；粗糙不平的表面会造成混凝土流动性较差，导致混凝土有较多的有害孔洞，对强度起到负面作用。由图 4.72（b）和（d）可见，改性橡胶颗粒近似球形，且颗粒表面呈现蓬松状态，有利于橡胶颗粒之间及橡胶和混凝土基体之间的相互结合，其形状和表面特征均可提高橡胶与基体间的界面结合强度[111]，进而改善混凝土材料的力学性能。

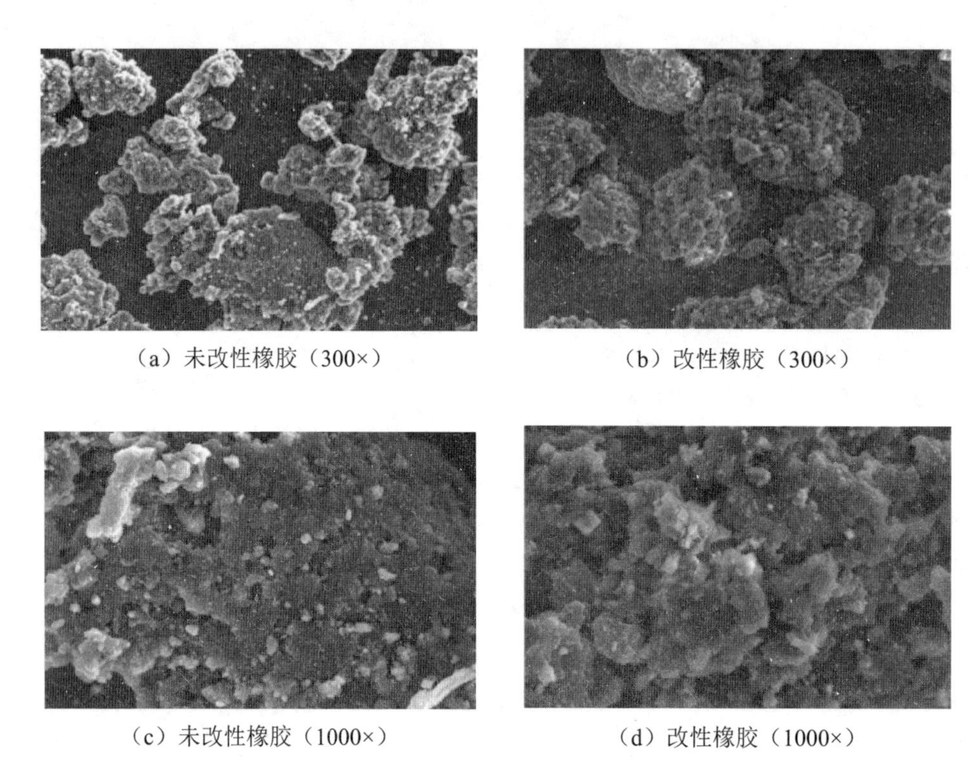

（a）未改性橡胶（300×）　（b）改性橡胶（300×）

（c）未改性橡胶（1000×）　（d）改性橡胶（1000×）

图 4.72　改性前后橡胶表面的扫描电镜照片

图 4.73 为 WGX 组和 GX 组的扫描电镜照片。由图 4.73（a）可以看出，掺入未改性橡胶后，浮石与水泥石有明显的分界裂纹，且水泥石有微裂纹，这都是由于橡胶颗粒与水泥石不能较好黏结所致；由图 4.73（b）可以看到，水泥石表面没有明显的裂纹出现，浮石-水泥浆体之间的结构较密实，说明包裹在水泥浆体上的改性橡胶与水泥浆体黏结性提高，所以 GX 组力学性能出现提高趋势。

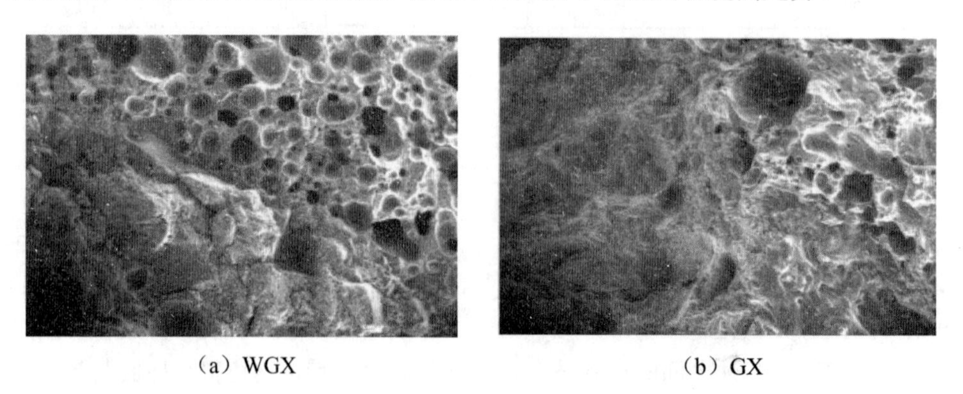

（a）WGX　（b）GX

图 4.73　WGX 组和 GX 组的扫描电镜照片

4.3.4 核磁共振测试

根据核磁共振原理[112-113]，对于多孔介质的材料[81]，可忽略自由弛豫和扩散弛豫，主要考虑表面弛豫引起的纵向弛豫时间 T_1 和横向弛豫时间 T_2。2 种弛豫时间包含相同的信息，并与比表面积有直接关系。由于纵向弛豫的测试耗时较长，因此对多孔材料采用横向弛豫时间 T_2 进行测试计算。孔隙中流体的横向弛豫时间与孔隙大小的关系可以表示为

$$\frac{1}{T_2}=\rho\left(\frac{s}{v}\right) \tag{4-17}$$

式中：ρ 为多孔介质的横向表面弛豫强度，μm/ms；$\frac{s}{v}$ 为孔隙的比表面积，cm^2/cm^3。

T_2 值与孔隙成正比关系，T_2 越小，则孔隙越小，反之，T_2 越大，则孔隙也越大。T_2 谱分布可以反映孔隙的分布情况，峰的位置与孔径大小有关，峰面积的大小与对应孔径的孔隙数量有关[110,112]。

1. 孔隙度结果分析

孔隙度为混凝土内部孔结构体积与总体积的比值，T_2 截止值为束缚流体饱和度和自由流体饱和度的分界值，与孔隙尺寸有关。根据经验值[81]，选取 T_2=10s，小于此值则对应束缚流体存在于凝胶孔和毛细孔中；大于此值则对应自由流体存在于非毛细孔中。

由表 4.15 可以得出，与 WGX 组相比，GX 组的孔隙度降低了 11%，束缚流体饱和度提高，自由流体饱和度对应降低。结合力学特征和微观结果，分析其原因是改性橡胶可以提高混凝土内部各种界面的黏结性，使得非毛细孔比例降低，凝胶孔和毛细孔比例增大，所以 GX 组孔隙度降低，表现结果与前面力学特征相符。

表 4.15 橡胶浮石混凝土的孔隙度

试件编号	孔隙度/%	束缚流体饱和度/%	自由流体饱和度/%	截止值 T_2/ms
WGX	19.82	74.94	25.05	10
GX	17.64	80.44	19.56	10

2. 核磁共振 T_2 分布

图 4.74 为 WGX 组和 GX 组的 T_2 谱分布曲线。由图 4.74 可以看到，WGX 组的 T_2 谱分布表现为 3 个峰，第 1 个峰值在 0.14ms 附近，第 2 个峰值在 12.33ms 附近，第 3 个峰值在 132.19ms 附近。橡胶经过改性之后，GX 组的 T_2 谱分布仍为

3 个峰值，但 3 个峰值均出现了变化，第 1 个峰值在 0.12ms 附近，第 2 个峰值在 3.51ms 附近，第 3 个峰值在 100ms 附近，3 个峰值均向左移动。导致这种变化的原因主要是亲水性能的提高使改性橡胶可以更好地与水泥石、骨料黏结成一个整体，从而引起混凝土内部孔隙比表面积发生变化，所以 GX 组核磁共振弛豫时间出现左移现象。

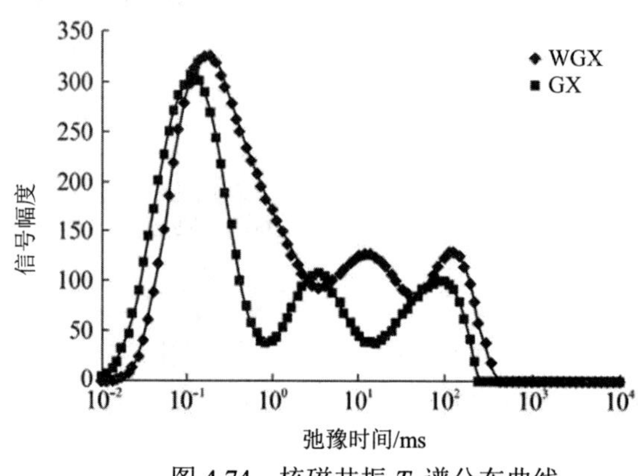

图 4.74 核磁共振 T_2 谱分布曲线

4.3.5 结论

（1）相对于未改性橡胶浮石混凝土，改性橡胶浮石混凝土抗压强度明显提高。

（2）改性橡胶的亲水性增加，橡胶颗粒球状度、圆形度提高，并减少了橡胶表面不规则形状的毛刺。

（3）与未改性橡胶浮石相比，改性橡胶浮石混凝土孔隙度降低 11%，束缚流体饱和度提高，自由流体饱和度对应降低。

（4）橡胶浮石混凝土 T_2 谱分布主要表现为 3 个峰，橡胶改性之后，3 个峰值均向左移动，表明改性橡胶浮石混凝土的内部孔隙减小。

4.4 改性橡胶再生粗骨料混凝土力学及抗冻性能试验研究

本试验选用减水剂为阴离子型表面活性剂，通过对改性效果及成本进行比选，本试验选用了十二烷基苯磺酸钠（阴离子型表面活性剂）和司班（非离子型表面活性剂）两种表面改性剂，对橡胶颗粒进行表面处理后得到改性橡胶粉。总结经表面改性的橡胶粉对再生粗骨料混凝土的力学性能及抗冻性的影响效应。

4.4.1 试验概况

1. 试验材料

水泥：采用冀东 P·O42.5 级普通硅酸盐水泥，密度为 3093kg/m^3。天然粗骨料：内蒙古中部地区浮石集料，粒径为 10～25mm，连续级配，表观密度为 1569kg/m^3，堆积密度为 706kg/m^3。再生粗骨料：经颚式破碎机简单破碎的废弃混凝土而成的Ⅱ类再生粗骨料，粒径为 10～25mm，连续级配，表观密度为 2632kg/m^3。细骨料：天然河砂，最大粒径为 5mm，连续级配，细度模数为 2.56，含泥量为 2%，表观密度为 2623kg/m^3，堆积密度为 1560kg/m^3，含水率为 1.0%。外加剂：萘系高效减水剂，黄褐色粉末，易溶于水，减水率为 20%。拌合用水：普通自来水。橡胶粉：天津市某橡胶材料厂生产的粒径为 20 目、80 目、120 目三种细度的废旧轮胎橡胶粉。司班 40 溶液：山梨醇酐单棕榈酸酯，呈浅奶油色的蜡状固体，并伴有异味。十二烷基苯磺酸钠溶液：简称 SDBS，呈白色粉末状固体，易溶于水。

2. 试验设计

本试验将废弃的建筑垃圾制成再生粗骨料全部或部分替代天然浮石粗骨料作为混凝土的粗集料，制成再生粗骨料混凝土，设计强度为 C30。其中再生粗骨料全部替代为混凝土粗集料的配合比见表 4.16。

表 4.16 混凝土配合比（全部替代） 单位：kg/m^3

组别	水泥	水	再生粗骨料	砂	减水剂	橡胶颗粒
基准组	370	160	1010	799	12	0
橡胶粉外掺量 3%	370	160	1010	799	12	11.1
橡胶粉外掺量 6%	370	160	1010	799	12	22.2
橡胶粉外掺量 9%	370	160	1010	799	12	33.3

表 4.17 为再生粗骨料部分替代天然浮石粗骨料作为混凝土的粗集料时的配合比，其中两种粗骨料的体积比为 1:1。配合比依据为本课题组前期试验基础[114]，在前期试验中选用了再生粗骨料替代浮石粗骨料，替代比率为 0%、30%、50%、70%、100%，其中实现“强度”与“轻质”综合效应的是替代率为 50%。在相关文献中，也有相似的结论：再生骨料取代率为 50%左右时，强度达到最大的同时还可取得较大的环境和经济效益。

表 4.17　混凝土配合比（部分替代）　单位：kg/m^3

组别	水泥	水	天然浮石粗骨料	再生粗骨料	砂	减水剂	橡胶颗粒
基准组	370	160	310	505	853	12	0
橡胶粉外掺量 3%	370	160	310	505	853	12	11.1
橡胶粉外掺量 6%	370	160	310	505	853	12	22.2
橡胶粉外掺量 9%	370	160	310	505	853	12	33.3

4.4.2　废旧轮胎橡胶粉表面改性试验研究

橡胶粉根据不同粒径对应不同的生产方式，见表 4.18。

表 4.18　橡胶粉的分类

类别	粒度/mm	粒度/mm	制造装置
粗胶粉	1.4～0.5	12～30	砂轮机、粗碎机、回转破碎机
细胶粉	0.5～0.3	30～47	细碎机、回转破碎机
精细胶粉	0.3～0.075	47～200	常温粉碎装置、低温冷冻粉碎装置
超细胶粉	0.075 以下	200 以上	磨盘式胶体研磨机

废旧轮胎经过粉碎处理以后制成的橡胶粉，它的表面不再像轮胎一样光滑，由于经过化学或机械的加工处理，橡胶的空间网络受到了破坏而形成网络端，正是这些网络端构成了橡胶粉的表面，所以橡胶粉的表面呈不规则的毛刺状且布满微观裂纹，具有较大的比表面积。在混凝土的制造中，为增强混凝土的弹性效果，可以加入一定比例的橡胶粉，而加入过量的橡胶粉会造成混凝土的坚硬度不足，所以橡胶粉的加入配比要进行合理的配置。

1. 橡胶粉表面改性结果

将 20 目、80 目、120 目的橡胶粉进行亲水系数的测试，将试验结果记录于表 4.19 中，通过比较亲水系数的数值，可知通过两种改性剂改性处理后，橡胶粉的亲水系数增大，表明两种改性剂对橡胶粉的亲水性能有提升作用，但亲水系数小于 1，所以说通过改性剂改性处理后的改性橡胶粉对水的亲和力依旧是有限的。

表 4.19　亲水系数（η）试验结果

橡胶粉目数	改性剂	水中沉淀物体积 V_B/mL	煤油中沉淀物体积 V_B/mL	亲水系数 η
20 目	未使用	2.5	25.0	0.100
80 目	未使用	1.5	19.5	0.126

续表

橡胶粉目数	改性剂	水中沉淀物体积 V_B/mL	煤油中沉淀物体积 V_B/mL	亲水系数 η
120 目	未使用	4	26.0	0.154
20 目	司班 40	9	23.0	0.391
80 目	司班 40	9	16.0	0.563
120 目	司班 40	12	18.5	0.649
20 目	十二烷基苯磺酸钠	13	20.5	0.634
80 目	十二烷基苯磺酸钠	14	17.5	0.800
120 目	十二烷基苯磺酸钠	14	18.5	0.757

接触角可作为润湿程度的量度，接触角越大其润湿性越弱，则可浮性越好；反之，接触角越小，其润湿性越强，则可浮性越差。通常接触角为 90°时作为润湿与否的分界线。对橡胶粉进行接触角测试，选用仪器为德国 KRUSS 光学接触角测量仪，试验前需要先将橡胶粉进行压片处理，如图 4.75 所示。

图 4.75　接触角试验

接触角（θ）和亲水系数（η）试验结果对比见表 4.20。对 20 目、80 目、120 目的橡胶粉测试接触角，通过比较接触角的数值，可知通过两种改性剂改性处理后，橡胶粉的接触角减小，越趋近于 90°，表明两种改性剂对橡胶粉起到了增强润湿性、降低可浮性的效果，但接触角均大于 90°，所以通过改性剂改性处理的改性橡胶粉的润湿程度是有限的。

表 4.20　接触角（θ）和亲水系数（η）试验结果对比

橡胶粉目数	改性剂	接触角 θ/°	亲水系数 η
20 目	未使用	145.53	0.100
80 目	未使用	150.08	0.126
120 目	未使用	151.63	0.154
20 目	司班 40	130.98	0.391
80 目	司班 40	146.50	0.563
120 目	司班 40	148.28	0.649
20 目	十二烷基苯磺酸钠	136.53	0.634
80 目	十二烷基苯磺酸钠	147.00	0.800
120 目	十二烷基苯磺酸钠	144.17	0.757

对比接触角与亲水性系数可知二者存在相关性关系，接触角越小，则亲水系数 η 越大，橡胶粉的润湿程度和亲和水的能力越好。对比两种测试方法，分别判断出改性前后橡胶粉润湿程度和亲和水的性能，但二者具有相关性，所以在试验条件局限的情况下可选用一种测试方式。不同改性橡胶粉试样亲水系数的测试结果比较常常呈现出倍数的区别，而不同改性橡胶粉试样接触角测试结果比较呈现出的是几度的区别，可以说更为准确，但从测试方法的造价程度上来讲，亲水系数的测定更经济。

两种不同改性剂对废旧轮胎橡胶粉的表面进行改性处理后，从参数值上确定了橡胶粉润湿程度变强，橡胶粉与水的亲和能力得到了改善。

2. 橡胶粉的表面形态

超景深显微镜是一种双目观察的连续变倍实体显微镜，观察物体时利用变焦镜头能产生正立的三维空间像，立体感强且成像清晰和宽阔，具有较长的工作距离，是一种适用范围十分广泛的常规显微镜。使用超景深显微镜观测表面不平坦的试件，可观测到试件表面的结构变化并呈现出清晰的整体图像，解决使用传统的光学显微镜无法观察到表面不平坦的试件的问题。采用 Leica Map 软件进行图像分析，对处理过的图像进行地形层采集、图像的 3D 模拟、实景模拟和虚拟内切，进而呈现出试件表面的特点。

在本节中，用 Leica 超景深显微镜对干燥状态及湿润状态下未改性橡胶粉、司班 40 改性橡胶粉、十二烷基苯磺酸钠改性橡胶粉进行拍摄，得到橡胶粉的图像层图像，经过 Leica Map 软件处理后得到橡胶粉的地层图和 3D 图。

如图 4.76～图 4.78 所示，在干燥状态下，将橡胶粉样品放置于白纸上，置于 Leica 超景深显微镜相同倍数下进行观测，本试验选用倍数为 50 倍，结合 Leica Map 软件最终处理得到的干燥状态下橡胶粉的表面形态图、地层图以及 3D 图，可以看到橡胶粉经过改性剂表面改性处理之后，表面变得更加平整，凹凸在一定程度上得到了改善，橡胶粉表面变得相对平整。

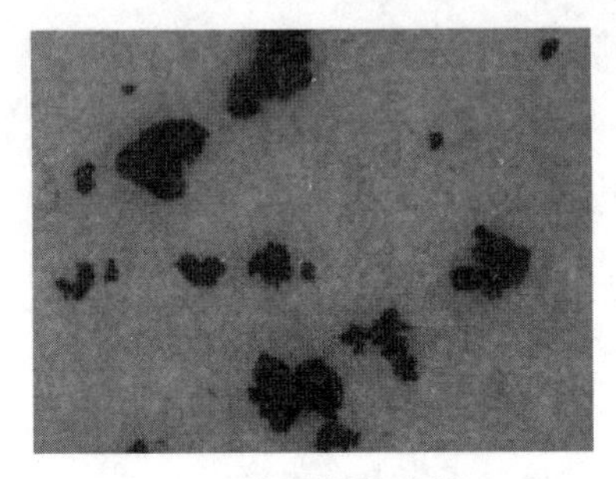

（a）未改性橡胶粉

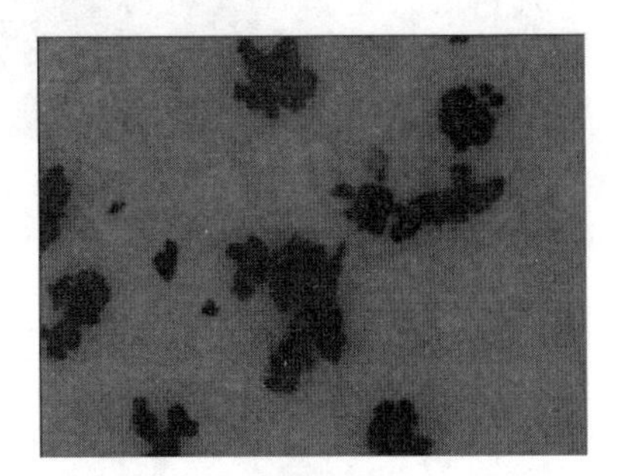

（b）司班 40 改性橡胶粉

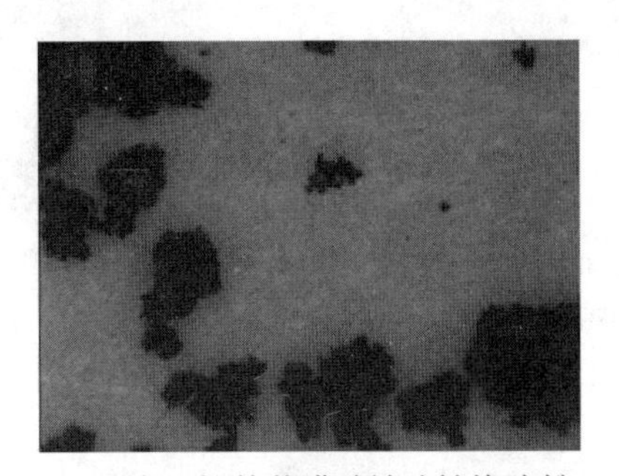

（c）十二烷基苯磺酸钠改性橡胶粉

图 4.76　干燥状态下橡胶粉的表面结构

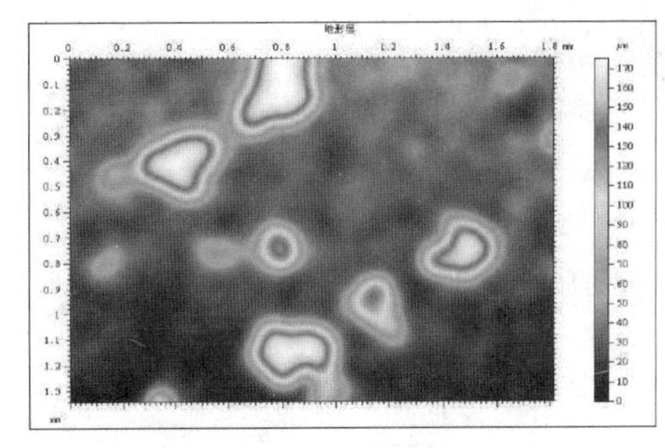

（a）未改性橡胶粉

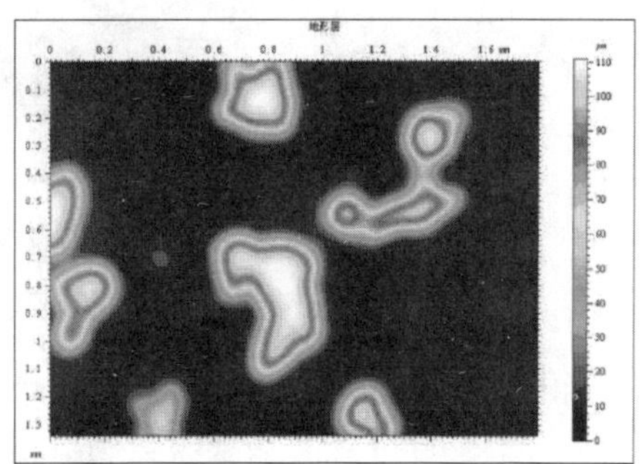

（b）司班 40 改性橡胶粉

图 4.77　干燥状态下橡胶粉地层图

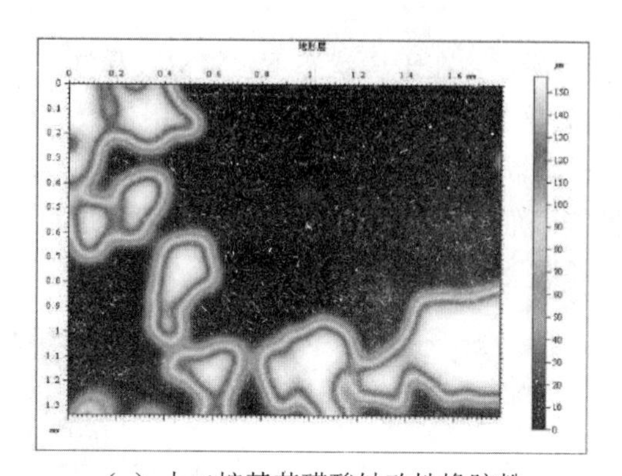

（c）十二烷基苯磺酸钠改性橡胶粉

图 4.77 干燥状态下橡胶粉地层图（续图）

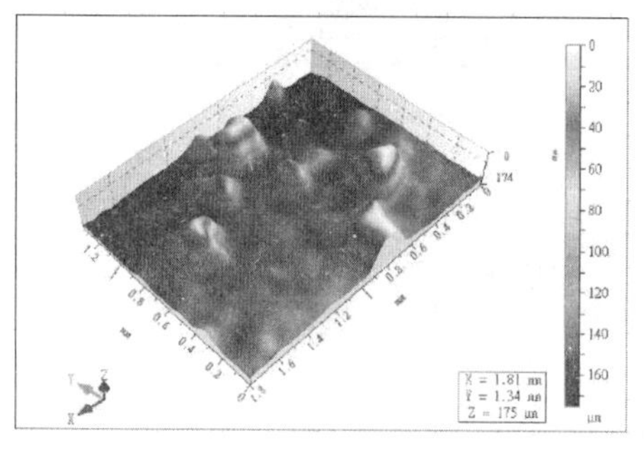

（a）未改性橡胶粉

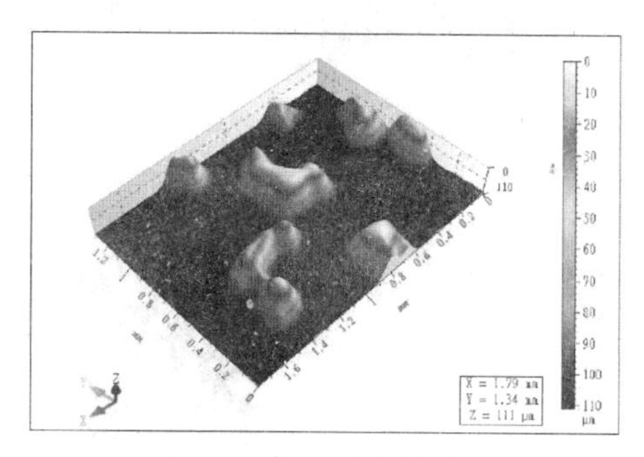

（b）司班 40 改性橡胶粉

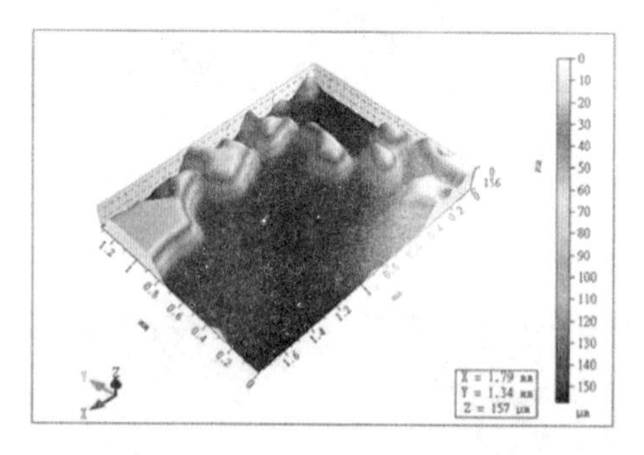

（c）十二烷基苯磺酸钠改性橡胶粉

图 4.78 干燥状态下橡胶粉的 3D 图

如图 4.79～图 4.81 所示，在湿润状态下，将橡胶粉样品分散于水中放置于白色纸杯中，置于 Leica 超景深显微镜相同倍数下进行观测，本试验选用倍数为 50 倍，结合 Leica Map 软件最终处理得到的湿润状态下橡胶粉的表面形态图、地层图以及 3D 图，可以看到橡胶粉经过改性剂表面改性处理之后，与水更容易亲和，橡胶粉更容易受到水影响而积聚到一起，形成连片的存在，且在橡胶粉的周围易集聚气泡。

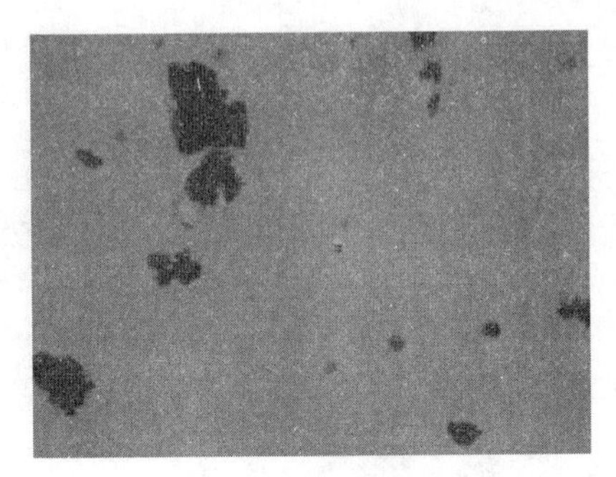

（a）未改性橡胶粉

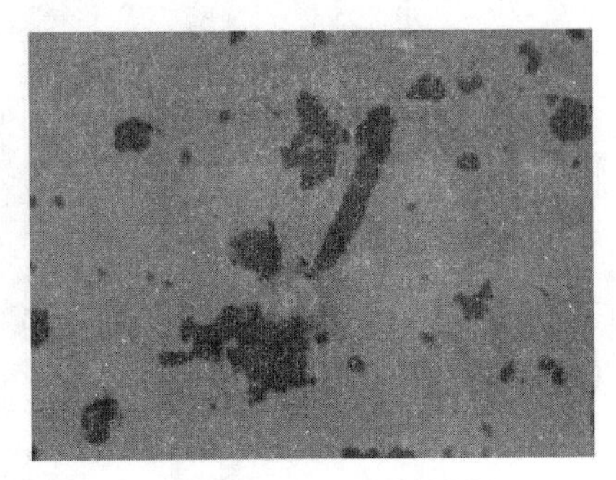

（b）司班 40 改性橡胶粉

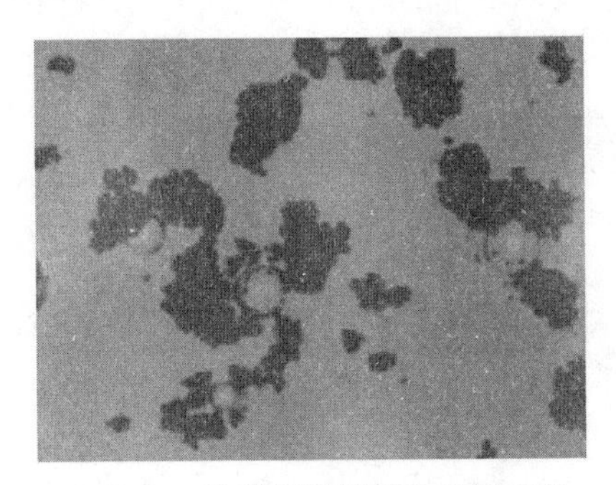

（c）十二烷基苯磺酸钠改性橡胶粉

图 4.79　湿润状态下橡胶粉的表面形态

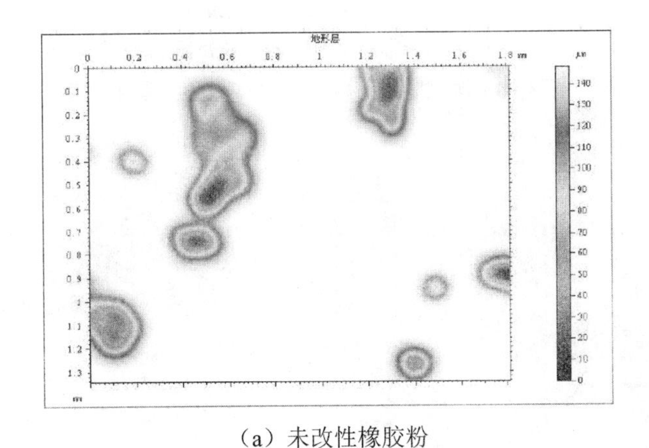

（a）未改性橡胶粉

图 4.80　湿润状态下橡胶粉的地层图

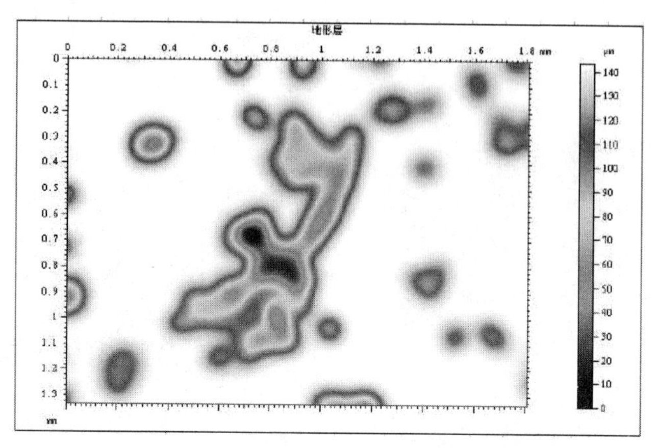

（b）司班 40 改性橡胶粉

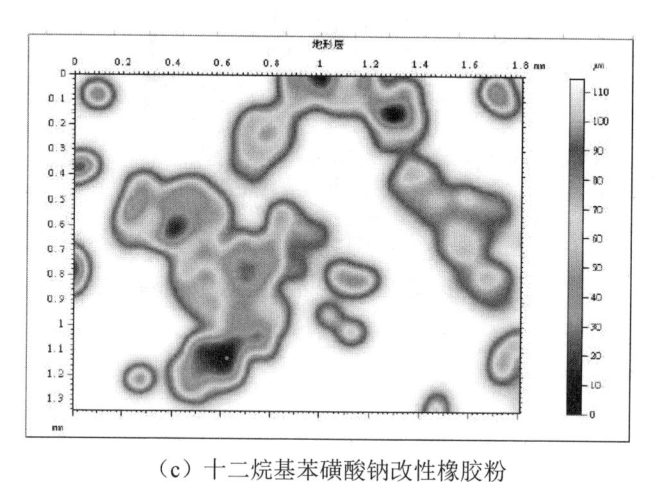

（c）十二烷基苯磺酸钠改性橡胶粉

图 4.80 湿润状态下橡胶粉的地层图（续图）

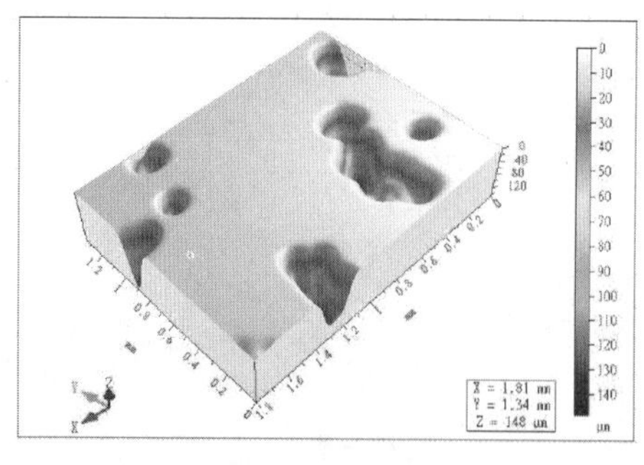

（a）未改性橡胶粉

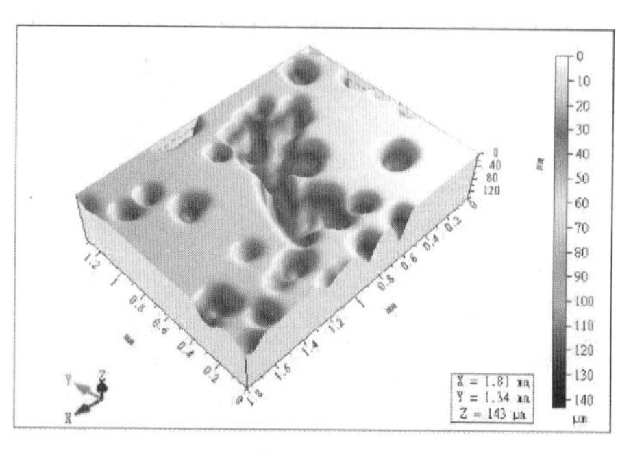

（b）司班 40 改性橡胶粉

图 4.81 湿润状态下橡胶粉的 3D 图

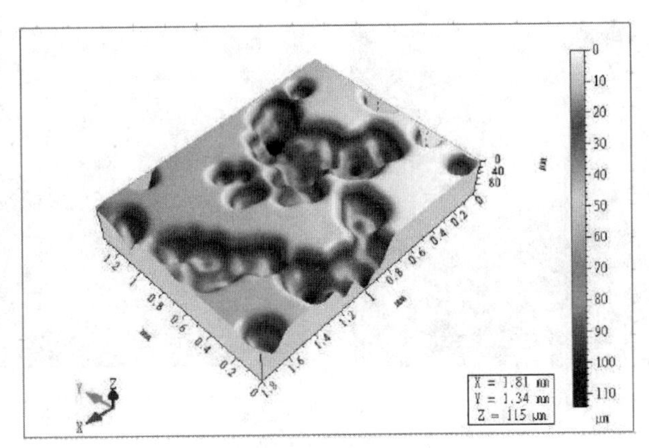

（c）十二烷基苯磺酸钠改性橡胶粉

图 4.81　湿润状态下橡胶粉的 3D 图（续图）

对废旧轮胎进行处理得到橡胶粉，由于工艺的问题，橡胶粉表面常常伴有杂质以及一些表面附着物，在两种改性剂对废旧轮胎橡胶粉表面进行改性处理以后，可以清晰地看到橡胶粉表面的杂质成分减少，同时从图中可以看到改性过后橡胶粉表面更加光滑平整，并且经过改性后，橡胶粉表面呈现更为蓬松的状态[92]，如图 4.82～图 4.84 所示。在橡胶粉生产过程中，会引入硬脂酸锌，所以造成成品橡胶粉表面附着有硬脂酸锌，并且已经通过 Segrer 和 Joeaks 红外线及化学滴定方法在研究中证实粉状且有滑腻感的硬脂酸锌会降低胶粉与水泥砂浆的黏结力[115]。所以通过改性剂的表面改性处理后，在一定程度上减少了硬脂酸锌在橡胶粉表面的附着，会增强橡胶粉与水泥砂浆的黏结力。

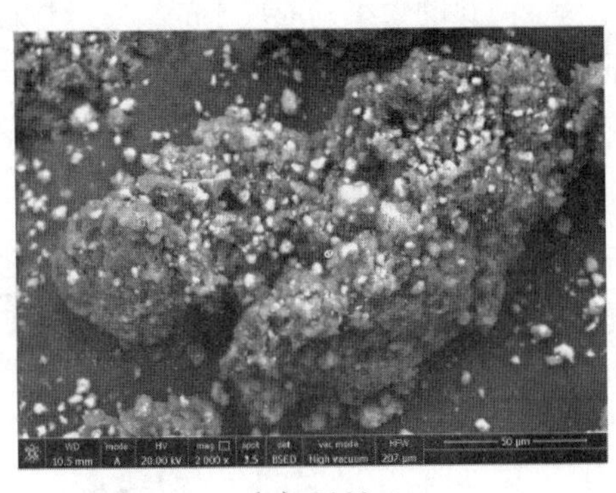

（a）2000×

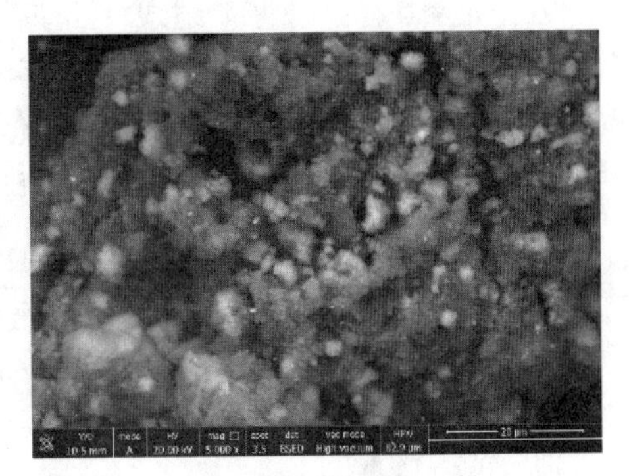

（b）5000×

图 4.82　未改性橡胶粉

（a）2000×

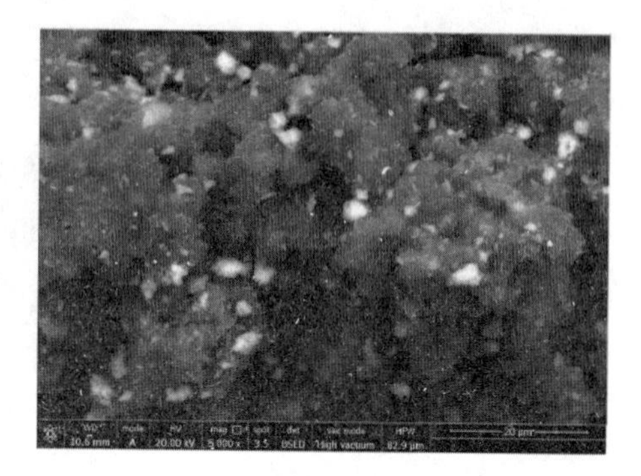

（b）5000×

图 4.83　司班 40 改性橡胶粉

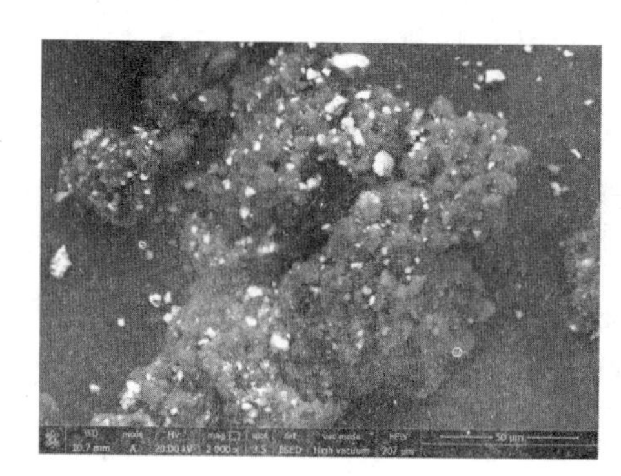

（a）2000×

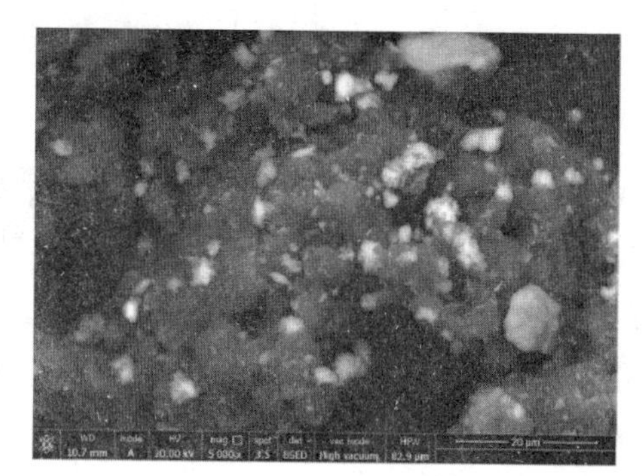

（b）5000×

图 4.84　十二烷基苯磺酸钠改性橡胶粉

3. 橡胶粉的能谱分析

各种元素具有自己的 X 射线特征波长，特征波长的大小则取决于能级跃迁过程中释放出的特征能量 ΔE，能谱仪就是利用不同元素 X 射线光子特征能量不同这一特点来进行成分分析的[116]。能谱仪通常配合扫描电子显微镜来使用。表 4.21 是在环境扫描电镜试验的基础上，对橡胶粉选取框型区域得到的橡胶粉能谱成分表。

表 4.21　橡胶粉能谱成分表

未改性橡胶粉			司班 40 改性橡胶粉			十二烷基苯磺酸钠改性橡胶粉		
元素	质量分数/%	原子数分数/%	元素	质量分数/%	原子数分数/%	元素	质量分数/%	原子数分数/%
C	42.49	56.23	C	74.07	81.45	C	77.19	83.46
O	34.26	34.03	O	20.12	16.61	O	18.36	14.93
Mg	0.44	0.29	Si	0.21	0.10	S	0.31	0.13

续表

未改性橡胶粉			司班40改性橡胶粉			十二烷基苯磺酸钠改性橡胶粉		
元素	质量分数/%	原子数分数/%	元素	质量分数/%	原子数分数/%	元素	质量分数/%	原子数分数/%
Si	2.88	1.63	S	0.26	0.11	Ca	3.80	1.23
S	1.01	0.50	Ca	5.13	1.69	Zn	0.33	0.07
Ca	17.73	7.03	Zn	0.21	0.04			
Zn	1.19	0.29						
总计	100			100			100	

在橡胶粉能谱分析表中，对比可发现，经过改性后的橡胶粉元素种类减少，说明橡胶粉的杂质减少，其中 Zn 元素减少，说明附着在橡胶粉表面的硬脂酸锌减少，故会在一定程度上增强橡胶粉与水泥砂浆的黏结力。

通常汽车轮胎材料的主要成分是天然橡胶或者合成橡胶，与此同时会添加炭黑作为添加剂，因为炭黑具有特别的吸附性，会使碳粒子与橡胶分子的黏结非常好。由于炭黑与橡胶基本等量，因此汽车轮胎主要材料实际上是一种橡胶和炭黑的复合材料。废旧轮胎本身由于长期使用磨损导致使用活性变差，制成的橡胶粉经过改性剂处理以后，C 元素增加，说明碳粒子与橡胶分子的黏结得到了一定程度的改善，因此改性后的橡胶粉形态更为平整。再者在本课题组对改性橡胶粉红外光谱的测试试验中，表明橡胶粉的整体结构未被破坏[15]。说明经过改性后，橡胶粉中的炭黑发挥了吸附性作用，使碳粒子与橡胶分子的黏结更为紧密，所以在能谱成分表中改性后的橡胶粉中 C 元素增多。

4.4.3 改性橡胶对再生混凝土（全部替代）力学性能的影响

1. 改性橡胶掺量的影响

从图 4.85 不同改性橡胶掺量的抗压强度变化曲线图得到，随着掺量的增加，抗压强度都有不同程度的降低。主要原因归结于：橡胶粉本身具有低弹性特征，故使得随着橡胶粉掺量的增加，再生粗骨料混凝土抵抗外部荷载的有效面积减小，致使抗压强度降低；同时，橡胶粉颗粒为机械粉碎制成，其表面粗糙，形状凹凸不平，在搅拌过程中易在表面附着水和空气，起到了一定程度的“引气”效果，造成混凝土的含气量增大，也会造成再生粗骨料混凝土强度降低；再者，橡胶粉表面残留的硬脂酸锌造成橡胶粉与水泥形成的界面结合强度不高，也是易受力的薄弱点，同样也会造成随着橡胶粉的增多再生粗骨料混凝土强度降低。橡胶粉本身具有憎水性，随着它掺量的增多，它排斥水的特性使更多空气被吸入，同样造成混凝土强度下降。废旧轮胎橡胶粉是惰性材料，本身并不参与浆体形成强度的化学反应，并且在混凝土拌合振捣的过程中分散到水泥浆体与骨料结合的黏结面上，进而影响到混凝土原本应有的黏结强度。

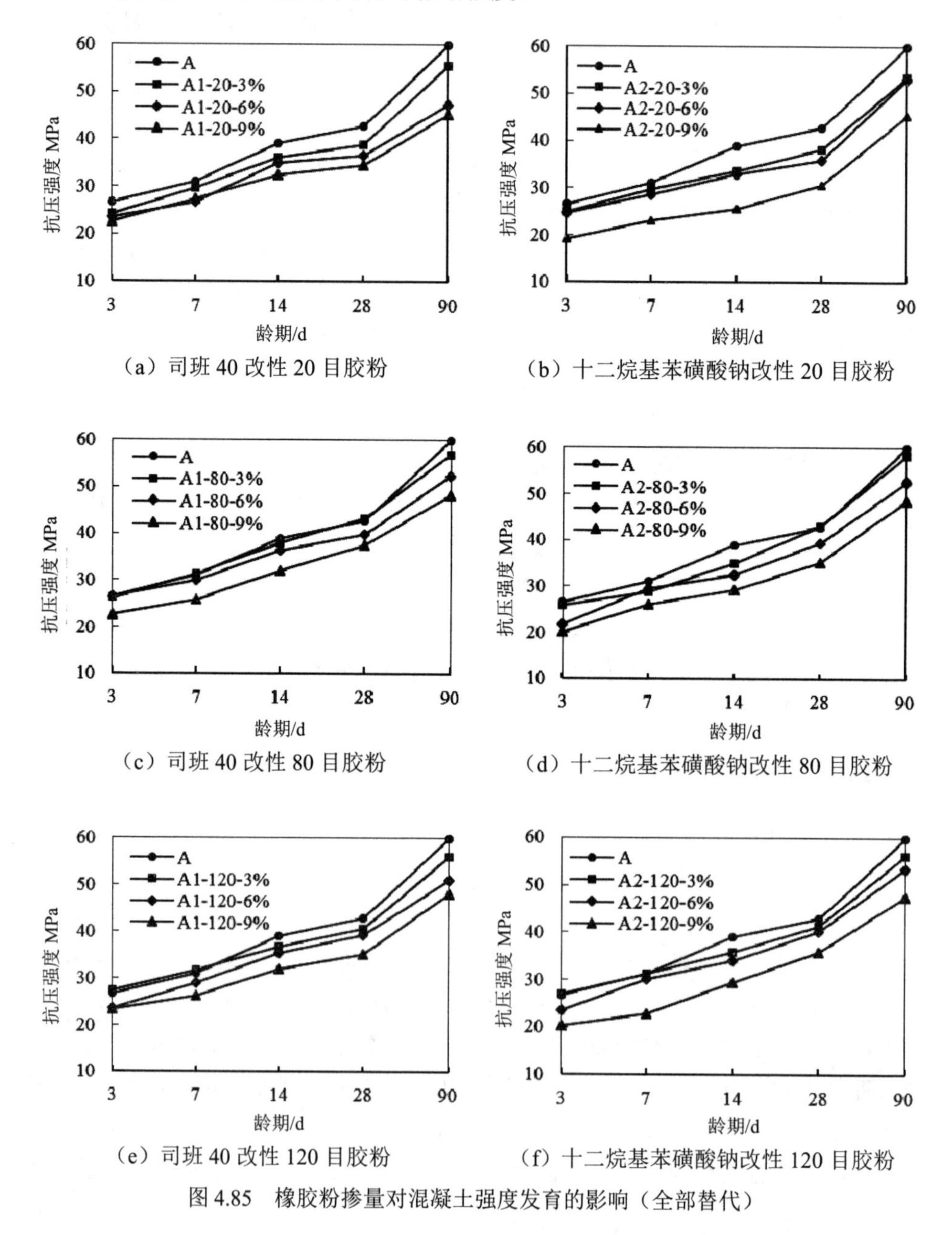

（a）司班 40 改性 20 目胶粉

（b）十二烷基苯磺酸钠改性 20 目胶粉

（c）司班 40 改性 80 目胶粉

（d）十二烷基苯磺酸钠改性 80 目胶粉

（e）司班 40 改性 120 目胶粉

（f）十二烷基苯磺酸钠改性 120 目胶粉

图 4.85 橡胶粉掺量对混凝土强度发育的影响（全部替代）

2. 改性橡胶目数的影响

本节以3%掺量为例，从图4.86中得到，与A组对比，A1组和A2组的抗压强度都出现不同程度的降低，降低原因在于外加的橡胶粉集料。

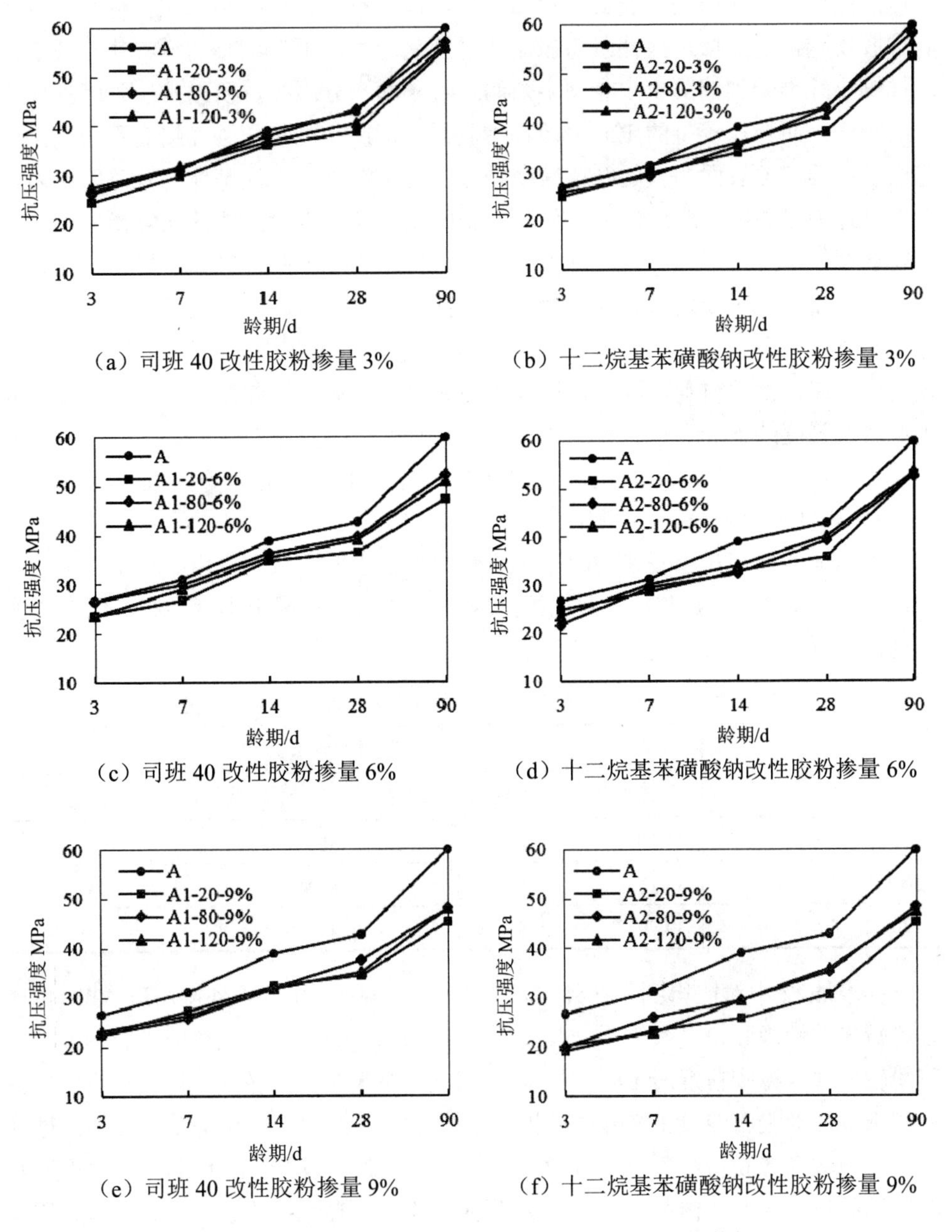

（a）司班40改性胶粉掺量3%

（b）十二烷基苯磺酸钠改性胶粉掺量3%

（c）司班40改性胶粉掺量6%

（d）十二烷基苯磺酸钠改性胶粉掺量6%

（e）司班40改性胶粉掺量9%

（f）十二烷基苯磺酸钠改性胶粉掺量9%

图4.86 橡胶粉目数对混凝土强度发育的影响（全部替代）

从图 4.86（a）中得到：对于 A1 组，随着橡胶粉目数的增加（即橡胶粉的粒径减小），抗压强度呈现先增大后减小的趋势，20 目＜80 目＞120 目。从图 4.86（b）中得到：对于 A2 组，其中 80 目改性橡胶混凝土抗压强度最大，得到与（a）类似的结论。究其原因，随着目数的增加，橡胶粉的粒径变小，粒径越小就意味着橡胶粉越接近圆形，改性胶粉表面变得圆润，表面很多细小的纤维就会减小，这样细小纤维带到混凝土中会使多余的含气量和水分减少，所以抗压强度呈现增大的趋势。而粒径较小的 120 目改性橡胶浮石混凝土的抗压强度提高不明显，这是由于：第一，表面粗糙的纤维减少降低了细小纤维与水泥基体的有益摩擦力，有益摩擦力略微减缓强度损失，但是多余的空气和含水量造成的强度损失远大于胶粉表面细小纤维形成的有益摩擦力，使得抗压强度下降；第二，掺入粒径较小的橡胶粉使得混凝土内部孔隙度增大，改性效果被掩盖，同样也导致了一定程度上抗压强度的降低；第三，废旧轮胎橡胶粉属于有机物[117-118]，废旧轮胎经过磨损同样也属于惰性材料，因此，橡胶粉与无机物水泥石的黏结较薄弱，这也造成了混凝土强度的下降。

当掺量为 6%和 9%时，与 3%掺量时得到有相似结论，故不再赘述。

3. 改性剂的影响

为验证改性剂对橡胶粉的改性作用对混凝土强度有有利作用，在试验中设置了掺量为 3%时未改性胶粉的对比组，现以 28d 时的混凝土强度为例，如表 4.22 所列，是再生粗骨料混凝土 28d 强度发育对比表（全部替代）。

表 4.22 再生粗骨料混凝土 28d 强度发育对比表（全部替代）

目数	改性方法		
	未改性	司班 40 改性	十二烷基苯磺酸钠改性
20 目	37.10	38.82	38.10
80 目	35.11	43.32	42.91
120 目	39.79	40.53	41.21

在表 4.22 中对比得到，在外掺量为 3%时，对于 20 目，外掺司班 40 改性橡胶粉较未改性橡胶粉混凝土 28d 强度提高了 4.6%，外掺十二烷基苯磺酸钠改性橡胶粉较未改性橡胶粉混凝土强度提高了 2.7%；对于 80 目，外掺司班 40 改性橡胶粉较未改性橡胶粉混凝土 28d 强度提高了 23.38%，外掺十二烷基苯磺酸钠改性橡胶粉较未改性橡胶粉混凝土 28d 强度提高了 22.22%；对于 120 目，外掺司班 40 改性橡胶粉较未改性橡胶粉混凝土 28d 强度提高了 1.6%，外掺十二烷基苯磺酸钠改性橡胶粉较未改性橡胶粉混凝土 28d 强度提高了 3.6%。对比两种改性剂对三种

目数橡胶粉的改性效果，得到相似结论，改性剂对80目的改性效果最好。

4.4.4 改性橡胶再生混凝土（部分替代）的物理力学性能

1. 改性橡胶对再生混凝土坍落度的影响

从图4.87（不同组别混凝土的坍落度）可以看到，随着橡胶颗粒掺量的增加，混凝土的坍落度值减小，这是由于橡胶颗粒为非极性材料，具有较大的接触角，表面较粗糙，骨料的总面积随之增大，包裹集料的水泥浆层变薄，拌合物的流动性降低，坍落度随之降低。对比J组，以20目掺量3%为例，GX1（司班40改性）和GX2（十二烷基苯磺酸钠改性）的坍落度分别降低了18%和27%，体现了改性效果的差异性。这主要是因为橡胶颗粒经过改性之后，亲水性能发生了改变，更易吸水，所以其流动性变差，坍落度减小。同时，随着橡胶颗粒目数的增加，混凝土的坍落度值增大，这是由于胶粉颗粒粒径越大，表面更为凹凸不平，则橡胶颗粒更易吸水，所以在拌合过程降低了坍落度。

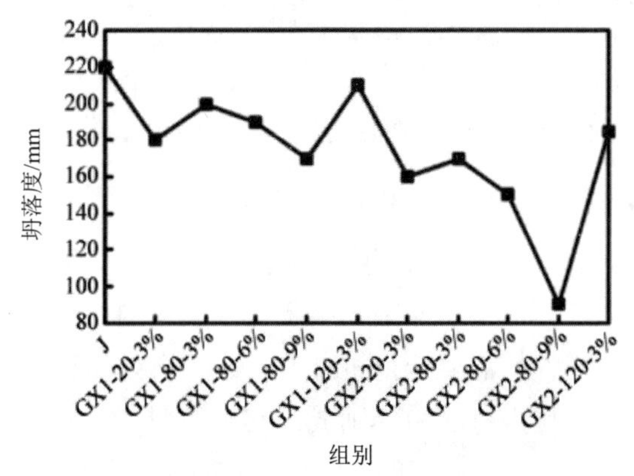

图4.87 不同组别混凝土的坍落度

2. 改性橡胶目数对力学性能的影响

本节以3%掺量为例，图4.88为不同目数改性橡胶再生混凝土的力学性能，从图（a）和图（b）中看到，与J组对比，GX1组和GX2组的抗压强度都出现不同程度的降低。从图（a）中得到：对于GX1组，抗压强度呈现先增大后减小的趋势，E级＜D级＜C级＞B级＞A级。从图（b）中得到：对于GX2组，其中C级改性橡胶混凝土抗压强度最大，得到与（a）类似的结论。究其原因，随着目数的增加，橡胶粉粒径较小，粒径越小就会越接近圆形，改性胶粉表面变得圆润，表面很多细小的纤维就会减小，这是细小纤维带到浮石混凝土中的含气量和水分会减少，所以抗压强度呈现增大的趋势。而粒径较小的D级、E级改性橡胶浮石混凝土的抗压强度提高不明显，这是由于：第一，表面粗糙的纤维减少降低了细小纤维与水泥基体的有益摩擦力，有益摩擦力略微减缓强度损失，但是多余的空气和含水量造成的强度损失远大于胶粉表面细小纤维形成的有益摩擦力，使得抗压强度下降；第二，掺入粒径较小的橡胶粉使得混凝土内部孔隙度增大，改性效果被掩盖，也导致抗压强度降低。

当掺量为6%和9%时，与3%掺量时得到相似结论，故不再赘述。

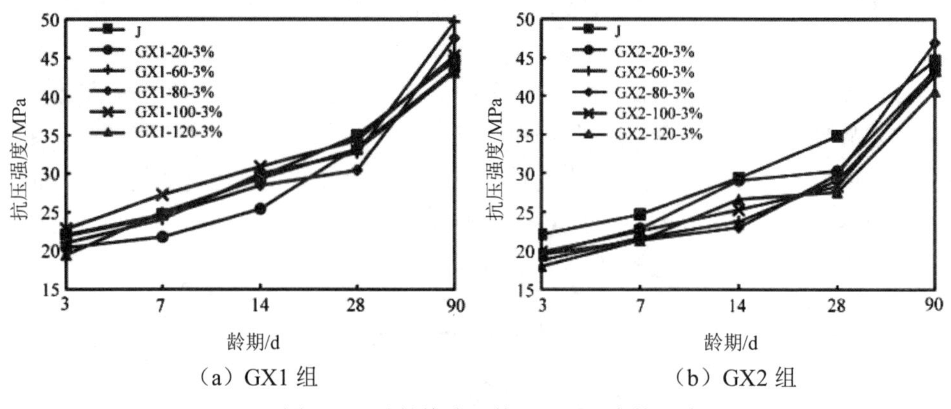

（a）GX1 组　　（b）GX2 组

图 4.88　改性橡胶目数对抗压强度的影响

3. 改性橡胶掺量对力学性能的影响

对比图 4.89 中不同改性橡胶掺量的抗压强度变化曲线，随着掺量的增加，抗压强度都有不同程度的降低，主要原因归结于：橡胶粉的低弹性特征使得随着橡胶粉掺量的增加，再生粗骨料混凝土抵抗外部荷载的有效面积减小，致使抗压强度降低；同时，橡胶粉颗粒为机械粉碎制成，其表面粗糙，形状凹凸不平，在表面易附着水和空气，起到了一定程度的“引气”效果，造成混凝土的含气量增大，也会造成再生粗骨料混凝土强度降低；再者，橡胶粉的憎水性与水泥的亲水性性质相差较大，导致橡胶粉与水泥形成的界面结合强度不高，也是易受力的薄弱点，同样也会造成随着橡胶粉的增多再生粗骨料混凝土强度降低。

4. 不同改性剂对力学性能的影响

由图 4.90 可以得出，改性橡胶的优点主要体现在龄期的发育上，减弱橡胶颗粒对再生混凝土早期强度发育的不利影响，在两种改性剂的作用下，使得再生混凝土强度有不同程度的提高。相较于 WGX 组，对于 GX1 组，突出的有利效应则体现在 14d 以后；对于 GX2 组，却是在 7d～14d 有着突出的有利效应。

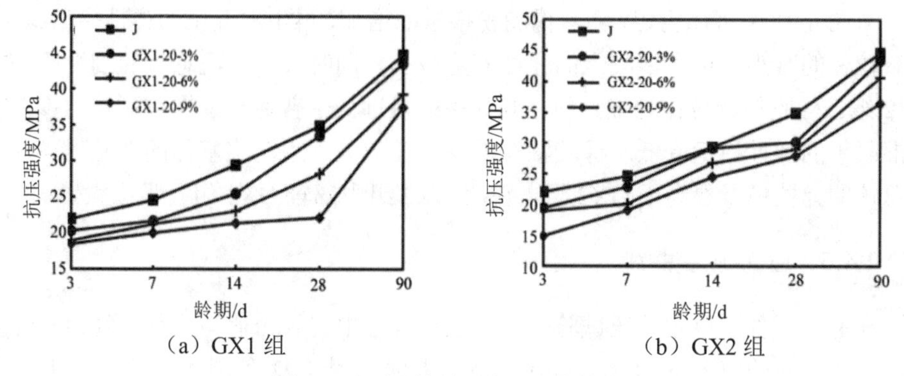

（a）GX1 组　　（b）GX2 组

图 4.89　不同掺量对抗压强度的影响

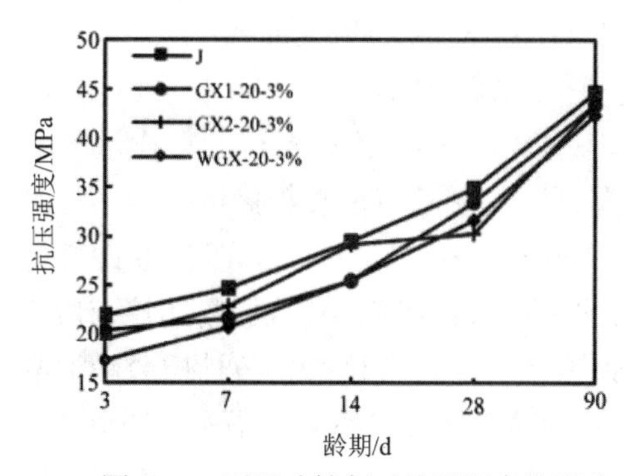

图 4.90　不同改性剂对抗压强度的影响

5. 改性橡胶对再生混凝土弹性模量的影响

图 4.91 为不同组别混凝土的弹性模量曲线，以弹性模量评价橡胶颗粒对混凝土刚性的影响效应。

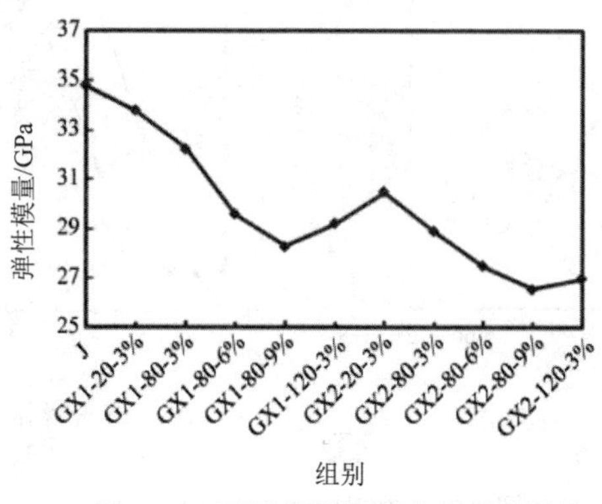

图 4.91　不同组别混凝土的弹性模量

从图 4.91 中可以得出，随着橡胶粉掺量的增加，再生混凝土的弹性模量减小；随着粒径的减小，再生混凝土的弹性模量减小。同时 GX1 组总体的刚性要高于 GX2 组。橡胶粉颗粒作为细骨料，其弹性模量远低于普通砂，橡胶颗粒的掺入使得混凝土的弹性模量降低。橡胶颗粒的掺入还加大了水泥浆基体的孔隙度，GX1 组总体的弹性模量要高于 GX2 组，说明 GX2 组内部较 GX1 组孔隙度大。

4.4.5 应力-应变曲线

在进行试件的单轴抗压试验时，在试验过程中记录力值与位移，经换算计算得到其相对应的应力-应变值，绘制得到的曲线如图 4.92 和图 4.93 所示，其中图 4.92 是 A（全部替代）组不同粒径、不同掺量的应力-应变曲线。图 4.93 是 B（部分替代）组不同粒径、不同掺量的应力-应变曲线。

图 4.92（a）为外掺量为 3%、6%、9%的 80 目司班 40 改性橡胶粉混凝土与基准混凝土应力-应变关系对比，可以看到随着橡胶粉掺量的增多，峰值应变降低，同时应变上升段的斜率降低，说明随着橡胶粉掺量的增多混凝土内部弹性增强；（b）为外掺量为 3%时，20 目、80 目、120 目司班 40 改性橡胶粉混凝土与基准混凝土应力-应变关系对比，可以看到 80 目橡胶粉的峰值应变最大；（c）为外掺量为 3%、6%、9%的 80 目十二烷基苯磺酸钠改性橡胶粉混凝土与基准混凝土应力-应变关系对比，可以看到随着橡胶粉掺量的增多，峰值应变降低，同时应变上升段的斜率降低，说明随着橡胶粉掺量的增多混凝土内部弹性增强；（d）为外掺量为 3%时，20 目、80 目、120 目十二烷基苯磺酸钠改性橡胶粉混凝土与基准混凝土应力-应变关系对比，可以看到 80 目橡胶粉的峰值应变最大。

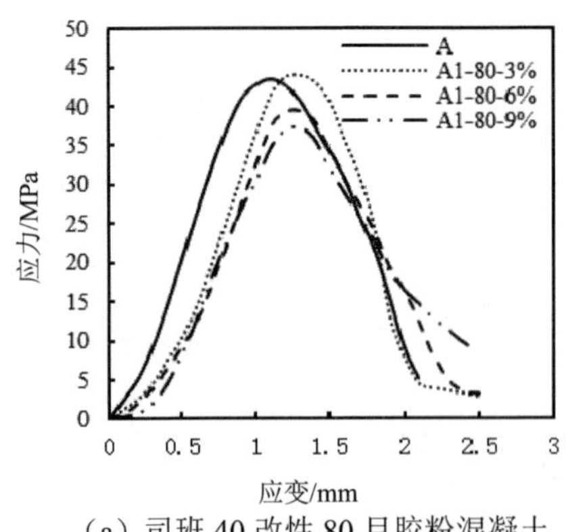

（a）司班 40 改性 80 目胶粉混凝土的应力-应变

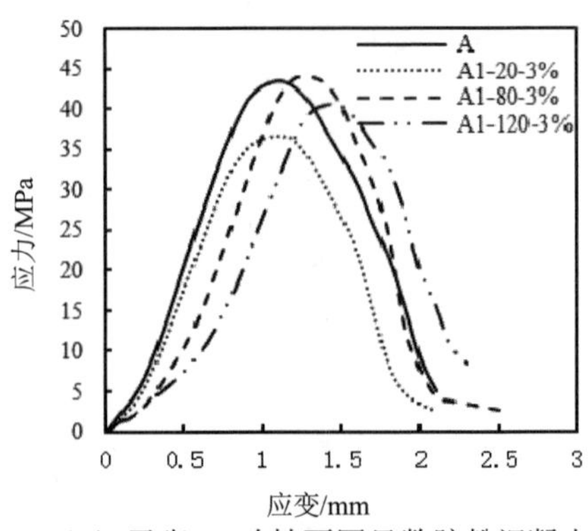

（b）司班 40 改性不同目数胶粉混凝土的应力-应变

图 4.92 A 组应力-应变曲线

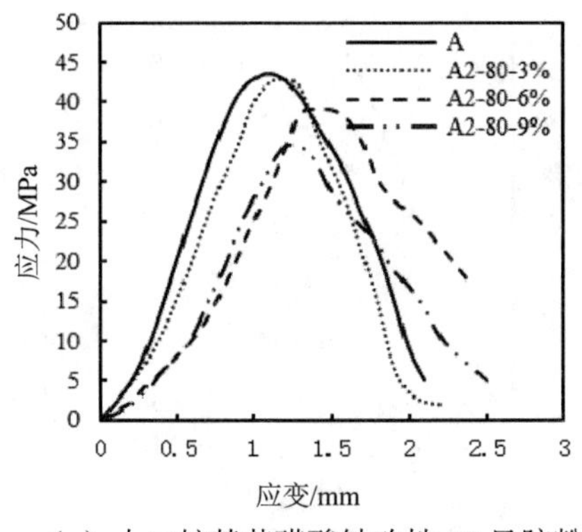

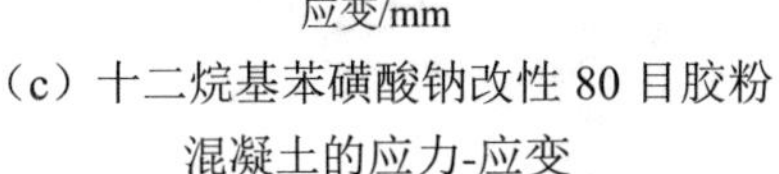

（c）十二烷基苯磺酸钠改性 80 目胶粉混凝土的应力-应变

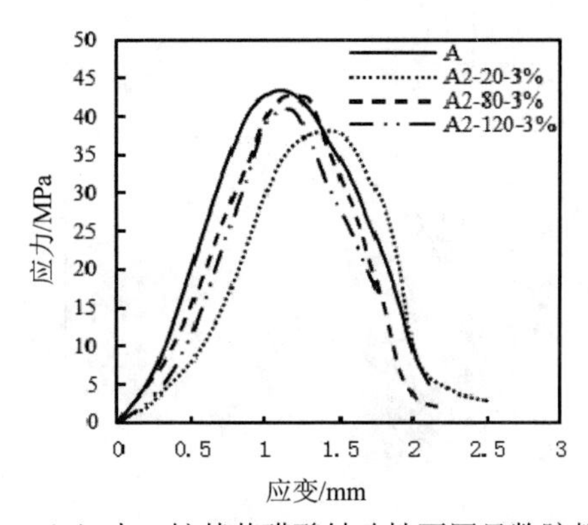

（d）十二烷基苯磺酸钠改性不同目数胶粉混凝土的应力-应变

图 4.92　A 组应力-应变曲线（续图）

图 4.93 中（a）为外掺量为 3%、6%、9%的 80 目司班 40 改性橡胶粉混凝土与基准混凝土应力-应变关系对比，可以看到随着橡胶粉掺量的增多，峰值应变降低，同时应变上升段的斜率降低，说明随着橡胶粉掺量的增多混凝土内部弹性增强；（b）为外掺量为 3%时，20 目、80 目、120 目司班 40 改性橡胶粉混凝土与基准混凝土应力-应变关系对比，可以看到 80 目橡胶粉的峰值应变最大；（c）为外掺量为 3%、6%、9%的 80 目十二烷基苯磺酸钠改性橡胶粉混凝土与基准混凝土应力-应变关系对比，可以看到随着橡胶粉掺量的增多，峰值应变降低，同时应变上升段的斜率降低，说明随着橡胶粉掺量的增多混凝土内部弹性增强；（d）为外掺量为 3%时，20 目、80 目、120 目十二烷基苯磺酸钠改性橡胶粉混凝土与基准混凝土应力-应变关系对比，可以看到 80 目橡胶粉的峰值应变最大。

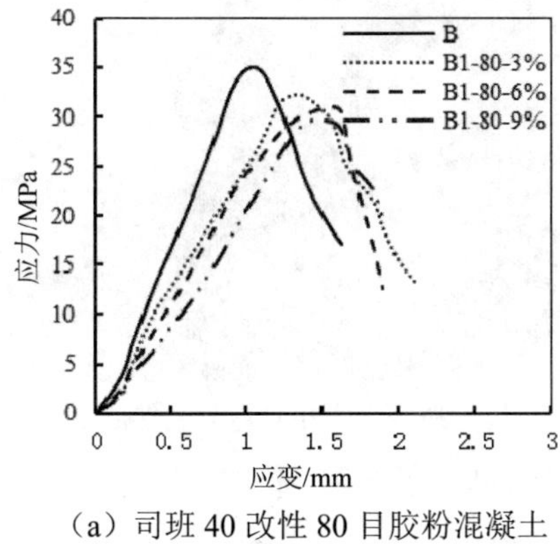

（a）司班 40 改性 80 目胶粉混凝土的应力-应变

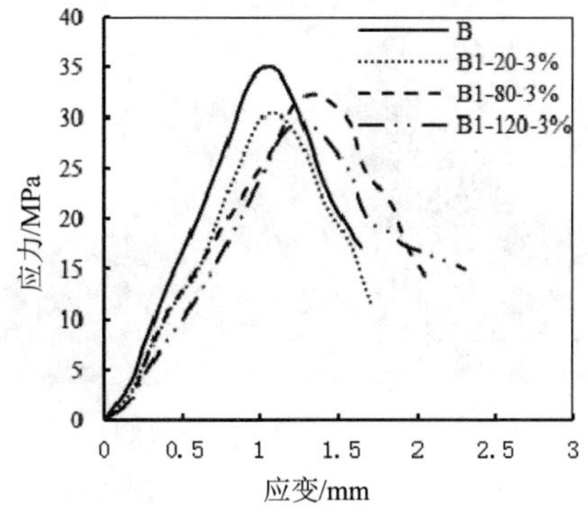

（b）司班 40 改性不同目数胶粉混凝土的应力-应变

图 4.93　B 组应力-应变曲线

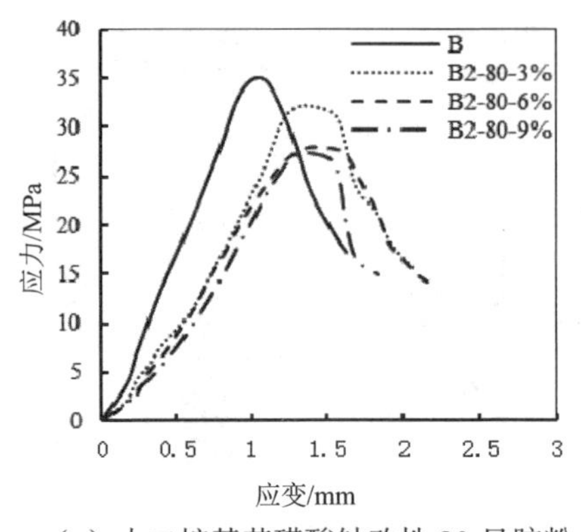

（c）十二烷基苯磺酸钠改性 80 目胶粉混凝土的应力-应变

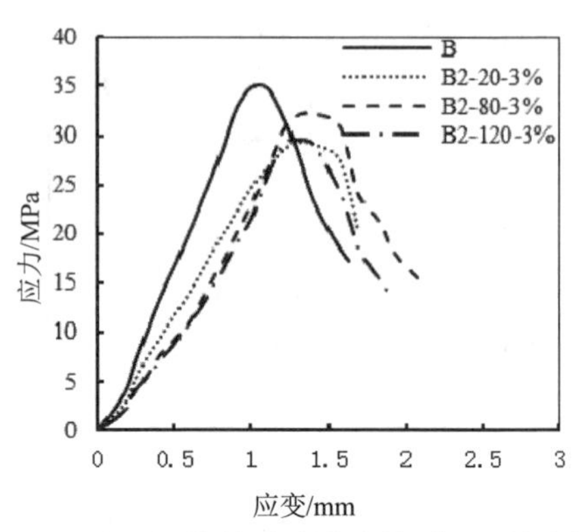

（d）十二烷基苯磺酸钠改性不同目数胶粉混凝土的应力-应变

图 4.93 B 组应力-应变曲线（续图）

对比 A、B 组改性橡胶再生粗骨料混凝土应力-应变关系，可以看出 A、B 组的应力-应变曲线线性相似，发现改性橡胶再生粗骨料混凝土上升段与基准混凝土类似。混凝土应变上升段会经历弹性阶段、弹塑性阶段、内部裂缝的形成[119]。与基准混凝土相比，外掺橡胶粉以后，随着应变的增加，应力增长变得缓慢。

4.4.6 破坏形态与微观结构分析

图 4.94 为混凝土的破坏面，其中（a）图为粗骨料仅为再生粗骨料的混凝土；（b）图为粗骨料为再生粗骨料与天然浮石骨料体积比相同时的混凝土。

（a）粗骨料仅为再生粗骨料

（b）粗骨料为再生粗骨料与天然浮石骨料

图 4.94 混凝土的破坏面

当混凝土中粗骨料仅为再生粗骨料时，在立方体抗压试验中，随着荷载的增大，试件表面逐渐开始出现了细小裂缝，当荷载继续增大时，裂缝沿着受力方向发展，此时裂缝主要集中于试件的边角部位，少量裂缝出现在试件的中部，荷载进一步增大，裂缝开始向试件中部发展，使得试件表面开始出现鼓起进而开始出现剥落现象，并且试件边角处也出现了较宽的裂缝，再增加荷载，试件的四个面以及边角完全掉落，最终呈现出约 60°的剪切破坏的形态。从试件破坏形态上来看，再生粗骨料混凝土的破坏形态和天然集料混凝土的破坏形态相似[120]，与杨俊等在试验中得到的结论相似。

当混凝土中存在再生粗骨料与天然浮石骨料时，在立方体抗压试验中，破坏过程与上述过程基本相似，主要区别在于最终破坏面有所不同。由于浮石骨料本身有大气泡的缺陷，通常小粒径的浮石在经过破碎时会消灭一部分天然缺陷，所以当混凝土沿着切面破坏时，会出现较大粒径的浮石已经破碎的现象，最终呈现出约 45°的剪切破坏的形态。

在二者的破坏界面常常发现橡胶粉颗粒黏结在水泥浆体上，说明橡胶粉是造成混凝土破坏的薄弱点。

图 4.95～图 4.97 为改性前后橡胶粉与水泥浆体界面的扫描电镜图，图 4.95 为未改性橡胶粉与水泥浆体界面，由图（a）观察到橡胶颗粒为不规则形状，呈现针、片状，易增大孔隙度和总表面积，由图（b）观察到与水泥浆体界面之间形成沟壑形态且有较多的孔洞，对混凝土强度起到负面作用，易使得混凝土强度降低。从图 4.96 和图 4.97 可看到改性后橡胶粉与水泥浆体界面的橡胶粉表面较为平整，且发现改性后的橡胶颗粒表面呈现蓬松状态，有利于橡胶颗粒之间及橡胶和水泥浆体之间的相互结合，其形状和表面特征都表现出可提高橡胶与基体间的界面结合强度，进而起到改善混凝土材料的力学性能的作用。

（a）500×

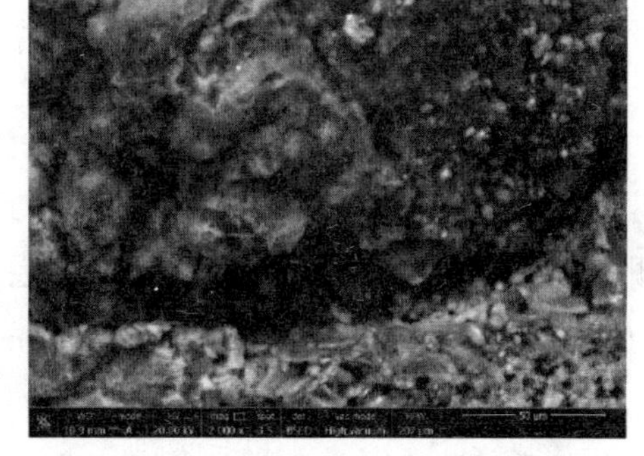

（b）2000×

图 4.95　未改性橡胶粉与水泥浆体界面的 SEM 照片

（a）500×　　　（b）2000×

图 4.96　司班 40 改性橡胶粉与水泥浆体界面的 SEM 照片

（a）500×　　　（b）2000×

图 4.97　十二烷基苯磺酸钠改性橡胶粉与水泥浆体界面的 SEM 照片

4.4.7　气孔结构与灰色关联度分析

混凝土组成复杂多变，成型过程会受多种因素影响，其孔结构更是对混凝土宏观性能起到了不可忽视的作用。本节通过 RapidAir 457 混凝土气孔结构分析仪测定混凝土孔结构的各个参数，在试验测试过程中选用的试件尺寸是 100mm×100mm×15mm，测试区域是 60mm×60mm，导线长度是 4000mm，再运用灰色关联分析法探究孔结构的各种参数与混凝土抗压强度之间的关系。混凝土孔结构参数及强度汇总表见表 4.23。

表4.23 混凝土孔结构参数及强度汇总表

(a) 不同骨料下混凝土的孔结构及强度表

组别		参数		
		A	*B*	*C*
孔结构特征参数	含气量/%	2.520	10.3700	6.9400
	比表面积/mm^{-1}	29.350	14.7800	20.0700
	气孔间距系数/mm	0.230	0.1892	0.2082
	气泡频率/mm^{-1}	0.185	0.3830	0.3480
	气泡的平均弦长/mm	0.136	0.2710	0.1990
孔径分布/%	＜100μm	83.350	54.3800	61.6200
	100～200μm	8.690	18.5600	17.1800
	200～300μm	3.130	7.3500	7.2600
	300～400μm	1.830	5.1500	4.9200
	＞400μm	3.000	14.5500	9.0100
抗压强度/MPa		42.830	34.9000	30.3000

注 其中*C*列代表浮石混凝土的试验结果，与*A*、*B*的区别在于粗骨料是等体积的浮石粗骨料，其配合比为*m*(水泥):*m*(水):*m*(浮石粗骨料):*m*(砂):*m*(减水剂)=370:160:612:853:12。

(b) 再生粗骨料混凝土的孔结构及强度表

组别		参数						
		A	A1-20-3%	A1-80-3%	A1-120-3%	A2-20-3%	A2-80-3%	A2-120-3%
孔结构特征参数	含气量/%	2.520	4.8300	1.8200	3.1600	0.8700	2.7700	3.1900
	比表面积/mm^{-1}	29.350	23.4100	33.1400	27.100	24.1100	25.6500	23.2300
	气孔间距系数/mm	0.230	0.2151	0.2349	0.2252	0.4417	0.2523	0.2616
	气泡频率/mm^{-1}	0.185	0.2820	0.1510	0.2140	0.0520	0.1770	0.1850
	气泡的平均弦/mm	0.136	0.1710	0.1210	0.1480	0.1660	0.1560	0.1720
孔径分布/%	＜100μm	83.350	85.8400	84.200	79.8300	74.2300	82.1100	70.4900
	100～200μm	8.690	7.2900	8.4700	10.3000	10.4900	8.7600	14.9800
	200～300μm	3.130	2.8300	3.5500	4.7500	6.8100	3.3600	6.4800
	300～400μm	1.830	1.5600	2.0900	1.7900	2.8300	1.9600	2.8800
	＞400μm	3.000	2.5000	1.7000	3.3200	5.6700	3.7800	5.1400
抗压强度/MPa		42.830	38.8200	43.3200	40.5270	38.0950	42.9140	41.2060

（c）混合骨料混凝土的孔结构及强度表

组别		参数						
		B	B1-20-3%	B1-80-3%	B1-120-3%	B2-20-3%	B2-80-3%	B2-120-3%
孔结构特征参数	含气量/%	10.3700	18.9400	9.1900	10.9500	3.5800	5.4200	7.1800
	比表面积/mm^{-1}	14.7800	20.1500	21.0000	21.9100	20.2000	24.9500	19.5000
	气孔间距系数/mm	0.1892	0.0760	0.1503	0.1209	0.2855	0.1914	0.2072
	气泡频率/mm^{-1}	0.3830	0.9540	0.4820	0.6000	0.1810	0.3380	0.3500
	气泡的平均弦/mm	0.2710	0.1990	0.1910	0.1830	0.1980	0.1600	0.2050
孔径分布/%	＜100μm	54.3800	72.2200	66.4000	66.0200	61.9400	78.6500	59.1600
	100～200μm	18.5600	13.0700	15.7200	16.4200	15.0400	11.3400	17.0900
	200～300μm	7.3500	5.1400	7.3300	7.9100	9.5900	3.6600	9.2800
	300～400μm	5.1500	2.9500	3.7700	3.9600	4.0200	2.1600	4.7800
	＞400μm	14.5500	6.6300	6.7900	5.6800	9.3900	4.1800	9.6500
抗压强度/MPa		34.9000	30.3530	32.3310	29.6230	29.0420	32.9120	29.5180

运用灰色关联分析方法得出关联度，见表 4.24。

表 4.24 各序列的关联度

y \ x_i		(a)	(b)	(c)
y_i	含气量	0.625273609	0.692060109	0.761702758
	比表面积	0.951586185	0.884972891	0.651198144
	气孔间距系数	0.968964405	0.847766735	0.788557305
	气泡频率	0.749547486	0.774697242	0.731248676
	平均弦长	0.786290870	0.780402818	0.850302334
	＜100μm	0.969984683	0.948409188	0.739105287
	100～200μm	0.739366346	0.813903611	0.899612425
	200～300μm	0.708007439	0.709440628	0.780619570
	300～400μm	0.668708056	0.802361543	0.843466017
	＞400μm	0.600351703	0.693641043	0.731481835

从表中得到：

（a）中孔结构特征参数影响混凝土强度程度的大小排序为：间距系数＞比表

面积＞平均弦长＞气泡频率＞含气量。孔径分布影响混凝土强度程度的大小排序为：小于100μm＞100～200μm＞200～300μm＞300～400μm＞大于400μm。由此得到：受骨料不同的影响，间距系数是特征参数中影响混凝土强度的最主要因素，小于100μm的孔径是孔径分布影响混凝土强度的最主要因素。

（b）中孔结构特征参数影响混凝土强度程度的大小排序为：比表面积＞间距系数＞平均弦长＞气泡频率＞含气量。孔径分布影响混凝土强度程度的大小排序为：小于100μm＞100～200μm＞300～400μm＞200～300μm＞大于400μm。由此得到：当粗骨料全部为再生骨料时，比表面积是特征参数中影响混凝土强度的最主要因素，小于100μm的孔径是孔径分布影响混凝土强度的最主要因素。

（c）中孔结构特征参数影响混凝土强度程度的大小排序为：平均弦长＞间距系数＞含气量＞气泡频率＞比表面积。孔径分布影响混凝土强度程度的大小排序为：100～200μm＞300～400μm＞200～300μm＞小于100μm＞大于400μm。由此得到：当粗骨料全部为混合骨料时，平均弦长是特征参数中影响混凝土强度的最主要因素，100～200μm的孔径是孔径分布影响混凝土强度的最主要因素。

4.4.8 改性橡胶再生混凝土的抗冻性能

对于抗冻耐久性研究，选取目数相差较大的目的在于更明显地看出橡胶粉粒径对抗冻性能的影响。本节选取20目、80目、120目三种粒径进行分析，目的在于得到橡胶粉不同粒径对抗冻性能的影响。同时选用在抗压性能中表现较为优越的80目橡胶粉的三种外掺量3%、6%、9%，目的在于研究橡胶粉掺量不同对抗冻性能的影响。

1. 改性橡胶目数对再生混凝土（全部替代）抗冻性的影响

图4.98为不同改性橡胶粉目数冻融循环后的质量损失率，从图（a）和图（b）中看到，A1组和A2组基本呈随着冻融次数的增加，其质量损失率呈现先减小后增大的趋势，即出现质量“反弹”的现象，并且达到200次循环后，都未到达0.5%的损失率。从图（a）中得到：前75次循环A1组的损失率均为负数，相同掺量下200次循环后，A1-20-3%与A1-80-3%损伤最小。从图（b）中得到：前75次循环A2组的损失率均为负数，同A1组得到的结果相似，相同掺量下200次循环后，A2-120-3%损伤最小。

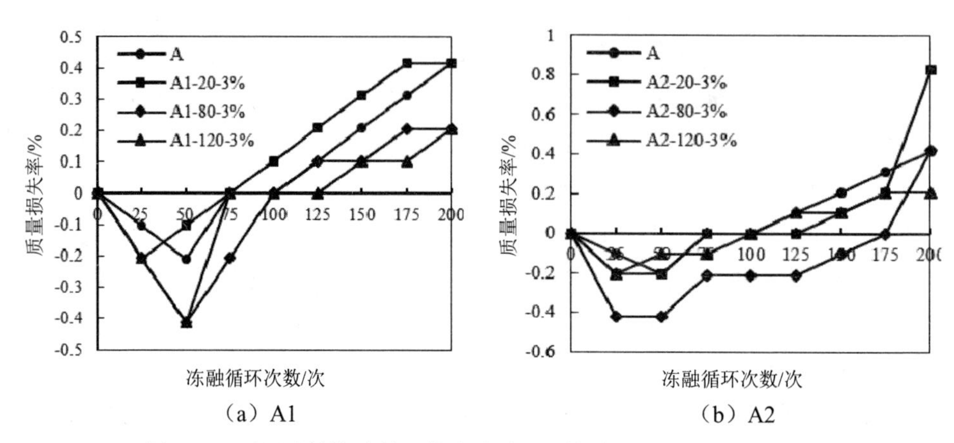

（a）A1　　（b）A2

图 4.98　不同改性橡胶粉目数冻融循环后的质量损失率（全部替代）

图 4.99 为不同改性橡胶粉目数冻融循环后的相对动弹性模量，从图（a）和图（b）中看到，A1 组和 A2 组的相对动弹性模量随着冻融次数的增大都出现不同程度的降低。从图（a）中得到：A 组在 200 次时相对动弹性模量为 64.21%损伤，A1-20-3%组、A1-80-3%组、A1-120-3%组分别在 200 次时的相对动弹性模量为 62.43%、62.94%、41.89%，与 A 相比，A1 组没有明显地改善混凝土抗冻性能；从图（b）中得到：A2-20-3%组、A2-80-3%组、A2-120-3%组分别在 200 次时相对动弹性模量为 53.83%、60.59%、56.07%，仅 A2-80-3%组的相对动弹性模量未低于 60%。在 200 次冻融循环以内，可以看到掺加橡胶粉的混凝土的相对动弹性模量下降较为均匀。

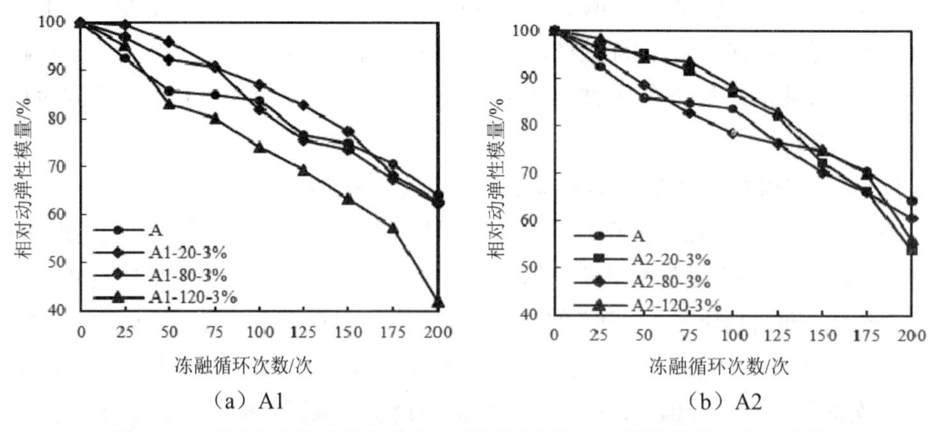

（a）A1　　（b）A2

图 4.99　不同改性橡胶粉目数冻融循环后的相对动弹性模量（全部替代）

2. 改性橡胶掺量对再生混凝土（全部替代）抗冻性的影响

图 4.100 为不同改性橡胶掺量冻融循环后的质量损失率，在冻融循环过程中

随着冻融循环次数的增加，质量损失率先减小后增大，即表现为混凝土的质量先增大再减小，称为质量“反弹”的现象。从图（a）和图（b）中看到，对于外掺80目橡胶粉时，A1组和A2组达到200次循环后，质量损失率都未到达0.8%的损失率。从图（a）中得到：A1组中，6%掺量质量损失率最小。从图（b）中得到：A2组中，3%掺量质量损失率最小。

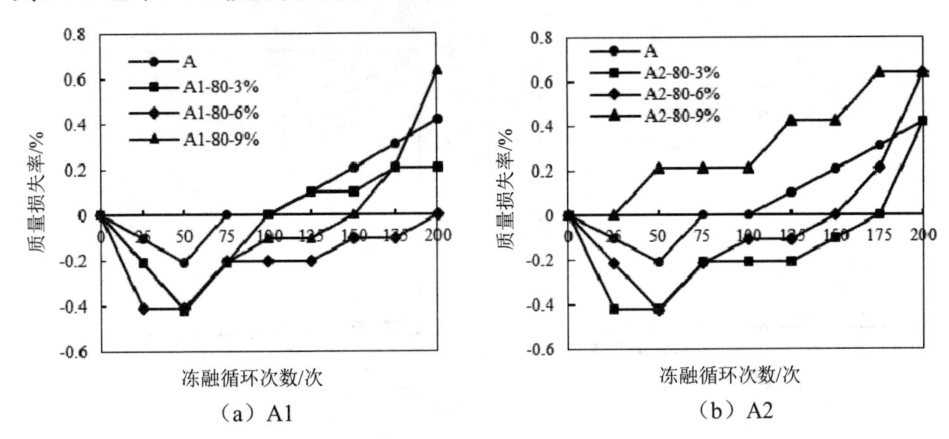

图4.100 不同改性橡胶粉掺量冻融循环后的质量损失率（全部替代）

图4.101为不同改性橡胶粉掺量冻融循环后的相对动弹性模量，从图（a）和图（b）中看到，A1组和A2组的相对动弹性模量随着冻融次数的增大都出现不同程度的降低。从图（a）中得到：A1-80-3%组、A1-80-6%组、A1-80-9%组分别在200次的相对动弹性模量为62.94%、69.09%、59.16%，除A1-80-9%外，其他两组均未达到60%的损伤。从图（b）中得到：A2-80-3%组、A2-80-6%组、A2-80-9%组分别在200次的相对动弹性模量为60.59%、50.02%、54.62%，仅A2-80-3%组未达到60%的损伤。对比图（a）和图（b）可以看到，随着掺量的增加有着不一致的规律性，对于A1而言，A1-80-3%和A1-80-6%体现了最优的抗冻性能效果，而A2组，却是A2-80-3%体现了最优的抗冻性能效果，且随着橡胶粉掺量的增加抗冻性能逐渐变差，可能在于改性剂改善了橡胶粉的亲水性能，使得在冻融循环过程中水更容易侵入到混凝土的内部，反而加速了冻融损伤的损失，随着橡胶粉掺量的增加并未体现出对抗冻融循环的有利效应。对于两组得到不太一致的结果，不排除再生粗骨料的品质造成的影响，存在再生粗骨料本身过多的微裂缝导致混凝土的较快破坏的可能性。当然橡胶粉的外掺量不宜过多，改性剂本身在橡胶粉表面残留，易造成在冻融循环过程中使水更易侵入混凝土内部。

3. 改性橡胶目数对再生混凝土（部分替代）抗冻性的影响

图4.102为不同改性橡胶目数冻融循环后的质量损失率，从图（a）和图（b）

中看到，GX1 组和 GX2 组基本呈随着冻融次数的增加，其质量损失率呈现先减小后增大的趋势，并且达到 200 次循环后，都未到达 1.5%的损伤率。从图（a）中得到：与 J 组相比，前期 150 次循环 GX1 组的损失率低于 J 组，相同掺量下 200 次循环后，GX1-20-3%组损伤最小。从图（b）中得到：与 J 组相比，前期 125 次循环 GX2 组的损失率低于 J 组，相同掺量下 200 次循环后，GX1-20-3%组损伤最小。

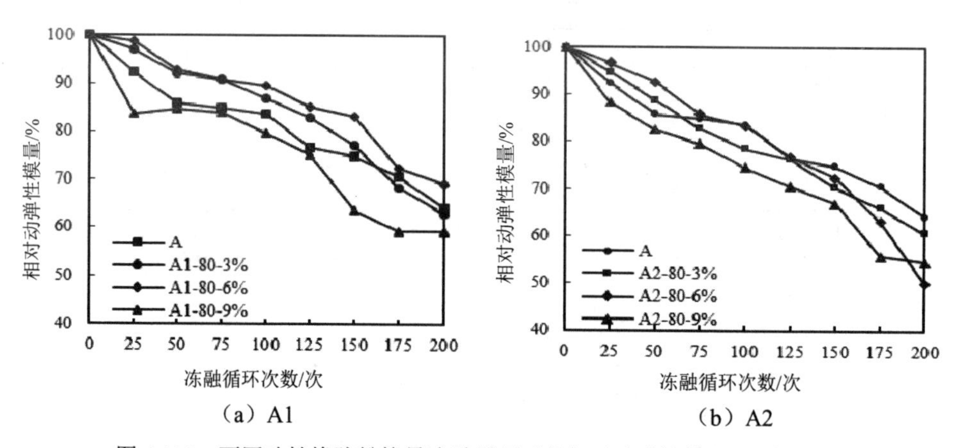

（a）A1　　（b）A2

图 4.101　不同改性橡胶粉掺量冻融循环后的相对动弹性模量（全部替代）

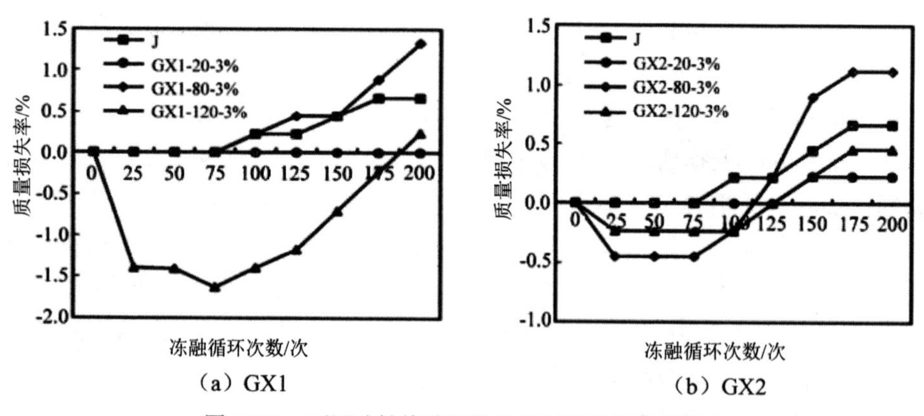

（a）GX1　　（b）GX2

图 4.102　不同改性橡胶目数冻融循环后的质量损失率

图 4.103 为不同改性橡胶目数冻融循环后的相对动弹性模量，从图（a）和图（b）中看到，GX1 组和 GX2 组的相对动弹性模量随着冻融次数的增大都出现不同程度的降低。从图（a）中得到：J 组在 175 次达到 60%损伤，GX1-20-3%组、GX1-80-3%组、GX1-120-3%组分别在 125 次、175 次、125 次达到 60%的损伤，对于 GX1 组没有明显地改善混凝土抗冻性能。从图（b）中得到：GX2-20-3%组、

GX2-80-3%组、GX2-120-3%组分别在 200 次、175 次、175 次达到 60%的损伤，对于 GX2 组各组均超过 175 次冻融循环，同时混凝土的动弹性模量在整个冻融循环过程中均匀下降，可见橡胶的掺入能改善混凝土的抗冻性。对比图（a）和图（b），GX2 组相对动弹性模量下降斜率更为缓慢，说明了 GX2 带来的有利因素更多。对于掺量为 3%，从前期的抗冻性效果来看，GX2 带来的有利因素更多。

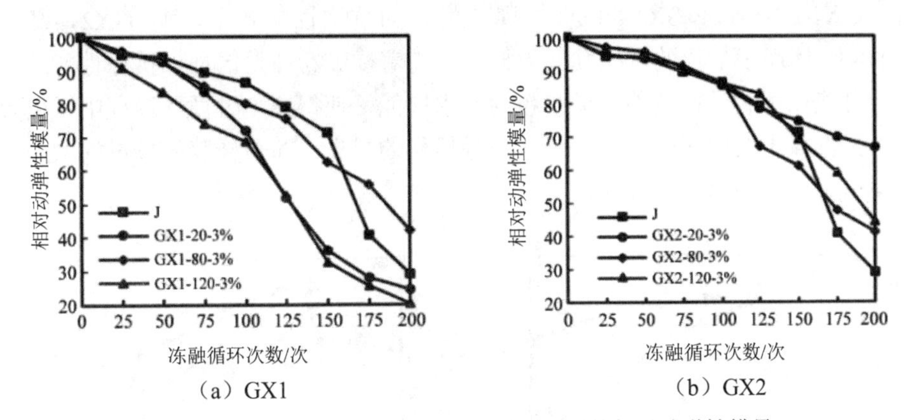

（a）GX1　　（b）GX2

图 4.103　不同改性橡胶目数冻融循环后的相对动弹性模量

4. 改性橡胶掺量对再生混凝土（部分替代）抗冻性的影响

图 4.104 为不同改性橡胶掺量冻融循环后的质量损失率，从图（a）和图（b）中看到，GX1 组和 GX2 组达到 200 次循环后，质量损失率都未到达 1.5%的损伤率。从图（a）中得到：GX1 组，6%掺量质量损失率最小。从图（b）中得到：9%掺量质量损失率最小。

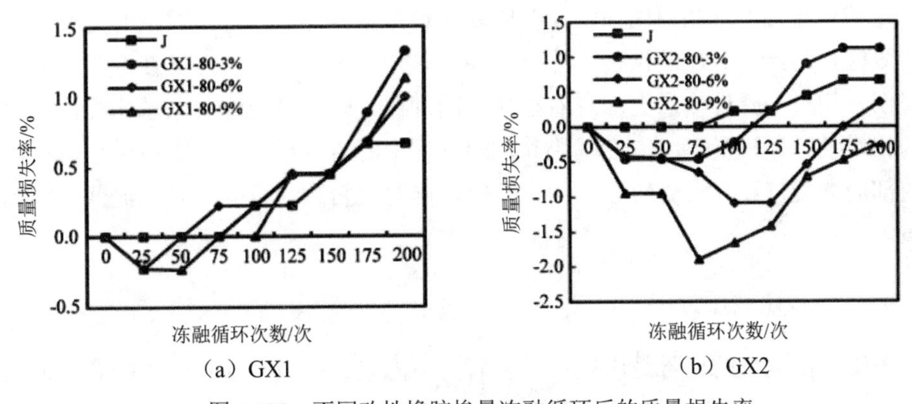

（a）GX1　　（b）GX2

图 4.104　不同改性橡胶掺量冻融循环后的质量损失率

图 4.105 为不同改性橡胶掺量冻融循环后的相对动弹性模量，从图（a）和图

（b）中看到，GX1 组和 GX2 组的相对动弹性模量随着冻融次数的增大都出现不同程度的降低。从图（a）中得到：GX1-80-3%组、GX1-80-6%组、GX1-80-9%组分别在 175 次、275 次、275 次达到 60%的损伤。从图（b）中得到：GX2-80-3%组、GX2-80-6%组、GX2-80-9%组分别在 150 次、150 次、125 次达到 60%的损伤。对比图（a）和图（b）可以看到，随着掺量的增加有着不一致的规律性，对于 GX1 而言，GX1-80-6%和 GX1-80-9%体现了最优的抗冻性能效果，而 GX2，却是 GX2-80-3%体现了最优的抗冻性能效果，且随着橡胶粉掺量的增加抗冻性能逐渐变差，可能在于改性剂改善了橡胶粉的亲水性能，使得在冻融循环过程中水更容易侵入到混凝土的内部，反而加速了冻融损伤的损失，随着橡胶粉掺量的增加并未体现出对抗冻融循环的有利效应。

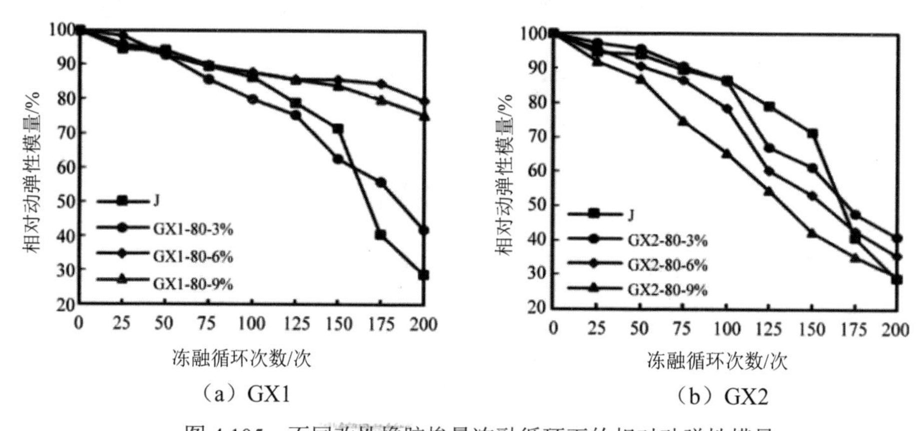

（a）GX1　　（b）GX2

图 4.105　不同改性橡胶掺量冻融循环下的相对动弹性模量

这种规律性不强的原因在于：橡胶粉颗粒进入到浮石内部，并没有完全发挥它的效应。与此同时，改性剂可能对后期试验造成不利效应。但是在混凝土的质量损伤与相对动弹性模量上却有着相关性的规律，即质量反弹现象越明显，混凝土的相对动弹性模量下降速度越快。试验过程中的质量反弹来源于再生粗骨料本身内部的微裂缝和浮石骨料存在的大孔隙，同时胶粉颗粒也会带来水泥浆基体的孔隙。

4.4.9　核磁共振分析

核磁共振测量的信号是由赋存在岩石内不同尺寸孔隙中水的信号的叠加，横向弛豫时间 T_2 分布与孔隙尺寸相关，T_2 值越小，代表的孔隙越小，孔隙大，T_2 值也大，所以 T_2 分布反映了孔隙的分布情况；峰的位置与孔径大小有关，峰的面积大小与对应孔径的多少有关。孔隙会直接影响混凝土的宏观物理力学性能以及耐久性能。本节选取基准组、GX1-80-3%、GX2-80-3%进行对比。

1. 核磁共振 T_2 谱分布

对于冻融前的试件通过 T_2 分布来评价孔隙尺寸分布，从图 4.106 中可以看到：各个组别的核磁共振信号强度不同，但基本的峰的形状类似。

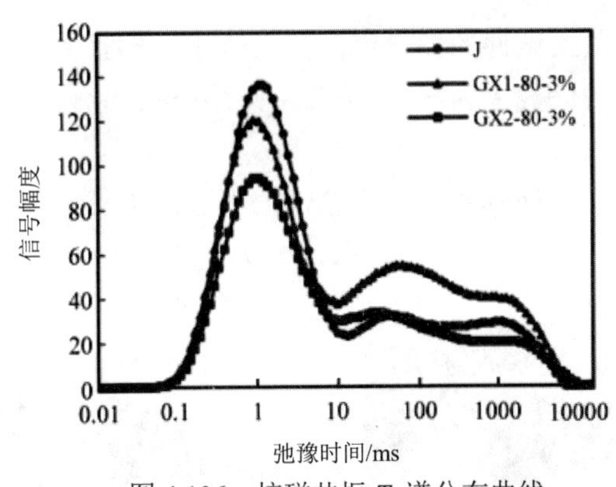

图 4.106 核磁共振 T_2 谱分布曲线

从图 4.106 可以看到，每个组别的孔径分布不尽相同，信号强度也不尽相同，由此得到：胶粉的掺入对于混凝土的 T_2 谱显然是有着一定影响效应，改性效应使得 T_2 图谱第一个峰幅度较小，而第二、三个峰的幅度较大，说明外掺改性橡胶粉使得混凝土内部的孔隙分布发生了变化。以下将通过对谱面积的分析来进一步评价孔隙体积，并结合 T_2 分布来评价混凝土内部微观结构分布特征。

2. 核磁共振谱面积分析

核磁共振弛豫时间谱积分面积的大小与岩石中所含流体的多少成正比。全部 T_2 谱面积可以视为核磁共振孔隙度，它等于或略小于岩石的有效孔隙度。因此 T_2 谱分布积分面积的变化反映了岩石孔隙体积的变化。表 4.25 为各试样 T_2 谱面积的变化特性及每个峰所占百分比。

表 4.25 各试样 T_2 谱面积的变化特性及每个峰所占百分比

试件编号	峰总面积	孔隙度/%	第一个峰所占百分比/%	第二个峰所占百分比/%	第三个峰所占百分比/%
J	3622.718124	2.308	69.72004	15.89866	14.381310
GX1-80-3%	2730.396000	2.496	67.30692	20.93341	11.758966
GX2-80-3%	2898.355026	2.970	64.32341	26.95311	8.723486

孔隙度与混凝土的抗压强度有着显著的相关性关系，核磁共振孔隙度值越小，

混凝土的宏观抗压强度值就越大，这个结论与李杰林[121]的结论有着相似性。与此同时，还显著地体现在第一个峰所占百分比的比值上，可以看到随着第一个峰所占百分比的增大，混凝土的宏观抗压强度值也增大。

4.4.10 Leica 超景深显微镜下冻融前后对比图

将冻融前后的混凝土试件的非自由面置于 Leica 超景深显微镜下进行观测比较。本试验选用的放大倍数为 50 倍，选取试样为 B1-20-3%组。

1. 冻融前混凝土表面形貌

图 4.107 为混凝土表面形貌，可看到混凝土表面平整，水泥浆体上有较小的气泡，在处理后的 3D 图中可看到小气泡深度为 250μm 左右。

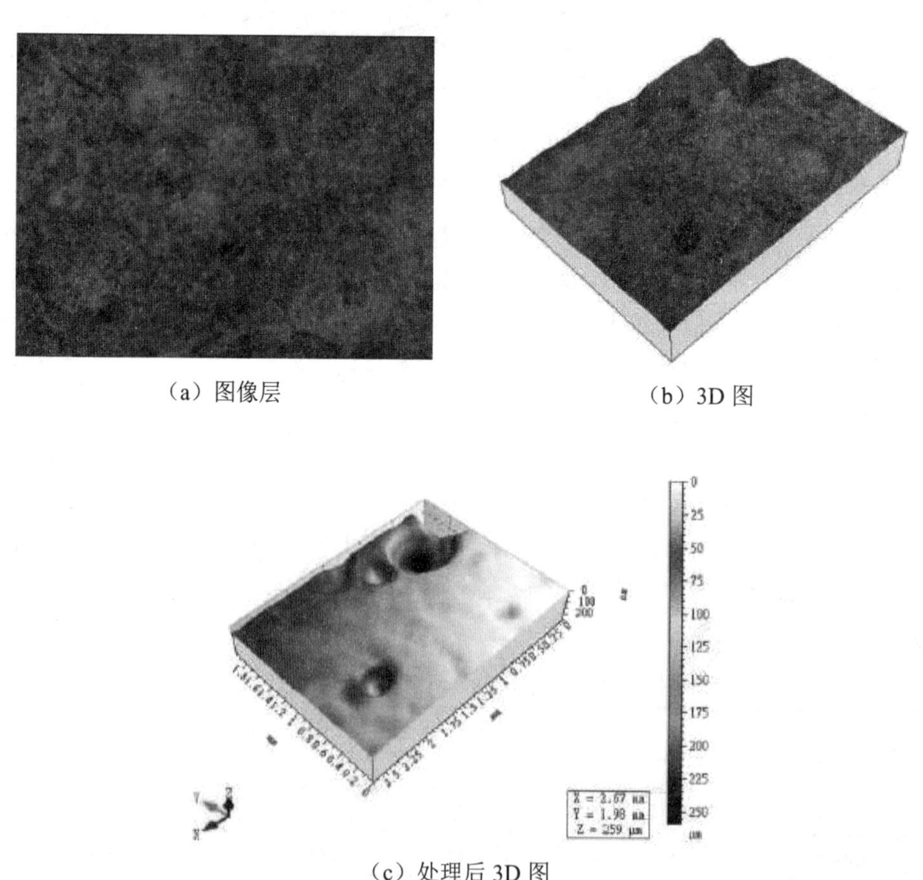

（a）图像层

（b）3D 图

（c）处理后 3D 图

图 4.107 混凝土表面形貌

图 4.108 为橡胶粉影响下的混凝土表面形貌，有橡胶粉附着的地方有更大的

气泡，从侧面证实了橡胶粉在混凝土拌合过程中易引入气泡，在处理后的 3D 图中可看到气泡深度达到 500μm 的深度，造成混凝土表面凹凸起伏增大。

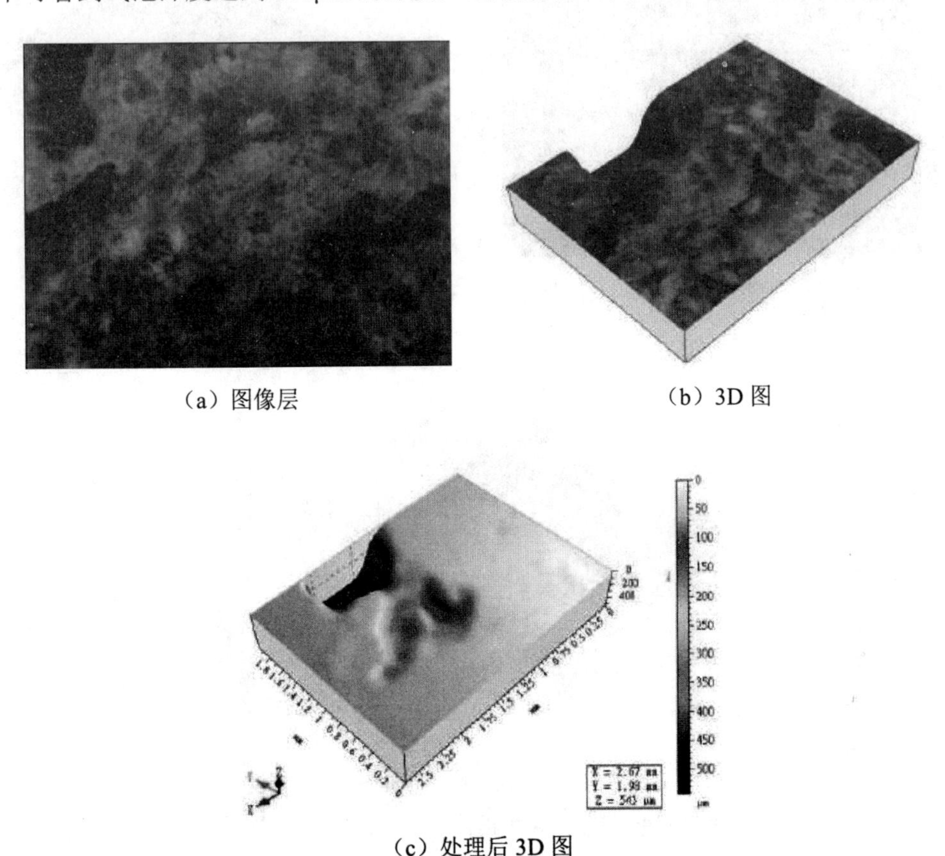

（a）图像层　　（b）3D 图

（c）处理后 3D 图

图 4.108　橡胶粉影响下的混凝土表面形貌

2. 冻融后混凝土表面形貌

图 4.109～图 4.111 是混凝土冻融后的形貌，冻融后的混凝土表层剥落，会暴露出不同的界面情况，总体来说混凝土表面的凹凸性增加。图 4.109 为冻融后再生粗骨料-水泥浆体界面形貌图，混凝土表面的浆体剥落，水泥浆体与再生粗骨料外包裹的旧浆体之间形成长长的沟壑，形成明显的区分，说明在冻融循环中新旧砂浆交接处易形成破坏。图 4.110 为冻融后浮石骨料-水泥浆体界面形貌，混凝土表面的浆体剥落后暴露出浮石结构，由于浮石有丰富的孔结构，因此露出并不平整的浮石表面，而旁边的水泥浆体却呈现出较为平整的形貌。图 4.111 为冻融后橡胶粉-水泥浆体界面形貌，当混凝土表面的水泥浆体剥落后，将橡胶粉颗粒暴露出来形成橡胶粉的凸起形貌，四周凹凸不平。

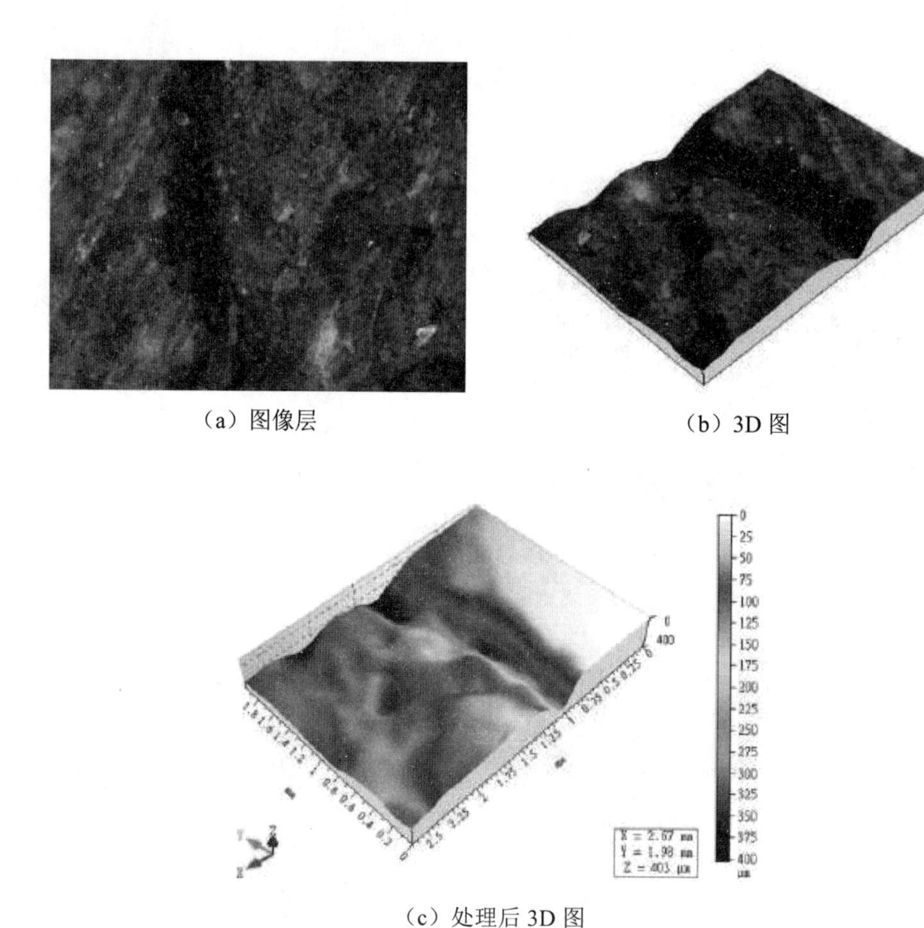

（a）图像层　　（b）3D 图

（c）处理后 3D 图

图 4.109　冻融后再生粗骨料-水泥浆体界面形貌

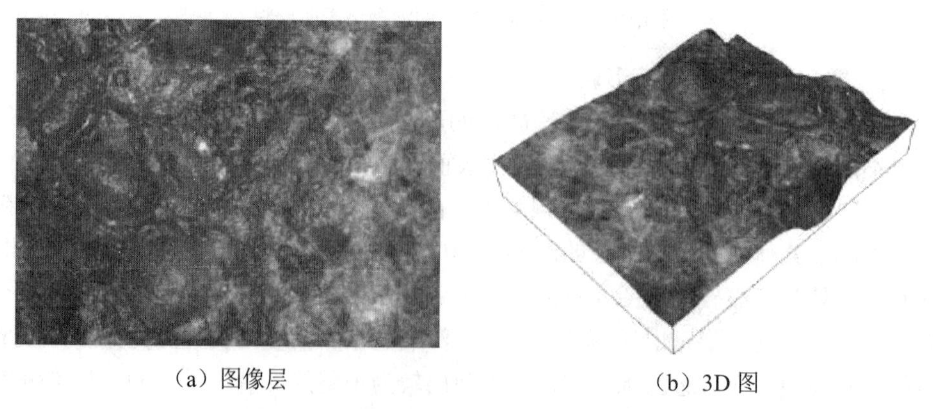

（a）图像层　　（b）3D 图

图 4.110　冻融后浮石骨料-水泥浆体界面形貌

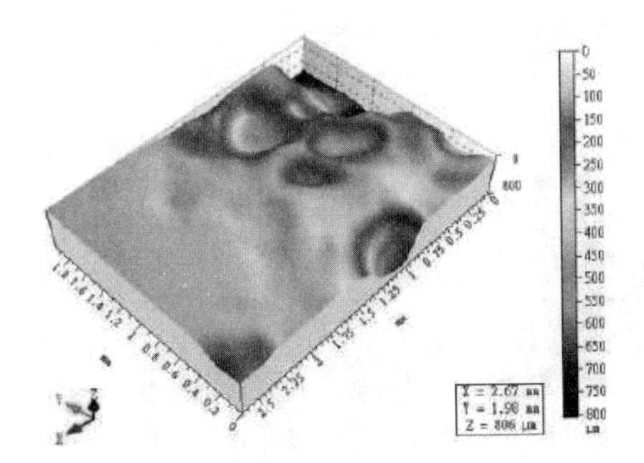

（c）处理后 3D 图

图 4.110　冻融后浮石骨料-水泥浆体界面形貌（续图）

（a）图像层

（b）3D 图

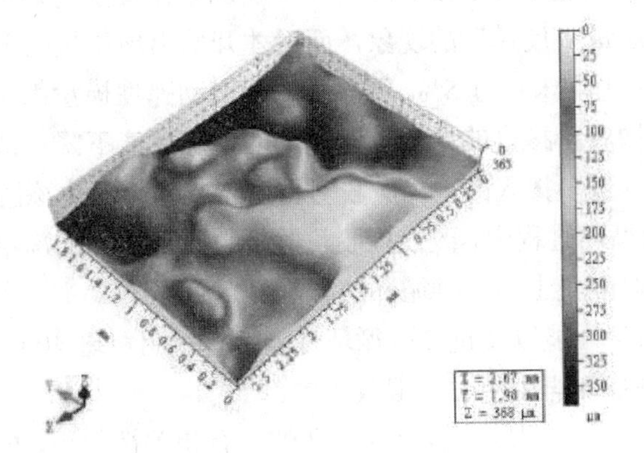

（c）处理后 3D 图

图 4.111　冻融后橡胶粉-水泥浆体界面形貌

4.4.11 结论

（1）在两种不同改性剂对废旧轮胎橡胶粉的表面进行改性处理后，橡胶粉与水的亲和能力得到了改善，体现在接触角的减小与亲水系数的增大，且在水中易连成片状。再者，橡胶粉的表面形貌也发生变化，橡胶粉表面的杂质以及一些表面附着物减少，表面更加光滑平整且更为蓬松。

（2）在再生粗骨料替代率分别为100%以及50%时，改性橡胶对再生混凝土的力学性能影响相似。当改性橡胶目数一致时，随着掺量的增加，基本表现为抗压强度都有不同程度的降低；当橡胶粉掺量一定时，随着橡胶粉目数的增加，混凝土抗压强度呈现先增大后减小的趋势，20 目<80 目>120 目，即 80 目改性橡胶混凝土的抗压强度最大。

（3）与未改性橡胶粉与水泥浆体界面相比，改性后的橡胶粉表面的杂质以及一些表面附着物减少后，橡胶粉的表面变得较为平整、蓬松，有利于橡胶颗粒之间及橡胶和水泥浆体之间的相互结合，其形状和表面特征都表现出可提高橡胶与基体间的界面结合强度，进而起到改善混凝土材料的力学性能的作用。

（4）对比分析了三种状态下影响混凝土强度程度的关联度，得到了不一致的影响顺序，当分析粗骨料不同对混凝土强度的影响时，间距系数和小于 100μm 孔径是影响混凝土强度的最主要因素；当分析改性橡胶目数对全部替代再生粗骨料混凝土强度的影响时，比表面积和小于 100μm 的孔径是影响混凝土强度的最主要因素；当分析改性橡胶目数对部分替代再生粗骨料混凝土强度的影响时，平均弦长和 100～200μm 的孔径是影响混凝土强度的最主要因素。

（5）在冻融循环过程中，混凝土的质量在冻融循环的前期都会出现不同程度的上升，即一种质量“反弹”的现象，而后才开始出现质量的下降，在 200 次冻融循环时，质量损失均未超过 5%。混凝土的相对动弹性模量都呈现出较为均匀下降的现象，随着橡胶粉掺量的增加，混凝土的抗冻性能下降，故经过改性的橡胶粉不宜掺入过多，过多掺入改性橡胶粉对再生粗骨料混凝土冻融循环性能不利。

（6）在冻融循环过程中，改性橡胶粉的目数对混凝土的冻融循环的影响小于改性橡胶粉掺量对混凝土的冻融循环的影响。

（7）综合力学性能以及抗冻融循环性能，宜采用司班 40 改性、80 目、掺量为 3%的橡胶粉外掺入再生粗骨料混凝土中。

（8）混凝土的抗压强度与核磁共振孔隙度有相关性关系，核磁共振孔隙度值越小，混凝土的宏观抗压强度值就越大。

第 5 章　结论与展望

5.1　结论

本书以天然浮石作为主线，针对北方地区的水工胶粉浮石混凝土，首先研究胶粉对水泥胶砂的影响，为胶粉对浮石混凝土的研究提供一定的研究依据，然后研究了胶粉对浮石混凝土、再生混凝土、混合骨料混凝土力学性能及抗冻性能的影响以及矿渣-胶粉浮石混凝土的力学性能和抗冻性能。在先前的研究基础上，为改善胶粉混凝土的力学性能，对橡胶粉进行表面改性，研究了改性胶粉对水泥胶砂力学性能的影响、改性胶粉对浮石混凝土力学性能的影响、改性胶粉对再生粗骨料混凝土力学性能及抗冻性能的影响。通过上述各项研究，可为该类材料的应用提供重要的依据。本书的主要研究成果如下：

（1）胶粉可以改善浮石混凝土强度不稳定性，使得强度发育波动性减弱；胶粉的掺入会使浮石混凝土的抗压强度有所降低，但是“引气”作用提高了混凝土的抗冻性能；从稳定性及强度两方面分析，胶粉浮石混凝土中胶粉的最佳目数为 20 目，最佳掺量为 6%。

（2）将胶粉掺入再生混凝土和混合骨料混凝土中强度有所降低，当橡胶粉掺量固定时，随着目数的增加，再生混凝土以 80 目为拐点，强度 28d 内先降低再回升；外掺 80 目胶粉时，混合骨料混凝土抗压强度降低幅度较大；综合考虑混合骨料混凝土的力学性能和抗冻性能，再生骨料的取代率为 50%时其性能更好。

（3）适量矿粉的掺入能够有效细化矿渣-胶粉浮石混凝土内部孔结构，使其内部结构更加致密，但随着矿粉掺量的增加，由于矿粉在非碱性条件下活性低于水泥活性，反而会使混凝土内的微裂缝和大孔隙增多，结构致密性降低。综合力学性能、抗冻性能和抗盐蚀-冻融循环耐久性能，得出矿渣-胶粉浮石混凝土矿渣掺量小于 10%时其性能更优。

(4)通过表面改性剂对胶粉表面产生清洁作用和引入极性化学官能团两种方式对胶粉进行改性。二者相比较，适当去除表面杂质对亲水湿润性的提升大于极性化学键的引入，采用 5%的 NaOH 溶液处理的胶粉不仅对亲水性提升明显，对混凝土和砂浆工作性能也有较大改善，较表面活性剂改性以及二次改性，NaOH

溶液改性工艺简单，利于推广。

（5）废旧轮胎胶粉是一种不规则体，改性后胶粉表面较未改性胶粉表面更圆润、连续。改性橡胶的亲水性增加，橡胶颗粒球状度、圆形度提高，并减少了橡胶表面不规则形状的毛刺。胶粉掺入水泥砂浆后使试件强度略有降低，但是改性后的胶粉水泥胶砂试件的强度明显高于未改性胶砂试件，且强度随着胶粉掺量的增加而减小。

（6）废旧胶粉经十二烷基苯磺酸钠和司班 40 进行表面改性及处理后，表面附着物减少，亲水性增强，与混凝土其他材料的结合力提高，从而改善混凝土力学性能。

（7）胶粉掺量固定时，不同再生骨料替代率的混凝土抗压强度随着橡胶目数增加呈先增大后减小趋势。

（8）改性胶粉的目数对混凝土的冻融循环的影响小于其掺量对混凝土的冻融循环的影响。通过试验得出胶粉的最优改性剂为司班 40，最优目数为 80 目，最优掺量为外掺 3%。

（9）混凝土抗压强度与孔隙度密切相关，孔隙度越小，抗压强度越高。通过气孔结构分析试验得出：影响不同粗骨料替代率及不同目数改性胶粉混凝土强度的特征参数和孔径范围是不同的。

5.2 进一步开展工作的设想和思路

本书主要研究了胶粉浮石混凝土和改性胶粉浮石混凝土的力学性能及抗冻性能，在本书试验研究成果的基础上，继续研究胶粉混凝土的抗侵蚀性能和含泥沙冰水抗冲击磨损性能，为寒冷地区胶粉浮石混凝土耐久性的检测和评定提供理论依据。

针对河套灌区特殊盐碱环境和黄河凌汛期分凌分汛过程中水工建筑物非常规的冻结状态，利用特殊改性后的废旧轮胎胶粉和天然浮石降低混凝土导热系数，利用改性胶粉温变弹性性能改善水工混凝土抵抗非常规冻结破坏的能力。在前期研究的基础上，拟在灌区永济渠典型支段建制坝体段和衬砌段，利用预埋温度传导及位移传感装置，采用“逆向推演法”研究盐碱环境及凌汛期含冰水冻结作用下混凝土中改性胶粉颗粒与浆体界面区的力学特性、孔隙状态；拟系统研究在冻结过程中粗骨料周围过渡区力学性能的分布规律，结合界面区 CT 图像重建有限元模拟技术，研究胶粉不同粒径、不同改性方案下配合比参数对界面区力学特性的影响规律并揭示其微观机理。

在上述研究的基础上，将纤维和改性胶粉结合，研究纤维-改性胶粉浮石混凝土的力学性能，之后模拟水工混凝土在特殊盐碱环境和黄河凌汛期分凌分汛过程中的冰水冲击磨损过程，研究在含冰水冻结过程中粗骨料周围过渡区力学性能的分布规律，结合界面区 CT 图像重建有限元模拟技术，研究胶粉不同粒径、不同改性方案、不同纤维种类、不同纤维掺量下配合比参数对界面区力学特性的影响规律并揭示其微观机理。随着上述研究的不断推进，其内在的规律不断被揭示，将会在未来广阔的工程应用中更好地发挥作用。

参考文献

[1] 北极星电力网. 废旧轮胎的资源再生现状及发展对策[EB/OL].（2016-09-20）[2021-05-24]. https://www.sohu.com/a/114689756_131990.

[2] 中国循环经济协会．两会十大提案聚焦电子垃圾、废旧轮胎、垃圾分类等循环经济领域[EB/OL].（2017-03-06）[2021-05-24]. https://www.chinacace.org/news/view?id=8076.

[3] 本社．浮石混凝土技术规程（JGJ51-2002J215-2002）/中华人民共和国行业标准[M]．中国建筑工业出版社，2002.

[4] 王海龙，申向东．浮石混凝土早期力学性能的试验研究[J]．硅酸盐通报，2008，27（5）：1018-1022.

[5] 孔丽娟，许旭栋，杜渊博．不同集料混凝土抗冻性能与孔结构的关系[J]．石家庄铁道大学学报（自然科学版），2014，27（1）：88-94.

[6] 梁金江，何壮彬，覃峰，等．橡胶粉改性水泥混凝土引气性能试验分析的研究[J]．混凝土，2011（1）：98-100.

[7] 李秋义，全洪珠，秦原．混凝土再生骨料[M]．北京：中国建材工业出版社，2011：57-77.

[8] 梁勇，李博．建筑垃圾资源化处置技术及装备综述 [EB/OL].（2016-09-02）[2021-05-24]. https://www.solidwaste.com.cn/news/245649.html.

[9] 申健，牛荻涛，王艳，等．再生混凝土耐久性能研究进展[J]．材料导报，2016，30（5）：89-94.

[10] 朱磊．再生粗骨料性能评价及再生混凝土早期性能研究[D]．南京：南京航空航天大学，2011.

[11] 汪承华．钢管再生混凝土短柱轴压长期性能研究[D]．哈尔滨：哈尔滨工业大学，2012.

[12] 彭光达．橡胶粉对水泥混凝土性能的影响研究[D]．天津：河北工业大学，2012.

[13] 李厚民，张岩，王仪政，等．钢纤维改性橡胶混凝土力学性能研究[J]．建筑科学，2015，31（11）：45-49.

[14] MOHAMMADI I, KHABBAZ H, VESSALAS K.Enhancing mechanical performance of rubberised concrete pavements with sodium hydroxide treatment[J]. Materials and Structures, 2016, 49(3): 813-827.

[15] 刘谨菡，王海龙，王岩，等．基于砂浆流动性的改性胶粉微观界面机理的研究[J]．硅酸盐通报，2016（11）3770-3776.

[16] 马娟．表面改性橡胶粉水泥混凝土性能及破坏机理研究[J]．河北交通职业技术学院学报，2013，10（03）：46-48.
[17] 霍俊芳，于乃领，王婷．浮石混合骨料混凝土冻融损伤模型及剩余寿命预测[J]．硅酸盐通报，2014，33（1）：11-14.
[18] 杨聪强．再生骨料绿色生态混凝土的应用研究[D]．泉州：华侨大学，2013.
[19] CROZIER W. FIP MANUAL OF LIGHTWEIGHT AGGREGATE CONCRETE. 2ND EDITION[J].1983.
[20] 杨秋玲，马可栓．浮石混凝土的现状与发展[J]．铁道建筑，2006(6)：104-106.
[21] 额日德木．改性绿色橡胶粉对水泥胶砂及浮石混凝土力学性能影响的试验研究[D]．呼和浩特：内蒙古农业大学，2016.
[22] SIDDIQUE R, NAIK T R. Properties of concrete containing scrap-tire rubber–an overview[J]. Waste Manag, 2004, 24(6): 563-569.
[23] ELDIN N N, SENOUCI A B. Rubber - Tire Particles as Concrete Aggregate[J]. Journal of Materials in Civil Engineering, 1993, 5(4):478-496.
[24] SEGRE N, JOEKES I.Use of tire rubber particles as addition to cement paste[J]. Cement&Concrete Research, 2000, 30(9):1421-1425.
[25] 王培铭，王新友．绿色建材的研究与应用[M]．北京：中国建材工业出版社，2004.
[26] 吕晶，周天华，杜强，等．掺橡胶颗粒轻集料混凝土力学性能的试验研究[J]．硅酸盐通报，2015，34（8）：2077-2082.
[27] 李国文，常晶．胶粉改性轻骨料混凝土力学性能试验研究[J]．公路交通科技（应用技术版），2016（2）：4.
[28] 静行，庞瑞．橡胶改性轻骨料混凝土材料性能试验研究[J]．混凝土，2013（5）：107-109.
[29] 汤道义，袁海庆，静行．橡胶改性轻集料混凝土的力学性能研究[J]．武汉理工大学学报，2008，30（1）：14-16，24.
[30] 王海龙，申向东，王萧萧，等．橡胶浮石混凝土的物理力学性能[J]．硅酸盐通报，2015，34（8）：2267-2273.
[31] 宋洋，赵禹，祝百茹．橡胶轻集料混凝土抗渗性能试验研究[J]．硅酸盐通报，2014，33（5）：1163-1168.
[32] 侯星宇．再生混凝土研究综述[J]．混凝土，2011（7）：97-98.
[33] 周清长．建筑垃圾再生混合骨料混凝土的受力性能及透水性研究[D]．厦门：厦门大学，2009.
[34] 薛建阳，马辉，刘义．反复荷载下型钢再生混凝土柱抗震性能试验研究[J]．土木工程学报，2014（1）：36-46.
[35] 朱红兵，赵耀，雷学文，等．再生混凝土研究现状及研究建议[J]．公路工

程，2013，38（1）：98-102.
[36] 王海龙，申向东．开放系统下纤维浮石混凝土的冻胀性能[J]．建筑材料学报，2010，2（13），232-236.
[37] 王海龙，申向东．浮石混凝土早期力学性能的试验研究[J]．硅酸盐通报，2008，5（27），1018-1022.
[38] 王海龙，申向东．冻融环境下钢纤维对轻骨料混凝土力学性能的影响[J]．混凝土，2008（8）：4.
[39] 王海龙，申向东．粉煤灰对浮石混凝土耐久性影响的试验研究[J]．新型建筑材料，2009（4）：1-4.
[40] 周梅，朱涵，艾丽，等．橡胶微粒掺量对塑性混凝土性能的影响[J]．建筑材料学报，2009，12（5）：563-567.
[41] RAGHVAN D, HUYNH H, FERRARIS C F.Workability, mechanical properties and chemical stability of a recycled tire rubber-filled cementitious composite[J]. Journal of Materials Science, 1998, 33(7): 1745-1752.
[42] 马一平，刘晓勇，谈至明，等．改性橡胶混凝土的物理力学性能[J]．建筑材料学报，2009，12（4）：379-383.
[43] 王海龙，申向东，王萧萧．碳纤维改善浮石混凝土力学特性的试验研究[J]．建筑材料学报，2009，12（5）：563-567.
[44] 王海龙，申向东．浮石混凝土早期力学性能的试验研究[J]．硅酸盐通报，2008，27（5）：1018-1022.
[45] 袁兵，刘锋，丘晓龙，等．橡胶混凝土不同应变率下抗压性能试验研究[J]．建筑材料学报，2012，13（1）：12-16.
[46] ALBNO C, CAMACHO N, REYES J. Influence of scrap rubber addition to Portland concrete composites: destructive and non destructive testing[J]. Composites Structures, 2005, 71(1): 439-446.
[47] 沈卫国，张涛，李进红，等．橡胶集料对聚合物改性多孔混凝土性能的影响[J]．建筑材料学报，2010，13（4）：509-514.
[48] 袁兵，刘锋，丘晓龙，等．橡胶混凝土不同应变率下抗压性能试验研究[J]．建筑材料学报，2012，13（1）：12-16.
[49] 刘娟红，宋少民．表面处理的橡胶颗粒对混凝土阻尼性能的影响[J]．北京工业大学学报，2009，35（12）：1619-1623.
[50] 国家环保总局．水和废水监测分析方法[M]．4 版．北京：中国环境科学出版社，2002：200-284.
[51] 董伟．复杂环境下浮石混凝土耐久性研究与应用分析[D]．呼和浩特：内蒙古农业大学，2016.
[52] SCHERER G W. Crystallization in pores[J]. Cement & Concrete Research, 1999,

29(8): 1347-1358.
[53] 杨全兵．混凝土盐冻破坏机理（Ⅰ）——毛细管饱水度和结冰压[J]．建筑材料学报，2007，10（5）：522-527.
[54] 吴中伟，廉慧珍．高性能混凝土[M]．中国铁道出版社，1999.
[55] 张永娟，何舜，张雄，等．再生混凝土 Bolomey 公式的修正[J]．建筑材料学报，2012，15（4），538-543.
[56] 额日德木，王海龙，王萧萧，等．表面改性废旧轮胎橡胶粉对水泥胶砂力学性能的影响[J]．中国科技论文，2015，10（1）：73-77.
[57] SIDDLQUEL I R, NALK T R. Properties of concrete containing scrap tire rubber-An overview[J]. Waster Management, 2004, 24(6): 563-569.
[58] 王海龙，申向东，王萧萧．废旧轮胎橡胶粉对水泥胶砂力学性能的影响[J]．硅酸盐通报，2014，33（7）：1662-1666.
[59] 王宝民，韩瑜，刘艳荣，等．废旧轮胎橡胶粉对碱骨料反应的抑制作用[J]．建筑材料学报，2013，16（6）：987-992.
[60] 朱伯芳．大体积混凝土温度应力与温度控制[M]．北京：中国电力出版社，1999.
[61] 苗吉军，顾祥林，马良．钢筋砼早期强度及结构抗力[J]．住宅科技，1999（7）：24-27.
[62] 孔丽娟．陶粒混合骨料混凝土结构与性能研究[D]．哈尔滨：哈尔滨工业大学，2008.
[63] 中华人民共和国建设部．普通混凝土力学性能试验方法标准（GB/T 50081—2002）[S]．北京：中国建筑工业出版社，2003.
[64] 王海龙，申向东．浮石混凝土早期力学性能的试验研究[J]．硅酸盐通报，2008，27（5）：1018-1022.
[65] 赵丽妍．掺废旧轮胎橡胶粉改性水泥混凝土的试验研究[D]．大连：大连理工大学，2009.
[66] 陈宗平，周春恒，陈宇良，等．再生卵石骨料混凝土力学性能及其应力-应变本构关系[J]．应用基础与工程科学学报，2014，22（4）：763-774.
[67] 赵旭光，文梓芸，赵三银，等．高炉矿渣粉的粒度分布对其性能的影响[J]．硅酸盐学报，2005，33（7）：907-911，915.
[68] 林洋．高掺量矿渣掺合料混凝土的性能研究[D]．天津：河北工业大学，2015.
[69] 陈琳，潘如意，沈晓冬，等．粉煤灰-矿渣-水泥复合胶凝材料强度和水化性能[J]．建筑材料学报，2010，13（3）：380-384.
[70] 刘智伟．电炉钢渣铁组分回收及尾泥制备水泥材料的技术基础研究[D]．北京：北京科技大学，2016.
[71] 姜奉华．碱激发矿渣微粉胶凝材料的组成、结构和性能的研究[D]．西安：西安建筑科技大学，2008.

[72] MONTEIRO P J M, METHA P K.Concrete:microstructure,properties and materials[J]. Pretice Hall International, 2006, 13(4): 499.
[73] TAYLOR H F W.Cement chemistry[M].London: Academic, 1997.
[74] 王海龙，王磊，王培，等. 废旧轮胎橡胶粉对再生混凝土力学特性的试验研究[J]. 硅酸盐通报，2016，35（10）：3466-3470，3491.
[75] 高辉，张雄，张永娟，等. 筛余砂浆气孔结构对其28d抗压强度的影响[J]. 建筑材料学报，2014，17（3）：378-382，395.
[76] 代贺渊. 基于灰关联分析混凝土孔结构与宏观性能的关系[D]. 大连：大连交通大学，2013.
[77] 吴俊臣，申向东. 风积沙混凝土的抗冻性与冻融损伤机理分析[J]. 农业工程学报，2017，33（10）：184-190.
[78] 王萧萧，申向东. 石粉天然轻骨料混凝土在盐渍溶液中抗冻性能的试验研究[J]. 硅酸盐通报，2013（1）：7.
[79] 邹欲晓，申向东，李根峰，等. MgSO4-冻融循环作用下风积沙混凝土的微观孔隙研究[J]. 建筑材料学报，2018，21（5）：8.
[80] 王萧萧，申向东，王海龙，等. 天然浮石混凝土孔溶液结冰规律的研究[J]. 材料导报，2017，31（6）：130-135.
[81] WANG X X, SHEN X D, WANG H L et al. Nuclear magnetic resonance analysis of concrete-lined channel freeze-thaw damage [J]. Journal of the Ceramic Society of Japan, 2015, 123(1): 43-51.
[82] 王萧萧，申向东，王海龙，等. 盐蚀-冻融循环作用下天然浮石混凝土的抗冻性[J]. 硅酸盐学报，2014，42（11）：1414-1421.
[83] KHALOO A R, DEHESTANI M, RAHMATABADI P. Mechanical properties of concrete containing a high volume of tire-rubber particles[J]. Waste Manage, 2008, 28(12): 2472-2482.
[84] 梁咏宁，袁迎曙. 硫酸盐侵蚀环境因素对混凝土性能退化的影响[J]. 中国矿业大学学报，2015，34（4）：452-457.
[85] 牛建刚，左付亮，王佳雷，等. 塑钢纤维轻骨料混凝土冻融损伤模型研究[J]. 建筑材料学报，21（2）：6.
[86] 王萧萧. 寒冷地区盐渍溶液环境下天然浮石混凝土耐久性研究[D]. 呼和浩特：内蒙古农业大学，2015.
[87] 麻海舰. 寒区机场道面混凝土耐久性区划及抗冻性参数设计[D]. 南京：南京航空航天大学，2015.
[88] 董伟，申向东，赵占彪，等. 风积沙浮石混凝土冻融损伤及寿命预测研究[J]. 冰川冻土，2015，37（4）：1009-1015.
[89] 张亚梅，余保英. 掺超细矿粉水泥基材料早龄期水化产物及孔结构特性

[J]．东南大学学报（自然科学版），2011，41（4）：815-819．
[90] 金南国，金贤玉，郭剑飞．混凝土孔结构与强度关系模型研究[J]．浙江大学学报（工学版），2005，39（11）：1680-1684．
[91] POWERS T C. Absorption of water by Portland cement paste during the hardening process[J]. Industrial and Engineering Chemistry, 1935, 27(7): 790-794.
[92] 王海龙，张克，额日德木．改性橡胶对浮石混凝土改性作用分析[J]．建筑材料学报，2017，20（5）：780-786．
[93] 陈益民，贺行洋，李永鑫，等．矿物掺合料研究进展及存在的问题[J]．材料导报，2006，20（8）：28-31．
[94] 李海波，朱巨义，郭和坤．核磁共振 T2 谱换算孔隙半径分布方法研究[J]．波谱学杂志，2008，25（2）：273-280．
[95] JIN S S, ZHANG J X, HAN S. Fractal analysis of relation between strength and pore structure of hardened mortar[J]. Construction and Building Materials, 2017(135): 1-7.
[96] 刘倩，申向东，董瑞鑫，等．孔隙结构对风积沙混凝土抗压强度影响规律的灰熵分析[J]．农业工程学报，2019，35（10）：108-114．
[97] CUI S, LIU P, CUI E, et al. Experimental study on mechanical property and pore structure of concrete for shotcrete use in a hot-dry environment of high geothermal tunnels[J]. Construction and Building Materials, 2018, 173: 124-135.
[98] YOUNG T.An Essay on the Cohesion of Fluids[J]. Philosophical Transactions of the Royal Society of London, 1805(95): 65-87.
[99] WENZEL R N. Resistance of solid surfaces to wetting by water[J]. Industrial & Engineering Chemistry, 1936, 28(8): 988-994.
[100] WENZEL R N. Surface roughness and contact angle[J]. The Journal of Physical Chemistry, 1949, 53(9): 1466-1467.
[101] YOSHIMITSU Z, NAKAJIMA A, WATANABE T, et al. Effects of surface structure on the hydrophobicity and sliding behavior of water droplets[J]. Langmuir, 2002, 18(15): 5818-5822.
[102] SEGRE N, JOEKES L.Use of tire rubber particles as addition to cement paste[J]. Cement and Concrete Research, 2000, 30(9): 1421-1425.
[103] 曹明莉，许玲，张聪．不同水灰比、砂灰比下碳酸钙晶须对水泥砂浆流变性的影响[J]．硅酸盐学报，2016（2）：246-252．
[104] ELDIN N N, SENOUCI A B. Rubber-tire particles as concrete aggregate[J]. Journal of materials in civil engineering, 1993, 5(4): 478-496.
[105] 郭灿贤．废旧轮胎胶粉改性水泥混凝土及其路用性能研究[D]．南昌：南昌

大学，2006.
[106] TOPÇU I B, AVCULAR N. Collision behaviours of rubberized concrete[J]. Cement and concrete research, 1997, 27(12): 1893-1898.
[107] 管学茂，张海波，勾密峰．表面改性对橡胶水泥石性能影响研究[C]//中国硅酸盐学会、中国建筑材料科学研究总院．中国硅酸盐学会水泥分会首届学术年会论文集．北京：中国建筑材料科学研究总院，2009：272-277.
[108] 牟东兰，李凤英，仲继燕，等．废橡胶粉的表面改性及其表征[J]．化学研究与应用，2011，23（5）：550-553.
[109] 赵炜璇．冻融环境下混凝土结构温度场及温度应力分析研究[D]．哈尔滨：哈尔滨工业大学，2006.
[110] 陈永刚．硫化胶粉的基本性能表征及其改性胶粉的并用研究[D]．扬州：扬州大学，2011.
[111] 王学良．胶粉的表面改性及胶粉/聚苯乙烯共混材料的制备、结构与性能研究[D]．广州：华南理工大学，2011.
[112] 李杰林，周科平，张亚民，等．基于核磁共振技术的岩石孔隙结构冻融损伤试验研究[J]．岩石力学与工程学报，2012，31（6）：1208-1214.
[113] 孙军昌．火山岩气藏微观孔隙结构及核磁共振特征实验研究[D]．北京：中国科学院，2010.
[114] 王培．废旧橡胶粉混合骨料混凝土力学性能及耐久性的试验研究[D]．呼和浩特：内蒙古农业大学，2017.
[115] 徐运锋，代晓妮．胶粉不同处理方式对橡胶混凝土路用性能的影响[J]．中外公路，2015，35（4）：313-317.
[116] 施明哲．扫描电镜和能谱仪的原理与实用分析技术[M]．北京：电子工业出版社，2015.
[117] 刘小星，张海波，管学茂．表面改性橡胶水泥砂浆的研究[C]//中国硅酸盐学会水泥分会首届学术年会论文集．2009.
[118] 曹宏亮，史长城，袁群，等．橡胶颗粒表面形态对橡胶混凝土强度的影响研究[J]．三峡大学学报（自然科学版），2014，36（6）：76-79.
[119] 袁群，冯凌云，曹宏亮，等．橡胶混凝土的应力-应变曲线试验[J]．建筑科学与工程学报，2013，30（3）：96-100.
[120] 杨俊，李晓峰，相飞飞，等．废弃混凝土用作再生路面的试验研究[J]．深圳大学学报（理工版），2017，34（3）：252-258.
[121] 李杰林．基于核磁共振技术的寒区岩石冻融损伤机理试验研究[D]．长沙：中南大学，2012.